城市规划设计研究系列丛书

营城方略/城市总体规划实践与创新

Practice and innovation of urban master planning

东南大学出版社

江苏省城市规划设计研究院　编著

图书在版编目（CIP）数据

营城方略：城市总体规划实践与创新 / 江苏省城市规划设计研究院编著 . —南京：东南大学出版社，2017.12

（城市规划设计研究系列丛书）

ISBN 978-7-5641-7480-4

Ⅰ.① 营… Ⅱ.① 江… Ⅲ.① 城 市 规 划—研 究—中国

Ⅳ.① TU984.2

中国版本图书馆 CIP 数据核字〔2017〕第 272010 号

内 容 提 要

本书以江苏省城市规划设计研究院成立以来的城市总体规划实践成果为基础，立足江苏、放眼全国，系统回顾了改革开放以来城市总体规划编制的变革历程，揭示了城乡发展与城市总体规划编制改革之间密切关系。本书从理念运用、内容应对、技术创新三个方面系统总结了该院城市总体规划编制理论与方法探索，从设区城市、县级城市、开发区三个层次集中展示了该院城市总体规划编制的代表性案例，同时对城市总体规划编制改革方向也进行了一些思考。对于城市规划的相关从业人员、大专院校师生及兴趣爱好者来说，本书具有很好的参考和借鉴价值。

营城方略：城市总体规划实践与创新

编　　著	江苏省城市规划设计研究院
责任编辑	陈　跃（025）83795627

出版发行	东南大学出版社	出 版 人	江建中
地　　址	南京市四牌楼 2 号	邮　　编	210096
销售电话	（025）83794121		
网　　址	http://www.seupress.com	电子邮箱	press@seupress.com

经　　销	全国各地新华书店	印　　刷	南京精艺印刷有限公司
开　　本	889mm×1194mm　1/12	印　　张	22
字　　数	529 千		
版 印 次	2017 年 12 月第 1 版　　2017 年 12 月第 1 次印刷		
书　　号	ISBN 978-7-5641-7480-4		
定　　价	260.00 元		

本社图书若有印装质量问题，请直接与营销部联系。电话：025-83791830

一个城市的发展轨迹总是与其所处的时代、地域背景和人文环境密切关联，在中国漫长的城镇化历程中，1978 年是一个值得大书特书的年份，中国的城镇化大幕自此徐徐拉开，分布在全国各地的城镇和乡村纷纷登上了属于各自的舞台，千年以来中国稳固的农业文明格局在短短的三十多年间发生了巨变，城市文明飞速发展，逐步建立起主导地位。伴随着快速的城镇化历程，中国城市规划行业不断成长、成熟。

江苏作为改革开放的前沿，得益于良好的政策、区位、产业、人才优势以及敢于创新的拼搏精神，各级城市较早地进入到工业化和城镇化发展快车道，使得江苏的城市规划实践工作有机会率先遇到和解决发展中的系列新问题与新需求，从而有了不断创新的动力源泉。江苏省城市规划设计研究院牢牢把握住时代发展的脉搏，以服务全省城乡发展为己任，实现了与江苏城市发展的共同发展、共成长，感谢这个伟大的时代，感谢江苏这方沃土。

在城市快速发展过程中，城市总体规划发挥了极为重要的战略引领作用，我院城市总体规划理论与实践的探索也正是来源于不断涌现的城市发展需求。作为全国富有影响的规划设计机构，完成了一批优秀的总体规划成果，我院的城市总体规划编制基本实现了对全省县、县级市的全覆盖，相继编制过全省七成以上设区城市的总体规划。此外，西藏、新疆、甘肃、四川、湖北、广西、山东、安徽等省、区，我院均有县级以上的城市总体规划编制实践。还有一批城市总体规划获得全国优秀规划设计奖项，其中一等奖四项，目前我院是国内中小城市总体规划获奖数量最多、等级最高的规划设计机构。

纵览三十多年来的实践，我院城市总体规划实践工作具有以下四个方面的特点：

一是完整参与了中国改革开放以来的规划编制实践。

我院成立于 1978 年，正值改革开放之初，一方面受"文化大革命"影响，江苏的城市规划工作全面停止，城市累积了大量的问题亟待解决；另一方面以苏南乡镇企业、手工业为发端，勤劳能干的江苏人民选择了一条工业化推动城镇化的发展道路，经济发展和城乡建设的新需求不断涌现。我院的城市总体规划编制实践也因此深深打上了这样的时代烙印，在这样的过程中，我们的城市发展观逐渐成形，技术方法体系不断创新完善，人才队伍不断壮大。

总结我院城市总体规划成果，突出体现了"先遇先解先创新"的特点。在全省城镇化水平处于 30% 的起步阶段时，我院较早地开展开发区的规划编制工作，探索城市总体规划中如何解决产城关系问题；当全省城镇化水平达到 40% 时，我们意识到必须要对城市的生产、生活、生态空间在功能层面上加以引导，率先进行城市功能分区、空间管制的探索；当全省城镇化水平超过 50% 时，城乡发展差距拉大的问题逐步凸显，城市总体规划需要以更加系统、多元的视角重新调整城乡发展要素的配置格局；随着全省城镇化水平超过 60%，低碳生态发展从理论走向了实践；今天全省的城镇化水平已经接近 70%，规划编制与规划管理正进入到深度融合阶段，总体规划的改革迫在眉睫。

二是全面介入了最具世界样本意义的中小城市成长。

江苏的中小城市，特别是苏南的县级城市是中国改革开放历程与成果的缩影，在中国具有极强的代表性。中国在城市与开发区建设领域的成功经验正在影响着一大批地区和国家。从某种意义上来说，我们是幸运的，有机会全面见证和引领了一批最具世界样本意义城市的成长。

这种样本意义主要体现在：通过规划与实践的互动，我们给出了低城镇化水平城市迈入高城镇化水平城市的路径与应对方案，也包括过程中的教训。在江苏中小城市的发展中，我们系统地解决了产业与空间、功能的关系，确保产业发展服务于城市空间增长和功能提升，而不是使之处于失控状态，造成昨日建设成为今日发展之障碍；解决了本地人口与外来人口的居住、就业和公共服务保障问题，而不是任其自我发展不加引导，最终催生出大批城市盲流和贫民窟；解决了城市与乡村之间统筹发展的问题，使得乡村能够不断从城市发展中汲取动力，让乡村能够保持特色而不失活力地可持续发展。当然，过程中也有许多值得总结的方面，比如对城市增长边界的管控、对重要生态空间的保护、对城市历史文化价值的认知与保护等等。

三是系统探索了总体规划编制的理论与技术方法。

得益于中国城市规划理论的长足发展和不断涌现的创新需求，城市总体规划在坚守其法定性的基础上，保持了足够的开放性，地理学、人口学、空间信息学、计算机学、社会学、生态学、数据信息学等学科为各个阶段的城市总体规划编制贡献了大量的理论与方法。

总结我院各阶段的城市总体规划成果，一批具有全国领先性的技术方法率先运用到城市总体规划的编制实践中，从最早引入计算机 CAD 辅助制图，到后来的城乡片区划分方法、空间分析方法、城市交通与土地利用一体化方法、低碳生态方法、经济性分析方法、大数据应用方法等，规划成果通过不断创新规划理念，引入相关学科的技术方法来提高成果的编制水平与质量。

四是广泛输出了江苏的城市发展与规划编制经验。

2000 年以来，我院大量参与了全国其他省、区的城市总体规划编制工作，其中又以中西部地区的城市为主，我院立足当地发展实际，不断输出江苏的城市发展与规划编制经验，以西藏拉萨、四川绵竹、广西钦州、新疆阿勒泰、安徽蒙城等为代表的一批成果获得全国和江苏省优秀城乡规划设计奖项。在此过程中，也让我们更加深刻地意识到江苏经验普适性和独特性的差别，经验输出必须建立在与地区发展实际紧密结合的基础上，尤其要重视地域性和阶段性差别，每一个城市的成长都是一个不可复制的个体，没有完全可以照搬的套路，这就要求规划师们要扎根所服务的城市，编制出具有地方特色和契合当地实际的规划成果。

本书是对我院成立以来城市总体规划编制成果的系统总结，力求将城市总体规划放到更长的时间与空间维度来进行梳理评价，希望系统探讨与总结城市总体规划编制的一般性理论与技术方法。本书是全院集体智慧的结晶，全书具有如下三个方面的特点：

一是对城市总体规划实践历程的系统回顾。本书通过对改革开放以来不同阶段江苏经济社会发展特征的梳理总结，清晰勾勒出城市总体规划如何应对不同阶段的重大问题及发展诉求，每一次应对的过程都是在推动城市总体规划不断地改革提升。在此过程中，全新的城市发展理念不断被引入，重大问题的应对思路与应对措施逐渐成为行业共识，尤其是江苏在区域协调、城乡统筹、产城关系、交通引导、低碳生态发展等方面的实践探索保持了在全国的领先地位。

二是对城市总体规划的理论与方法的全面总结。本书从理念探索、重要内容应对、关键技术应用三个层面对城市总体规划理论与方法进行了全面总结。理念探索方面重点对其产生的背景、内涵要义及其应用实践进行了全面剖析；重要内容应对方面则重点解析了城市总体规划当时所要解决的突出问题，以及规划如何在策略上、措施上予以应对，从中可以发现，城市总体规划的实践与创新和时代发展需求有着十分紧密的关系，城市总体规划编制创新的每一步都有其必然性；关键技术应用方面除了表现出时代特征外，也突出反映了城市总体规划始终坚持吸收相关学科的理论与技术方法，并创造性地在规划中加以运用，极大地提高了城市总体规划的科学性。

三是对城市总体规划代表性案例的集中展示。本书从设区城市、县级城市、开发区三个层面，选取了处于不同发展阶段城市的代表案例加以总结，如以昆山、江阴为代表的处于转型发展阶段的中小城市案例，以南通为代表的处于快速发展阶段的设区城市案例，以苏州工业园区为代表的典型开发区案例，

此外，本书也吸收了部分我院援藏、援疆、援川的代表案例，希望这些案例对读者有所启示。

全书共分八章。第一章分析了城市总体规划变革与时代变迁的密切关系，探讨了规划变革的必然性，由姚秀利、侯冰婕撰写；第二章梳理了城市总体规划中主要规划理念的内涵及具体实践，探讨了理念探索与运用的时代性，由姚秀利、孙中亚撰写；第三章剖析了城市总体规划中若干重要内容的规划应对策略与措施，探讨了城市总体规划在不断面对城乡发展问题与需求过程中的成长性，由袁锦富、赵倩、朱杰、邬弋军、王树盛、刘志超、戴忱、梁印龙、陆枭麟、索超、蒋金亮等撰写；第四章总结了城市总体规划编制中关键性技术的理论方法与应用技巧，探讨了城市总体规划编制技术方法的创新性；由袁锦富、郑文含、王树盛、戴忱、索超、蒋金亮、汤春峰等撰写；第五、六、七章分别对设区城市、县级城市、开发区的代表案例进行了详尽解析，陈军、梁印龙撰写了第五、六章，郑俊撰写了第七章；第八章对新时期城市总体规划改革的方向进行了思考，由邬弋军、姚秀利撰写。姚秀利负责了全书的统稿工作，袁锦富负责了全书的技术统筹及审核工作。受限于我们的认识和水平，本书在体系上、内容上和结论上还存在不少瑕疵，甚至是"一叶障目"，缺点和错误在所难免，但我们希望以此加强与同行的交流，得到学术界与实践者们的批评与指正，共同推动城市总体规划编制工作的不断创新。

作者

2017.10

目录
Contents

第一章

1 时代变迁与城市总体规划

城市是人类经济社会发展的产物，城市规划思想和实践也随着城市的诞生而孕育萌芽、逐步成长。无论是在由盛而衰的底格里斯河—幼发拉底河流域，还是在上下五千年漫长而繁荣的东方，城市规划的思想都如同绵长不绝的涓涓细流，从乌尔古城路网的纵横交错、从《周礼·考工记》的字里行间，穿越变迁的朝代，历久弥新地迎面而来。然而时代变迁，历史多舛。19 世纪中期的工业革命浪潮席卷了整个欧洲和美国，西方城镇化的进程空前加快，此时的中国城市发展进程则进入到长时间的停滞状态。

历经波折，直至 1978 年改革开放以后，中国才以奋起直追的姿态复兴城市建设、加快城市发展，从中华人民共和国成立初期仅有 10.64%[1] 的城镇化率直奔 54.77%[2]。比较城镇化率从 20% 提高到 40% 的过程，英国经历了约 120 年，法国 100 年，德国 80 年，美国 40 年，中国仅用了 22 年 (1981—2003 年)[3]。东部沿海省份的城市更是一路高歌猛进，达到同样的城镇化率增量，江苏省仅用了 10 年（1990—2000 年）[4] 时间。

昆山，40 年前江苏省南部的一个农业县城，经济水平排名苏州八县市之末。1985 年夏天，一次县级会议决定自费开辟一块 3.75 平方千米的工业区，几个月之后，江苏省第一家外资企业在此投产。30 年后，昆山 GDP 超过 3 000 亿元，发展水平数年蝉联全国百强县之首，连续 7 年排名《福布斯》中国大陆最佳县级城市第一。

江阴，太湖平原北段、长江沿岸的港口古城，30 年前地区

[1] 国家统计局，《中国城镇化率历年统计数据（1949—2013）》
[2] 国家统计局，《2014 年经济数据》
[3] 周一星. 关于中国城镇化速度的思考 [J]. 城市规划，2006（S1）
[4] 江苏省统计局，《江苏统计年鉴 2014 年》

生产总值仅 4 亿元，30 年后的江阴，以全国万分之一的国土、千分之一的人口，创造了全国两百三十分之一的 GDP，建立了百分之一的上市公司、五十分之一的全国五百强企业，在全国县域经济基本竞争力排名中连续 12 年蝉联榜首。

这些城市所在的江苏省，在过去波澜壮阔的 30 余年之中，其发展也集中体现着机遇和挑战并存、变革与创新同在的变迁历程。

一、波澜壮阔的时代变迁

（一）改革开放起步阶段（1978—1991 年）

以 1978 年党的十一届三中全会为起点到 1990 年初上海浦东开发开放前，是江苏改革开放的起步阶段。在这一时期，全国沿海地区经济特区如雨后春笋般蓬勃发展，长三角、珠三角、闽南金三角被提升为国家层面的改革开放前沿。作为长三角改革开放的"排头兵"，江苏省紧抓乡镇企业和对外开放两个重点，率先奠定了扎实的发展基础。

1. 乡镇企业异军突起，小城镇稳步发展

十一届三中全会做出了以经济建设为中心的战略决定，江苏省经济社会呈现强劲发展势头，地区生产总值由 1978 年的 249.24 亿元增加到 1985 年的 651.82 亿元，年均增长 14.72%。随着农村经济的发展，特别是农村家庭联产承包责任制等政策的实施，农村剩余劳动力的活力被激发出来，村办工业大举兴起，全省农村工业以年均近 30% 的速度增长。乡镇企业在江苏的城镇化进程中扮演了重要角色，带动了城镇化水

平的较大提升。江苏制定了优先发展小城镇的政策，并于1983年实行"市管县"体制。至1985年年末，全省城镇非农业人口达到964.62万人。城镇化率由1978年的13.7%提高到1985年的17.7%。城镇建设势头良好，小城镇稳步发展，尤其是苏南地区乡镇企业快速发展，带动了小城镇建设，小城镇数量在增多，规模在扩大。

2. 对外开放开始起步，开发区风起云涌

1984年4月我国开放14个沿海港口城市，江苏南通、连云港位列其中，分别建立了经济技术开发区，自此以后，江苏省从东到西、由南到北，开放区域逐步扩大。1985年，苏州、无锡、常州及所辖的12个县（市）列为长江三角洲沿海经济开放区的组成部分。1988年，南京、镇江、扬州、盐城4个市所辖的19个沿海、沿江的县（市），以及南通、连云港2个市所辖的9个县（市）列入沿海经济开放区。江苏省政府先后批准了沿海经济开放区所辖的1 260个乡镇作为对外开放的重点工业卫星镇。同年筹建南京（浦口）高新技术开发区，并于1991年升格为国家级开发区。逐步形成了"沿海开放城市—沿海经济开放区—经济技术开发区—重点工业镇"的多层次对外开放格局。大中城市开发区建设稳步发展，南京、无锡、南通、扬州等市兴办了国家级或省级高新技术开发区，特别是昆山自费工业开发区、张家港保税区、苏州工业园区的筹划建设，呈现出小城市向中等城市、中等城市向大城市跃迁的态势，全省工业化、城镇化逐步迈入新阶段。

（二）改革开放深化阶段（1992—2000年）

以上海浦东开发开放为起点到2001年我国加入WTO前，是江苏改革开放的深化阶段。在这一时期，社会主义市场经济体制改革翻开新篇章，现代企业制度、金融体制、外贸体制、分税制改革纷纷出台，市场化水平进一步提升，非公有制经济地位得到确立。这一阶段的江苏牢牢地把握住了浦东开发开放的重大机遇，以苏南城市为先锋，一方面加快提升市场化水平，另一方面加速外向型经济发展进程，大大促进了社会生产力的发展，为城市和区域经济社会发展注入了强大动力。

1. "四沿战略"接轨浦东开发开放

江苏敏锐地捕捉到浦东开发开放带来的发展机遇。在中央宣布浦东开发开放决定之后两个月，江苏明确地提出"坚决支持、主动服务、迎接辐射、促进发展"的方针，开创了呼应浦东开发开放的先例，把"加快发展沿海、重点发展沿江和沿沪宁、积极建设东陇海沿线"的"四沿"战略列入全省国民经济和社会发展规划，并着重制定了开发建设沿江经济带的总体规划，加快形成改革开放的新格局。同时，在紧邻上海的昆山、太仓、吴江形成了一条连接江苏与上海浦东的接轨带，东向横联，西向传导，在苏锡常地区兴建了一批开发区和工业小区，成为与上海浦东的接轨站，逐步与国际市场、世界经济接轨。

2. 外向型经济引领开发区发展

在1992年邓小平南方视察后，江苏完善了开发区发展政策，包括管理机构、劳动人事与工资、外商投资项目审批、土地审批、进出口业务和财政支持等方面。之后，一批国家级和省级开发区相继批准建立。1992年10月，经国务院批准，建立张家港保税区和苏州、无锡两个太湖旅游度假区，接着又批准建立苏州高新技术产业开发区、无锡高新技术产业开发区和常州高新技术产业开发区。1993年起先后建立了港口开发区、台商投资区、外向型农业综合开发区等68个省级开发区。1994年底，江苏把推进江苏经济国际化作为实现跨世纪发展目

标的三大战略之一，继续加大对外开放力度。1997 年，苏州高新技术产业开发区又成为我国第一批向亚太经合组织成员特别开放的科技工业园。至此，江苏开发区建设的格局基本成形，开发区的建设吸引了大量的资本、人才、技术等生产要素，极大地促进了经济社会的发展。

（三）城市提质集约发展阶段（2001—2007 年）

以 2001 年底我国加入 WTO 为起点，江苏社会经济进入新一轮更高层次的快速发展阶段。这一时期，成为世贸组织新成员的中国进入到改革开放的新阶段，江苏继续以对外开放"桥头堡"的姿态接轨国际经济发展浪潮，积极调整经济结构、提升经济发展水平、防范外在风险，同时也率先探索城市可持续发展、绿色发展的新道路。

1. "三化"互动，率先小康

经过近 20 年的发展，江苏经济已进入全面收获期，利用外资和外贸出口大幅度增长，投入和产出也大幅度增加，软、硬环境得到根本性改善，财政收入大幅度上升。各类开发区加速成长，项目规模扩大，技术含量明显增加，产业链条拉长。江苏加强新型工业化、城市现代化和经济国际化的互动，苏南及沿江地区成为国际资本投资的热土，全省已基本形成与国际分工互接互补的产业体系，形成与国际惯例接轨的经济运行机制及与扩大开放相配套的投资环境和服务体系。在新一轮沿江开发开放的基础上，加快了沿海开发进程。在经济发展的同时，江苏也强调富民优先，苏南地区在全国范围内率先实现了全面小康的建设目标。

2. 解决矛盾，集约发展

在取得显著成绩的同时，江苏城乡发展也面临着一些重要问题和严峻挑战。主要表现为：经济结构性矛盾比较突出，资源环境的压力持续加大；大量外来务工人员尚未真正转化为市民、享受城市的公共服务，城镇化质量有待提高；城乡和区域发展的差距仍在拉大，统筹协调的任务依然很艰巨。为引导实现经济社会又好又快发展，江苏提出了一系列重要的发展理念、方针和政策，包括更加注重民生，重视城乡统筹、区域协调与社会和谐；更加注重转变经济发展方式，加快经济结构调整、自主创新和内生发展；更加强调节约资源、能源，保护生态环境，实现集约发展等。

（四）城市区域协同发展阶段（2008—2013 年）

2008 年全球金融危机爆发，作为国际市场中重要经济体之一，我国持续高速增长多年的 GDP 增速也受到极大影响，首次出现下滑，城市经济社会发展面临严峻挑战。为此，我国政府于 2008 年 11 月推出了一系列进一步扩大内需、促进经济平稳较快增长的措施。一方面寻找更高效的资源配置和空间组织方式，构建更加稳定的经济结构以抵御国际经济风险成为重点；另一方面挖掘新的潜力空间、寻求新的发展路径成为城市经济提振的关键。在这一阶段，江苏以区域形式组织城市、统筹配置资源要素，构建更加稳固的经济发展空间格局。同时着力激活后发地区发展动力、大力提振苏北城市经济、突出彰显后发优势，在金融危机的困境之中走出了一条南北差异化发展的变革之路。

1. 区域联动，合力共进

在江苏，省内和省外两个层面的城市区域组织同时开始加速推进。在长三角地区，2008 年国务院通过的《关于进一步推进长江三角洲地区改革开放和经济社会发展的指导意见》、长江三角洲城市经济协调会及联席会议制度的建立和运行等事件，都极大地促进了江苏省城市尤其是苏南城市融入长三角区域发展格局；新一轮省域城镇体系规划以建立"紧凑型城镇，开敞型区域"为指导，进一步强化了城镇轴带、都市圈的作用，形成了"一带两轴，三圈一极"的城镇空间格局。在区域视野下，城市空间加速联动发展、产业细化分工合作、设施共享便捷通达，为促进城市发展和区域竞争力增强提供了有力支撑。

2. 后发振兴，逆势崛起

也是在这次金融危机之中，苏北地区作为曾经的"发展洼地"，却增速强劲、优势凸显，不仅为长三角地区整体应对金融危机起到了"减震器"和"缓冲带"的保障作用，更成为欠发达地区经济振兴、区域协调发展的"新动力"和"增长极"。统计数据显示，在金融危机的次年，苏北5市GDP增速高于苏南地区2.1个百分点，GDP对全省经济增长的贡献率提升1个百分点，财政收入增长幅度比全省高出12.8个百分点。同年，在苏鲁，交界地区的常态化竞争中，徐州经济总量反超邻省济宁、连云港经济总量反超邻省日照，东陇海经济带上"双核"崛起；邳州现象、沭阳速度、突破睢宁、徐州振兴、淮安复兴、盐城崛起……一系列令人瞩目的字眼都反映出苏北城市正在发生巨大变化。毫无疑问，一系列支持苏北加快发展振兴、沿东陇海线产业带建设、沿海开发的政策措施，为苏北城市发展建设提供了有力支撑，在"保增长促发展"中彰显了极大后发优势，成为这一时期江苏城市发展的亮点。

（五）城市创新转型发展阶段（2014年至今）

中国GDP增速从2012年起开始回落，告别了过去30多年平均年增长10%左右的高速增长时期，经济增长阶段开始发生根本性的转换。2014年，中共中央总书记习近平首次以"新常态"描述新周期中的中国经济，提出"适应新常态"的发展要求，同时，中国进入全面深化改革的元年、新型城镇化发展的元年。2015年，"一带一路"国家战略正式公布，也对新阶段的经济发展提出了加快开放的要求。面对增长速度换挡期、结构调整阵痛期、前期刺激政策消化期的"三期"叠加考验，江苏着力创新城市建设和发展模式，挖掘新的经济增长点，刺激城市经济转型发展，加速外向型经济发展，同时注重"以人为本"理念实践、持续探索新型城镇化之路，城市发展逐渐步入新的良性运行轨道。

1. 城市创新，转型提升

在面临经济新常态的压力下，江苏省的经济增长速度虽呈放缓趋势，但经济结构持续不断转型优化，服务业经济规模占比不断提升，金融、物流、创意设计等生产性服务业得到长足发展，互联网、物联网、平台经济等新业态得到大力扶持，城市民生建设和城镇化进程也卓有成效。为适应宏观需求新变化，省内城市积极推进国家新型城镇化试点工作，在大力保障民生的同时，以建设"智慧江苏""健康江苏""畅游江苏"等目标为载体，培育新的增长点，挖掘生产新亮点，发展消费新业态，激发市场新活力。全省深入实施创新驱动发展战略，加快推进产业科技创新中心和创新型省份建设，苏南国家自主创新示范区获国务院批复，江苏区域创新能力连续8年位居全国首位，科技进步贡献率超过60%，高新技术产业产值占规模以上工业产值比重达41.5%。城市内部，创客空间、创新社区、创意园区、科技新城等多样化的创新载体也不断涌现，为城市空间和经济增添了新的亮点。

2. 外向发展，开放格局

作为开放型经济大省，江苏着力在新常态中增创开放新优势，更好地发挥开放载体的支撑作用。2016年，江苏以出口同比 0.2% 的增幅，跻身全国 7 个出口正增长省份，占全国出口份额提高 0.3 个百分点。无论是引领新亚欧大陆桥的徐州、连云港，还是长江经济带上的宁镇扬、苏锡常，抑或是沿海的南通、盐城等，江苏各市、县都在积极融入对外开放格局。无锡市进出口、出口、进口 3 项指标实现正增长，淮安加速打造台资集聚新高地，徐州大力推动保税物流中心建设，南京启动复制推广上海自贸区经验工作，苏州设立国家跨境电子商务综合试验区……江苏城市开放载体建设卓有成效，开放型经济领域改革不断拓展，在新常态时期走出了一条外向发展、协作共赢的转型之路。

二、变革发展的城市总体规划

古而有城，规划古亦有之。城市规划紧随城市应运而生，也同样受到时代发展强烈的掣肘和塑造。中华人民共和国成立以来主要因袭前苏联的体制和方法，以计划经济体制下的方式对城市性质、规模布局等做出蓝图式的规划，城市规划内容基本局限于工程建设；1958 年自"大跃进"后，城市规划工作几乎停顿；直至 1978 年，中央召开了第三次城市工作会议，提出了恢复城市规划的建议，城市规划才开始重新走上健康的发展道路。随着新世纪经济社会的加快发展和体制改革深化，我国城市规划的水平也得到了巨大提升，摆脱了一味模仿、追随国外城市规划理论的套路，根植于本土实际走出一条更符合中

国国情和特色的城市规划道路。

与城市发展的进程一致，江苏省的城市规划同样也相应地紧跟时代进程、把握变革脉搏，在不同的时期不断调整、完善和创新。其中，城市总体规划以城市发展为己任，承担着描绘城市未来蓝图、指引城市发展方向、助力城市经济社会进步、保障城市居民生活等重大责任，为全省城市发展发挥了重要作用。

（一）20 世纪 80 年代末——以补缺型城市建设为主体的城市总体规划

十一届三中全会后，国内生产力得到极大解放，为以后城市的发展奠定了基础。1984 年的十二届三中全会提出"公有制基础上有计划的商品经济"的论断，城市的发展开始加速。这一时期，江苏省的城市总体规划大都是以城市建设为主要特征，重点在于弥补基础设施建设欠账，并为随后大规模的发展奠定了基础。

该时期的规划编制带有较强烈的计划经济特征，以物质空间布局规划为核心。在城市总体规划中对各类用地及各项设施进行了详尽布局安排和详细要求。这些规划要求如果按照当前的发展情况来看，一般都是建设主体的自主行为，如工业用地布局调整细化到车间合并迁址要求，很难遵照规划实现；同时，规划较侧重于中心城区规划，城市发展强调中心城区为核心的极核发展，对市域范围内的城镇、乡村等关注较少；尚无统一的编制规范，规划编制较为关注空间层面，规划内容较为简明扼要，很少针对重点问题进行专题研究，对生态环境保护、社会发展、历史文化、综合防灾等方面问题考虑较少。

（二）20 世纪 90 年代中期——以经济增长为重点的城市总体规划

随着改革开放进一步深化，社会经济和城市建设迅猛发展，整个社会对城市规划的重视程度逐渐提高。根据"九五计划"指导思想，这一时期的城市总体规划主要目的在于促进城市发展和经济增长。城市总体规划契合"发展"的主旋律，针对性地提出了当时的城市现代化的量化指标等。

这一时期江苏城市的总体规划编制重心主要在于保障城市经济增长，如在对城市总体规划预期达到的目标进行量化确定，并针对性地提出了包括城镇化水平、GDP、科技进步贡献率、三产比重、人均居住建筑面积、人均道路面积等在内的发展指标体系。与此同时，总体规划也开始初步体现城乡协调发展的原则，具体体现在对市域城镇体系规划、规划指标确定等方面的重视；规划内容开始从仅关注用地空间布局转向对城市发展的综合考量，城市总体规划内容体系逐渐丰富；一些新的规划理念和技术手段也开始被逐步运用到规划实践中，包括生态理念、经济发展模型、地价分析方法、交通软件的运用等。此外，总体规划也开始重视通过公众参与的渠道了解现状，如采用问卷调查法征求市民意见，以分析数据作为研究基础之一。

（三）2000 年至 2013 年——以城乡统筹和资源配置为重点的城市总体规划

2000 年后，中国城市发展进入到高速增长阶段，特别以东部沿海省份城市表现尤为突出，以工业化为动力，产业、人口、土地、资本呈爆发式增长，由此带来土地资源消耗较快、生态保护压力较大，在空间上呈现出扩张迅速，部分地区形成

出城镇建设用地连绵态势。在城镇发展动力持续增强的同时，乡村地区却存在产生系统性衰败的风险，城乡发展差距仍持续拉大，尤其是城乡居民在可支配收入和基本公共服务享受方面表现尤为突出。鉴于此，加强发展方式管控引导，促进区域与城乡协调发展，在这个阶段就显得尤为重要。2003 年，十六届三中全会正式提出科学发展观，强调要按照"五个统筹"理念推进各项事业发展，其中统筹城乡发展、统筹区域发展成为这个阶段城市发展的重要指导思想，也是这个阶段城市总体规划的重要使命。

江苏这一时期城市总体规划突出体现了城乡统筹、因地制宜、可持续发展的理念，率先开始探索破解城乡二元格局，规划工作的重点领域也由此前的城市为主转向城乡并重。城市总体规划的内容体系开始将产业规划、生态环境、居住空间、基础设施等内容提到同等重要的程度进行研究；城市总体规划功能片区的划分成为空间规划中尤为重要的一环，通过功能区划和空间结构的建立，综合协调市域产业布局、区域交通系统、基础设施、生态环境等，并建立相适应的城镇架构和管理机制，以实现集约紧凑的发展目标；以吴江为先，城市总体规划加强对生产、生活、生态三类空间的统筹，完整提出了以四区划定为抓手的空间管制理念与技术方法，同时，规划区的范围也拓展到了全市（县）域，进一步加强了城市总体规划对城乡统筹的协调力度，对空间利用的管控力度；此外，3S 技术开始大量运用于城市总体规划中，覆盖城乡的公众参与被大量引入，这些都对城市总体规划的进一步完善起到了重要作用。

2008 年世界金融危机后，中国经济高速增长面临压力，我国的城市规划也同时面临新的形势和要求。城市总体规划对经济发展状况做出了回应：突出了应对经济转型发展的需要，

在延续资源约束、城乡统筹的理念上，规划的重心转向深入分析产业发展转型对城市带来的影响，开始运用产业选择模型，分析和规划城市产业布局。同时，由于这一时期很多县级城市的发展规模和发展模式开始突破以往中小城市的范畴，开始进入大城市序列，因此，江苏苏南地区的城市总体规划，开始体现出谋划大城市、追求现代化的理念，比如运用交通引导发展的理念，规划中超前布局轨道交通系统，引导城镇空间集约集聚布局。

（四）2014年以后——以转型与改革为背景的城市总体规划

2014年被称为中国全面深化改革元年，适应经济新常态特点，转变既有发展方式，通过转型和改革再次释放发展红利成为时代主题。与此相适应，城市总体规划改革反思呼声不断高企，一方面城市进入新常态发展周期后，存量优化与转型发展的需求更为迫切；另一方面行政管理体制改革深入推进已经全面传导至城市总体规划的编制、审查和监督环节。时隔37年后，2015年，中央城市工作会议再次召开，会上明确了"一个尊重和五个统筹"总体要求，强调规划的科学性和法制性。此后一段时间，各地结合实际进行了广泛的规划改革实践探索，多规融合、城市双修、特色规划、存量更新等体现改革与转型要求的内容不断涌现。从改革开放以来的时间维度来看，可以明显地看到，城市总体规划进入到了全新的改革阶段，这个阶段将会持续较长的一段时间，是一次真正意义上的改革转折点。

江苏各地市的城市总体规划编制积极响应时代需求和政策倡导，开启了新一轮的探索与创新：以城市总体规划为引领，搭建"多规合一"工作平台，落实相关规划的协调与衔接，构建城乡空间发展的"一张蓝图"；加强对中心城区建设用地布局、城市存量土地利用等方面的研究，结合棚户区、工业区改造，创新城市更新方式，提高空间利用效率，盘活存量土地；突出了对以人为本的考虑，开始关注农民工市民化的问题，重点解决外来人口落户和制定城市基础设施、住房等方面的应对措施；在总规层面着力完善教育、医疗、养老等设施配置和基本服务功能，构建以邻里生活圈和便民服务圈为基础的公共服务设施网络，打造"宜居生活圈"，提升城市人居环境质量；保护传承城市文脉，重视城市空间特色塑造，突出江苏南北差异化的山水资源和空间格局，构建城市特色空间体系……围绕"强富美高新江苏"的总体要求，城市总体规划进一步落实"十三五"时期创新、协调、绿色、开放、共享的发展理念，改进技术方法，把以人为本、尊重自然、传承历史、绿色低碳等基本原则融入规划编制全过程，为建设和谐宜居、富有活力、绿色安全、各具特色的江苏现代化城市提供规划支撑。

由于城市总体规划还处于转型与改革的摸索阶段，我们暂时还无法对城市总体规划的改革方向给出清晰而明确的结论。本书在第八章"城市总体规划改革的方向思考"中进行了初步的思考，至于这个阶段城市总体规划要走出一条怎样的道路，还需要在实践中探索。在这个过程中，江苏具备极佳的样本实验与试点条件，希望江苏能够贡献出具有全国示范价值的经验。

2 第二章
规划理念的探索与运用

作为我国经济发展、城镇化进程较为领先的省份之一，江苏省的城市总体规划编制工作不断求变求新，探索出了符合江苏省自身特色的城市总体规划编制方法。回顾改革开放以来我院的城市总体规划编制成果，我们发现得益于江苏作为改革前沿的先行先试先解的先机优势，我院的城市总体规划编制成果，在不断与现实发展诉求的反馈中，较早地提出或运用了一系列涉及城市发展的重要理念，部分理念认知在江苏省出台的各类规划编制文件中得到了集中体现。总结来看，较为有代表性的理念包括"功能分区、区域协调、城乡统筹、空间管制、交通引导、低碳生态、城市设计"等，这些理念今天看来很多已经成为常识，但回到理念提出或运用的年代背景，仍然不难看出理念产生的必然性，以及与时代发展共鸣共振的印记。

表 2-0-1　近年来江苏省相继出台指导城市总体规划编制的文件

规范文件名称	出台年份	重点内容
《江苏省 2030 年城市总体规划修编要点》	2009	加强交通与土地利用的衔接互动 加强历史文化与自然资源保护，彰显城市特色 加强生态环境保护与建设 鼓励在总体规划阶段应用城市设计方法 注重与周边地区在产业、空间、交通、基础设施等方面的协调
《江苏省城乡统筹规划编制要点》	2010	城乡统筹规划是城镇总体规划的重要组成部分 统筹城镇化和乡村建设 贯彻交通引导发展的理念，促进城乡空间集约利用和集聚发展 探索城乡和谐发展的创新模式，构建城乡特色互补、统筹发展的新格局
《江苏省城市设计编制导则（试行）》	2011	适用于江苏省设市城市的城市总体规划的编制工作 运用城市设计的理念和方法，在城市功能、用地布局等方面体现城市设计内涵，并在城市景观设计、风貌特色塑造等方面表达城市设计要求
《江苏省城市总体规划修编要点（2016 版）》	2016	做好现行总规实施评估，梳理规划修编工作重点 落实省域城镇体系规划要求，加强区域统筹协调 加强城乡空间管制，优化镇村布局规划 合理预测人口规模，严格控制新增建设用地 优化城市空间结构，科学布局城市用地 保护传承历史文化，彰显城市空间特色 完善综合交通设施布局，突出绿色交通地位 强化城市综合防灾体系，促进城市安全建设

一、功能分区

（一）产生背景

江苏各市县的城市总体规划在国内较早引入"功能分区"理念，其主要产生背景可总结为四个方面：（1）城市建设导向的历史性转变。十一届三中全会召开后，我国城市建设开始向"以经济建设为中心"转变，城市发展机制中"生产"和"消费"的双重功能重新得到了承认，但由于历史遗留问题过多，城市住房、公共服务设施配套等方面不足现象开始出现，需要城市在空间维度上部署、落实各项基本服务功能。（2）城市产业载体的基础性需求。伴随着市场经济体制改革目标的确立，经济开发区在江苏省各城市迅速得以推广，进而推动了城市经济要素的重组和土地利用的变化。作为城市生产空间的重要载体，各城市的经济开发区在其设立、发展过程中也需要科学的规划引导。（3）行政区划调整对城市功能组织的影响。1983年以来，江苏省共有32个县进行区划调整，撤县设市[1]；2000年以来，江苏省共有13个县（市）进行区划调整，撤县改区。这些行政区划调整，对市域、中心城区等均产生较大的功能布局影响，亟须在规划编制过程中落实优化建设需求。（4）城市居民对服务功能组织需求的变化。随着城市居民对服务的要求不断提高，城市各项服务功能对空间需要进行结构调整，如商业设施从简单的"集聚布局"向"中心—片区"布局转变等。

---

[1] 1997年，国务院"暂停审批县改市"。县改市初期有一定效果，但伴随着改革的深入，各地盲目跟风引发了一系列负面效应。一方面出现"假性城镇化"，另一方面出现市级权限带来的权力寻租空间。

表 2-1-1　2000 年以来江苏省撤县（市）改区情况

年份	撤县（市）改区名单
2000	江宁县→南京市江宁区；吴县市→苏州市吴中区、相城区；淮安市→淮安市楚州区；邗江县→扬州市邗江区
2002	江浦县→南京市浦口区；六合县→南京市六合区；锡山市→无锡市锡山区、惠山区；武进市→常州市武进、新北区；丹徒县→镇江市丹徒区
2004	盐都县→盐城市盐都区
2006	宿豫县→宿迁市宿豫区
2009	通州市→南通市通州区
2010	铜山县→徐州市铜山区
2011	江都市→扬州市江都区
2012	吴江市→苏州市吴江区
2013	溧水县→南京市溧水区；高淳县→南京市高淳区；姜堰市→泰州市姜堰区
2014	赣榆县→连云港市赣榆区
2015	金坛市→常州市金坛区；大丰市→盐城市大丰区
2016	洪泽县→淮安市洪泽区

（二）理念内涵

"功能分区"的概念最初由芝加哥学派建筑师沙利文在19世纪末提出，后被引入规划学界，引导了城市规划向科学的方向发展。江苏各市县编制的城市总体规划对"功能分区"理念的内涵应用主要体现在：（1）确定中心城区基本功能空间组织，引导城市空间建设有序进行；（2）满足开发区、工业园区等产业载体的发展诉求，优化处理产城关系，根据产业载体与城市的空间关系研究确定其生活服务、交通出行等设施的配置;（3）优化中心城区扩容后的功能组织,引导中心城区服务、交通、设施等一体化建设;（4）在划定城市功能片区的基础上,分级布局各类设施,提高设施服务的有效性和覆盖度。通过这些理念内涵在城市总体规划中的应用,切实解决了江苏各市县在城市快速扩张过程中,功能混杂、布局混乱,尤其是工业用地散乱的问题,为江苏各市县实现快速、健康发展提供了重要保障。

（三）实践探索

江苏省在 1980 年代至 1990 年代就开始探索编制城市总体规划,部分编制成果在国内影响颇大。其中,由江苏省城市规划设计研究院编制的《江阴城市总体规划（1994—2010）》《张家港城市总体规划（1996—2010）》《仪征市城市总体规划（1996—2010）》等均引入了"功能分区"理念加以应用。以《仪征市城市总体规划（1996—2010）》为例,该城市总体规划的编制背景是随着改革开放的不断深入,仪征市城市人口及建设用地与原规划的同期预测有一定差距,工业、居住等主要用地布局变化也相对较大,扩展后的城市空间存在功能混乱、基础设施配套不足等问题。规划明确了"真州镇区为仪征市的行政、文化等城市服务功能主中心,胥浦镇区为化纤园区及北部的片区中心",围绕着两个服务中心优化布局城市居住、游憩等功能;生产空间形成"经济开发区、化工园区"两个主体,其中,经济开发区依托临江优势发展船舶制造、电子仪器等产业,化工园区则以仪征化纤为龙头,完善上下游配套产业,形成具有区域影响力的专业集群。综合来看,规划通过生产、生活功能的相对集聚、剥离,促进中心城区空间有序拓展,为提高城市品质、增强经济动力提供了重要引导。

▲ 图 2-1-1 《仪征市城市总体规划（1996—2010）》中心城区用地规划图

"功能分区"理念在 2000 年以后的江苏省城市总体规划编制中得以延续,并不断探索出新的实践领域和技术方法。该阶段江苏省城市总体规划中提出的"工业进园区、居住在镇区、生活在社区"的发展策略,为后来江苏推进城乡建设集约发展,实行"工业向园区集中、人口向城镇集中、居住向社区集中"的"三集中"政策奠定了基础。为解决城市盲目建设、开发区建设全面开花的问题,江苏省城市总体规划在 2000 年代初就在"中心城市空间结构"基础上,进一步对中心城区的居住用地进行分片引导,并制定了详细的分片引导策略。《句容市城市总体规划（2005—2020）》围绕"口"字形城市中心,形成东南部生活、西北部生产的"单中心、团块状"布局结构。在此基础上,划分了城中、城东、城西、城南、城北 5 个居住片区,对各片区面积、人口毛密度和规划居住人口均进行了规划引导。

撤县（市）改区，对既有中心城区的功能组织有较大的冲击，城市总体规划通过"功能分区"优化积极应对，以理顺空间关系。2009年，通州市撤县（市）改区为南通市通州区，随后编制的《南通市城市总体规划（2011—2020）》对新的中心城区范围进行了功能布局优化：加强主城区与通州城区的协作与分工，明确通州城区"以现代制造业为重点，发展成为南通中心城区重要的综合性城区"；通过轨道线、快速公交等的规划提升主城区与通州城区交通联系便捷度；依托通吕运河绿廊连接主城区与通州城区，并重点建设位于通州城区的进蚌港风景区，使之成为中心城区重要的"绿心"之一。通过上述方面的规划引导，有效优化了南通中心城区扩容后的功能空间组织。

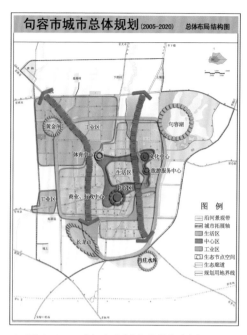

▲ 图 2-1-2 《句容市城市总体规划（2005—2020）》中心城区空间结构图

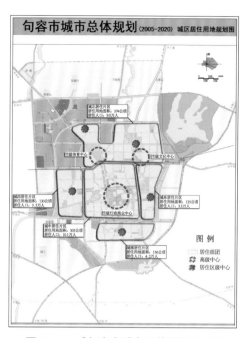

▲ 图 2-1-3 《句容市城市总体规划（2005—2020）》中心城区居住用地规划图

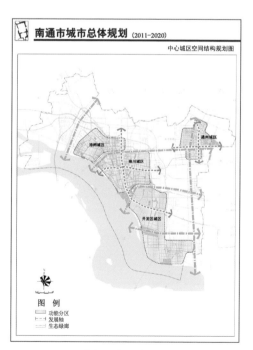

▲ 图 2-1-4 《南通市城市总体规划（2011—2020）》中心城区空间结构规划图

▲ 图 2-1-5 《南通市城市总体规划（2011—2020）》中心城区绿地系统规划图

二、区域协调

（一）产生背景

区域协调理念在城市总体规划中的应用大体可分为两个阶段：（1）城市产业分工合作阶段。随着 20 世纪 90 年代外向型经济的发展，尤其是 2001 年加入 WTO 后，我国承接了全球产业、资本的东向转移，产业经济以集群化组织形式在长三角、珠三角等区域迅速发展。就长三角地区而言，随着浦东新区的成立以及沪宁高速公路等区域通道的建设，江苏苏南 5 市与上海的经济合作联系日益密切，各城市与上海进行发展合作的诉求也异常强烈，城市之间的竞争、合作态势也不断凸显。如何避免功能趋同、产业同质，是苏南地区各市县编制城市总体规划中关注的重点议题。（2）区域一体化发展阶段。随着区域经济、城市规模的快速发展，我国部分地区已经进入一体化发展阶段。以江苏为例，南京都市圈、苏锡常都市圈从 2000 年前后的"有限协调"逐步发展为当前的"全面一体"，区域内部出现了跨界地区交通对接、设施共建等许多更为实质的需求。这些新需求的出现，亟待在各市县城市总体规划编制过程中加以落实。

（二）理念内涵

随着区域发展态势快速变化，"区域协调"理念在江苏各市县城市总体规划的运用中开始出现，尤其是十六届三中全会提出包括"统筹区域发展"在内的"五大统筹"以来，这一理念的应用更为深化，具体包括以下要点：（1）引导区域产业发展合作，形成经济竞合新格局；（2）引导跨界地区空间规划衔接，共同形成跨界发展功能区；（3）引导区域生态环境共保，形成区域生态廊道网络；（4）引导区域基础设施共建共享，形成区域基础设施建设的成本分担和共同运行机制；（5）促进区域交通对接，提升区域城市间交通联系水平。上述"区域协调"理念在城市总体规划中的运用，缓解了跨行政区的产业、空间和功能的合作协调需求矛盾，为区域一体化发展提供了较为切实的方向与手段。

（三）实践探索

以《无锡市城市总体规划（2001—2020）》为例，规划分别从省内周边地区、周边省份两个尺度提出了区域协调策略。省内层面，规划主要对无锡与苏州、常州，无锡与苏中、苏北等关系方面提出空间协调，具体内容包括长江岸线开发利用、大型公共设施、空间形态等方面。省际层面，规划主要对无锡与沪、浙、皖等省市关系方面提出协调发展策略，包括产业错位发展、区域交通联系等方面的协调。而《江阴市城市总体规划（2002—2020）》则更为详细具体，规划中明确提出：注重区域基础设施和公共服务设施与周边城市共建共享；实施区域供水，预留城际轨道交通；提出建设江阴—靖江工业园，与靖江优势互补、错位发展。其中，江阴—靖江工业园的规划建设，成为江苏省内跨市产业合作的典范，对随后江苏省推动"南北合作共建园区"工作起到试点探索的作用。

近几年，城市间合作机制与内容也进一步得以深化完善。江苏编制的城市总体规划中，"区域协调"理念落实也更为深入，需要区域、城市进行协调的内容，措施更为具体、可行。《太仓市城市总体规划（2010—2030）》在上海"四个中心"目标建设的背景下，将"沪太合作"确定为太仓市未来发展的

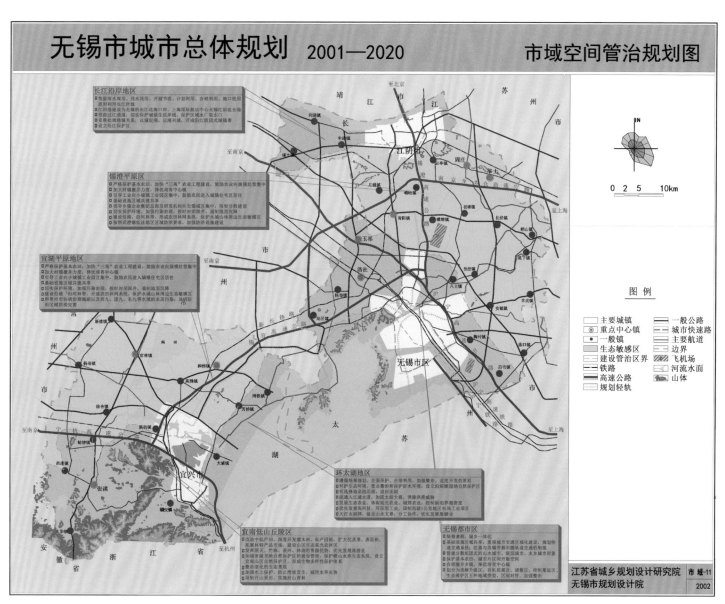

▲ 图 2-2-1 《无锡市城市总体规划（2001—2020）》区域协调规划图

核心发展战略。规划对上海发展态势和沪太关系进行了详细分析，确定了城市发展定位，进而从交通体系、产业经济、城乡空间、政策机制等方面加以深化落实。具体来说，交通方面提出了"延伸上海轨道 11 号线至陆渡镇""沪太间断头路对接""加密公交班次，推动公交一卡通"等一系列规划措施，强化沪太间交通体系对接；产业方面明确了"主动同上海港在集装箱运输上的合作，构建与港口发展相配套的物流园区""打造上海产业的'延伸链'，适时建设新的主题式开发园区，率先建设针对上海的自主创新创业技术孵化园区"；空间方面强调"与嘉定区在功能定位和空间规划上衔接与协调""与宝山区协调沿江岸线""考虑到上海城市功能结构调整，在空间上和设施上予以提前规划预留"；政策机制方面强调"思想意识接轨""开放市场、强调创业精神"等。

三、城乡统筹

（一）产生背景

　　长期形成的"城乡二元结构"对我国城乡均衡发展形成较大制约，乡村人居环境恶化、公共服务配套不均衡等问题突出，城乡统筹发展的需求迫切。党的十六届三中全会通过的《中共中央关于完善社会主义市场经济体制若干问题的决定》提出了"五个统筹"的改革发展要求，并且把统筹城乡发展放在首要位置。2007 年，成都、重庆两地设立了全国统筹城乡综合配套改革试验区，着力探索改变二元经济与社会结构、统筹城乡发展的新途径。在此导向下，各省均加快了城乡统筹工作的推进，2008 年江苏省确定苏州作为城乡一体化发展综合配套改

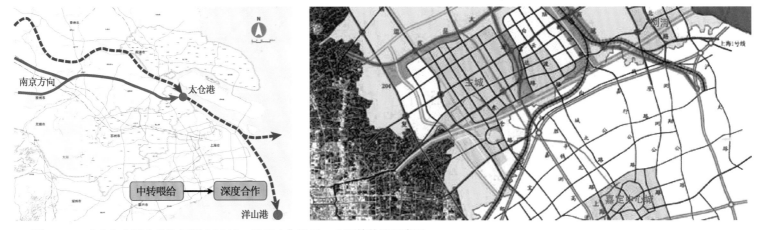

▲ 图 2-2-2 《太仓市城市总体规划（2010—2030）》港口、交通等协调示意图

革试点区，率先进行全省城乡一体化的实践探索。在国、省两级的相关政策要求下，江苏各市县在编制城市总体规划的过程中均考虑了"城乡统筹"议题，切实推进了该理念在随后市县建设发展中的落实。

（二）理念内涵

结合规划实践来看，"城乡统筹"理念在城市总体规划中的应用主要包含以下几点：（1）深入研究城镇和乡村在产业结构、功能形态、空间景观、社会文化等方面的客观差异，避免简单套用城镇规划建设的方式和手法规划建设村庄；（2）按照城乡产业互补的原则，合理安排城乡产业空间布局，引导集聚、集约发展；（3）发挥交通设施对城乡空间布局、产业空间集聚的引导作用，构建城乡协调的综合交通体系；（4）统筹配置与城乡空间布局结构相适应的城乡基本公共服务设施配套体系；（5）按照统筹、安全、节约、适度超前的原则规划城乡基础设施，明确城乡基础设施配置要求。

（三）实践探索

江苏省市县城市总体规划实践较早地引入了"城乡统筹"的编制理念。早在《张家港市城市总体规划（1996—2010）》的编制过程中就明确提出了城乡协调发展的理念。作为建设部城乡一体化试点城市，张家港市城市总体规划将规划区扩展到全市域范围，将全市域视为一个整体来综合土地利用规划、各项基础设施规划，通过对市域各镇建设用地进行统筹安排，突破了围绕城镇点状规划的传统思路。在此基础上，该《规划》引入了绿色开敞空间和生态敏感区概念，市域土地分为城镇发展用地和绿色开敞空间两大部分。绿色开敞空间包含生态敏感区和基本农田，

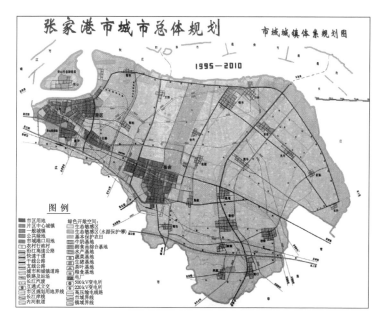

▲ 图2-3-1 《张家港市城市总体规划（1996—2010）》市域城镇体系规划图

规划对这两类用地进行空间落实。

在"城乡统筹"理念的指导下，2000 年前后江苏省市县城市总体规划实践中强化了村庄规划的内容。以《常熟市城市总体规划（2001—2020）》为例，针对农村居民点布局分散、占用土地资源多、基础设施和公共服务设施配套标准低等问题，规划在分类引导的基础上，对部分农村居民点进行了布局优化，提高了集聚度，规划确定了农村居民点的布局原则、建设标准和用地规模，形成市域农村居民点布局规划。

与功能分区相结合，分区划分与功能引导成为城乡统筹的重要空间载体。全域空间利用强调片区划分和功能引导，形成"片区＋城镇网络"结构，将城乡视作一体统筹经济社会发展建设。《昆山市城市总体规划（2009—2030）》根据土地资源、生态保护、城市安全、城镇拓展的需要，将市域划分为三个片区，以城乡规划一体化统筹城乡空间布局，强化中心城市功能，加强了对特色镇和村庄的规划建设引导。

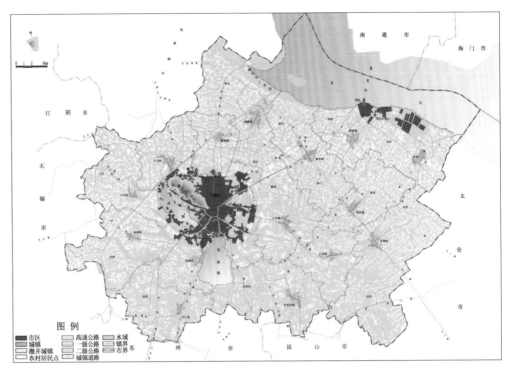

▲ 图 2-3-2 《常熟市城市总体规划（2001—2020）》市域空间利用现状图

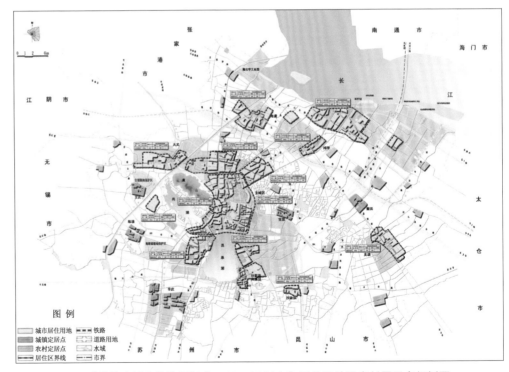

▲ 图 2-3-3 《常熟市城市总体规划（2001—2020）》居住用地及农村居民点规划图

▲ 图 2-3-4 《昆山市城市总体规划（2009—2030）》市域产业布局
规划图

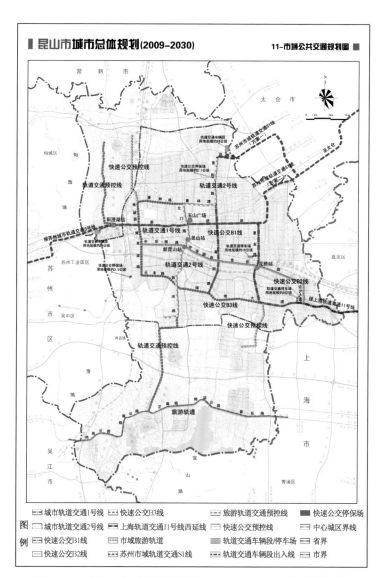

▲ 图 2-3-5 《昆山市城市总体规划（2009—2030）》市域公共交通
规划图

019

四、空间管制

（一）产生背景

空间管制理念在我国城市总体规划中的应用主要有以下两大背景：（1）土地资源保护的根本性要求。在土地管理日趋严格、坚守耕地红线、节约集约利用土地的发展背景下，建设用地规模总量控制和城市发展需求之间的矛盾日益突出，逐渐成为我国各市县编制城市总体规划的关注重点。（2）城市规划管控思想的强化。2005年以来，我国城市规划的指导思想逐渐由传统的强调建设规划向注重对空间发展控制的转变，强调对城乡各类建设与非建设空间进行分类管控引导。

（二）理念内涵

空间管制作为一种资源配置调节方式，目的在于按照不同地区的资源开发条件、空间特点，通过划定区域内不同建设发展特性的类型区，制定其分区开发标准和控制引导措施，促进土地资源的高效合理利用。总体规划将城乡空间划分为已建区、适建区、限建区、禁建区四种类型，即划定"四区"。"四区"划定及相关管制要求成为城市开发建设必须遵循的强制性内容。

在国家提出"推进多规合一，形成'一张蓝图'"的总体要求下，城市总体规划中空间管制理念内涵有了新的变化：（1）城市总体规划中的空间管制内容需要与主体功能区规划、土地利用总体规划、生态功能区保护和建设规划等其他部门规划进行衔接，消除各部门空间规划之间的矛盾；（2）构建空间管制线体系，明确城市建设用地增长边界、基本农田保护、生态格局控制等范围，确保城市总体规划空间管制的科学性。但从国内各省市实践来看，这一新的空间管制体系仍处于探索阶段，尚未形成统一标准。

（三）实践演变

2000年以前，城市总体规划中的"空间管制"内容由于缺乏统一的规范和标准，规划技术人员往往按照自身的理解去划定"四区"，存在划分标准不一、表达深度不一等问题。2000年以后，江苏各市县城市总体规划中的"四区划定"相关概念的内涵逐渐得以明确。《吴江市城市总体规划（2006—2020）》系统探索了空间分区的划定方法及相应的管制要求，对于"四区"划定成果的标准化和规范化具有重要意义。在此次总体规划基础上总结经验，形成了江苏省城市规划设计研究院编制的《城市总体规划中"四区划定"基本要求》等相关文件。文件明确提出"四区划定"应遵循生态优先、城镇空间集约发展、强制性与引导性并重、可操作、逐级深化等原则。在市域层面上划分为禁建区、限建区、适建区三类，在中心城区层面上划分为禁建区、限建区、适建区、已建区四类。禁建区的划定与城市空间增长边界相结合，中心城区"四区"划定的意义在于强调增长管理，以及开展不可建设的功能区的控制规划。

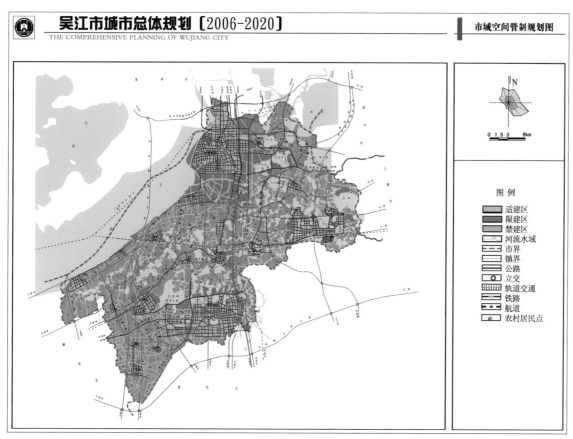

▲ 图 2-4-1 《吴江市城市总体规划（2006—2020）》市域空间管制规划图

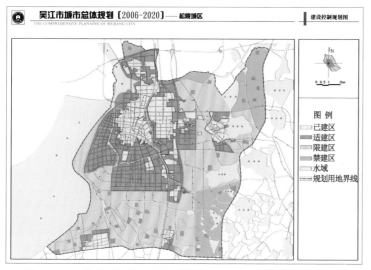

▲ 图 2-4-2 《吴江市城市总体规划（2006—2020）》松陵城区建设
控制规划图

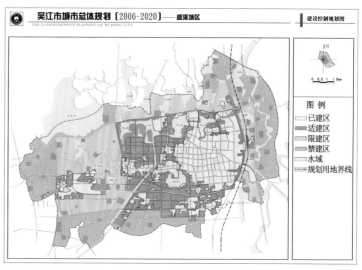

▲ 图 2-4-3 《吴江市城市总体规划（2006—2020）》盛泽城区建设
控制规划图

五、交通引导

（一）产生背景

随着城市交通问题的日趋严峻，传统的交通与城市空间的关系已经无法适应城市发展的要求。主要体现在：（1）交通主导方式的变化对城市的影响。江苏不少城市在经历了以小汽车为主的机动车交通方式阶段后，开始选择建设轨道交通、快速公交等交通方式，而轨道交通、快速公交设施建设与城市空间开发联系紧密，需要在城市规划中加以考量。（2）城市空间组织、开发强度的影响。随着城市人口规模的增加，江苏部分城市空间结构已由以往的"单中心"转变为"多中心"，城市中心片区开发强度较高，通勤距离扩大，交通量增加，进而引起交通拥堵等问题，需要结合建设用地情况设置快速交通体系。（3）交通建设理念的变革。传统交通规划思想是交通基础设施应满足日益增长的交通需求，但实际上交通设施的供给很难赶上交通需求的增长，需要转换交通设施供给思路。

（二）理念内涵

国内外实践表明，单纯依靠扩大交通供给已难以满足日益增长的交通需求，应当寻求一种"高可达性、低交通需求的交通和土地利用一体化发展模式"。交通引导理念正是这一发展模式的重要组成部分，该理念的内涵主要包括三大方面：（1）走廊引导。交通走廊的构建不仅仅只是满足、顺应城市发展，更重要的是根据走廊的性质、等级，在走廊的两侧影响范围内划分稳定发展区和开发潜力区，调整交通走廊两侧用地布局，利用走廊引导空间聚集发展。（2）枢纽引导。在宏观层面，枢纽对中心体系构建的主导作用较大，根据枢纽的功能、分类、等级来协调与各中心的关系，使城市空间布局、枢纽布局与中心体系的布局协调一致。（3）路网引导。大城市交通拥堵产生的原因之一就是不同类型交通的交织，需要快速交通网络进行分离。同时，路网规划与轨道等公共交通关系紧密，应更多考虑两者的匹配关系。

（三）实践探索

"交通引导"理念提出初期，江苏省各市县城市总体规划编制的重点是引导城市充分对接区域交通通道，依托"道口"区位优势设置工业园区或物流园区，发展"道口经济"。《泰州市城市总体规划（2000—2020）》中对交通枢纽城市靖江市提出"促进港口、工业、商贸及多种三产的加速发展，城区要积极向沿江方向延伸拓展，率先与苏锡常经济圈融为一体，建成港口工贸型城市"。在该规划指引下，靖江市"道口经济"发展成效显著，2002年该市25个300万元以上的工业技改项目，有15个出现在道口附近。随着"道口经济"的不断发展，江苏省各县市在城市总体规划修编过程中进一步强化了对区域交通出入口地区的关注。《通州市城市总体规划（2006—2020）》按照交通引导布局的原则，分析市域不同区域（如环南通地区城镇、沿江地区、沿海地区、沿高速公路通道地区）的发展条件，采取不同的发展策略，制定相应的发展措施，引导本地区形成科学合理的空间布局，便于可持续建设。《吴江市城市总体规划（2006—2020）》确定了以需求预测为导向的交通发展战略，从运输的方式、分布及发生量的角度对城市的交通需求做了深入的分析和预测，提出了促进区域交通基础设施统筹发展，并以片区为基础提出了不同的交通分区和发展策略。

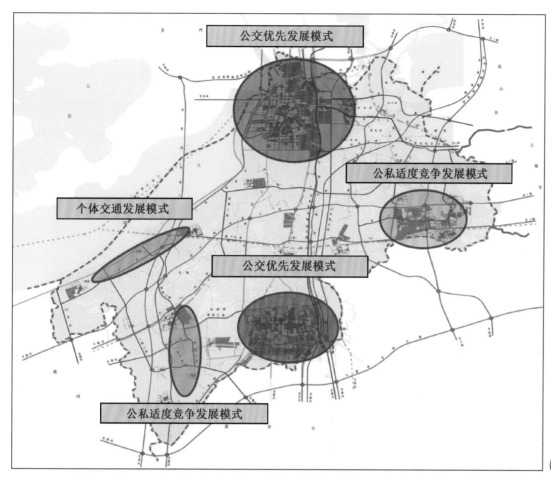

公交优先发展模式

公私适度竞争发展模式

个体交通发展模式

公交优先发展模式

公私适度竞争发展模式

▲ 图 2-5-2 《吴江市城市总体规划
（2006—2020）》市域交通分区引导图

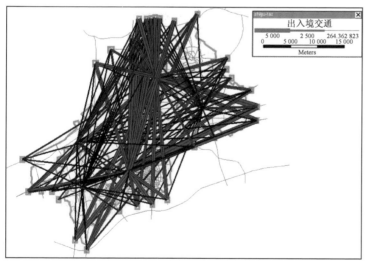

▲ 图 2-5-1 《吴江市城市总体规划（2006—2020）》市域出入境交
通分布图

随着城市发展理念和交通分析方法的进步，江苏省市县
城市总体规划不再仅将城市交通视为城市发展的基础性配套系
统，而是更加强调城市交通与土地利用之间的互动作用，以城
市交通系统优化引导城市空间和功能合理布局。《昆山城市总体
规划（2009—2030）》提出以轨道交通引导城镇空间集聚，开
启了"县级城市"利用轨道交通作为市域公交方式的先河，并
进一步提出"以交通枢纽引导城市用地开发和服务业发展，以
货运交通引导工业用地集聚，以特色交通引导旅游开发"。

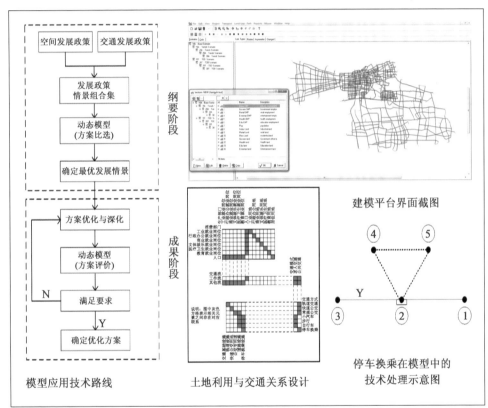

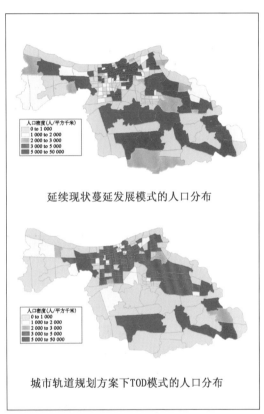

▲ 图 2-5-3 《江阴市城市总体规划（2011—2030）》交通与土地利用一体化分析技术路线图

　　《江阴市城市总体规划（2011—2030）》首次在城市总体规划层面设计了交通与土地利用一体化分析技术路线，构建了交通体系、土地利用规划方案多情景分析平台，在土地利用、交通模式以及交通设施供应之间的要素关联设计、停车换乘在模型中的表达、地区吸引性系数设置等技术细节方面进行了创新。该版总规对两种发展情景进行对比分析：一种是基于现有的公路引导式发展模式，仍然呈现以高速公路道口和主要交通干线为依托的蔓延式发展；另一种是采用集约式的发展模式，主要通过轨道交通来引导城乡空间的集聚。情景分析为城市空间发展方案提供了科学、严谨的技术支撑，同时也更加有效地指导在居住用地、商业用地布局及规模的规划。

六、低碳生态

（一）产生背景

伴随着我国工业化的快速推进，城乡水体、大气等污染情况也较为严重，矿产资源快速消耗，资源生态环境的不断恶化需要强化对产业发展、生态保护等领域的关注。近年来，我国处于经济从追求"规模扩张"向强调"量质并进"的转型阶段，对发展的价值观也不断丰富，从中央到地方都密集出台了政策文件，引导城市发展低碳化、生态化。在此背景下，"低碳生态"理念被城市总体规划引入，目前已成为城市总体规划编制工作的重要指导原则之一。

（二）理念内涵

城市总体规划编制要研究确定城市低碳生态规划建设的目标、途径和技术方法，按照节约型城乡建设要求和集约发展、生态友好等原则，在发展容量、空间布局、生态建设、产业发展、资源利用、节能减排、基础设施规划等方面具体贯彻落实低碳生态发展要求：（1）发展容量方面主要采用"生态足迹"、土地资源承载能力、水资源承载能力等指标方法来科学确定城市发展容量；（2）空间布局方面，则主要是空间结构、用地布局与综合交通的互动关系；（3）生态建设方面，则通过各类用地生态功能评价等确定城市绿地建设方案；（4）产业发展方面，则全面评估土地、水、能源等资源利用现状，确定符合城市自身发展特点的产业策略；（5）基础设施、资源利用等方面，则侧重考虑这些领域出现的新理念、新技术方法在总体规划中如何表达，以指导下层次规划编制。

表 2-6-1　城市总体规划中"低碳生态"理念的落实

规划内容	规划任务
发展容量	找准制约城镇发展规模的瓶颈因素，科学确定容量
空间布局	交通引导发展，优化城乡空间布局结构和中心体系构建； 加强用地与交通的互动反馈，落实公交优先，实现布局减碳； 合理加强用地混合，促进交通减量
综合交通	引导城乡空间、产业空间集约发展； 合理构建绿色交通体系，促进公交优先和慢行友好
生态建设	构建完整生态结构体系； 构建总量适宜、布局合理、固碳高效的绿色生态系统
产业发展	采取符合城市自身发展特点的产业策略，贯彻循环经济发展思路，选择产业发展类型，制定产业准入门槛，引导产业合理布局
资源利用	明确资源利用目标，分项提出实施保障措施，重要指标应作为刚性要求予以控制
节能减排	明确节能减排目标，分项提出实施保障措施，重要指标应作为刚性要求予以控制； 大力发展清洁能源和可再生能源； 加强环境污染治理，减少污染排放
基础设施规划	拓展基础设施规划的内容与方法，促进集约高效利用

（三）实践探索

　　早在 2000 年前后，江苏省城市总体规划实践就已开始关注到城市生态保护这一重要议题，并在全国率先进行了规划应用探索。以《江阴市城市总体规划（2002—2020）》为标志，江苏城市总体规划将城镇建设用地与非建设用地统筹考虑，开拓性地将市域空间管制作为市域土地资源统筹利用的重要内容。此外，城市人口规模的测算充分考虑水资源、土地资源的承载能力。此后江苏城市总体规划的编制均增加了生态相关内容。《宜兴市城市总体规划（2003—2020）》强调人与自然和谐发展，以"生态宜兴"为目标，其生态建设重点应在"水""绿""文"三个方面，并明确了市域范围生态功能区划及其保护要求，从而营造可持续发展的生态系统。2006年新《城市规划编制办法》正式实行，明确将市域四区划定纳入城市总体规划内容中，江苏城市总体规划的这一创新之举得以在全国范围内推广。

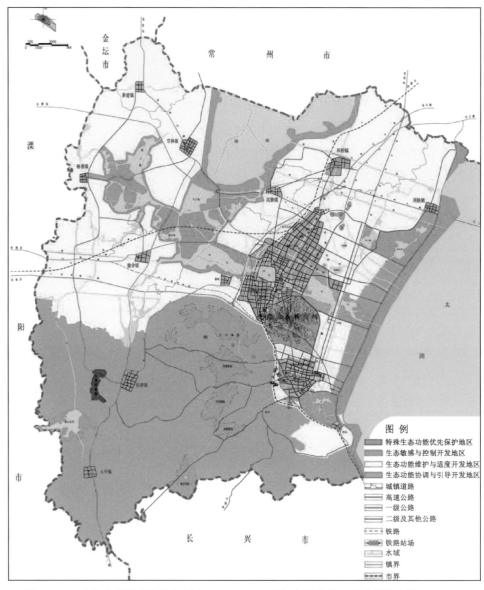

▲ 图 2-6-1 《宜兴市城市总体规划（2003—2020）》市域空间开发管制规划图

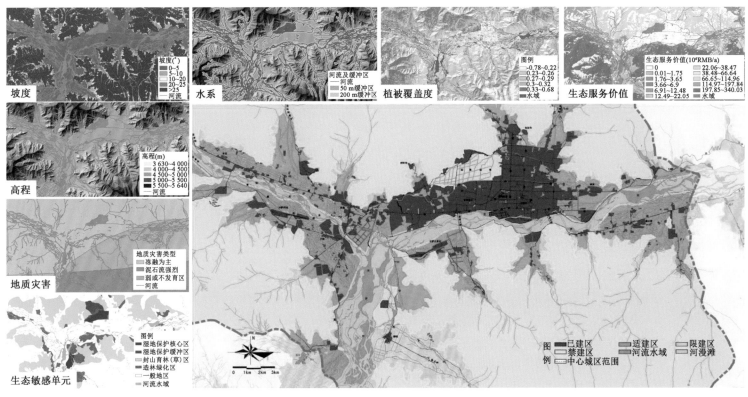

▲ 图 2-6-2　拉萨中心城区建设用地生态适宜性评价

随着"低碳生态"概念逐渐被我国大众所接纳，江苏省各市县城市总体规划进一步强化了城市发展的资源约束研究，将低碳生态内容作为发展策略制定、城市用地布局的本底条件分析。江苏省城市规划设计研究院编制的《拉萨市城市总体规划（2009—2020）》从保护生态出发，采用生态足迹模型合理确定人口规模。在此基础上，规划针对拉萨市脆弱敏感的特殊生态环境，运用 GIS 技术，对坡度、高程、地质灾害敏感性、生态敏感单元、水系、植被覆盖度、生态服务价值等自然地理条件和生态限制因素进行用地生态适宜性评价，合理划定禁建区、限建区和适建区，指导城市空间布局；并结合拉萨市中心城区自然地理条件，构建"青山拥南北，碧水贯东西，绿脉系名城，林卡缀家园"的城市绿地系统结构，通过城市绿地系统的建设，增强城市的碳汇能力。

表 2-6-2　拉萨市生态承载状况预测

项　目	现状（2006 年）	近期（2010 年）	远期（2020 年）
人口（万人）	59	62	74
总生态承载力（公顷）	119.77	119.77	119.77
人均生态承载力（公顷）	2.03	1.93	1.77
人均生态足迹（公顷）	1.74	1.74	1.74
生态盈余/赤字（公顷）	0.29	0.19	0.03

七、城市设计

（一）产生背景

在快速城镇化的进程中，我国城市经过大规模的开发建设，不少城市的山体、河流均遭到破坏，逐渐陷入"看不见山水、记不住乡愁"的窘境，"千城一面，万楼一貌"的现象较为突出，城市特色有雷同、趋同的态势。从居民需求角度来看，随着生活经济水平的提升，我国城乡居民对空间品质、文化特色的关注度不断提升，城市作为集聚大量人口的空间单元需要满足人们的这一需求。为了缓解城市特色消弭和居民精神需求间的矛盾，我国城市规划工作开始寻求理念创新，并于20世纪90年代在城市总体规划编制工作中引入"城市设计"理念，借助"城市设计"手法来重塑城市的个性与特色，打造"有记忆、可识别"的城市意象。

（二）理念内涵

按照城市规划体系的要求，城市总体规划中应加强对总体城市设计的研究，但由于对城市设计的层次及其与城市规划的关系等方面存在认识分歧，不同学者对总体城市规划设计有着不同的理解。综合相关研究来看，城市总体规划中的"城市设计"内涵主要包括三大方面：（1）在对城市历史文化传统深入提炼的基础上，根据城市性质、规模，对城市形态和总体空间布局做出整体构思和安排；（2）对把握城市整体结构形态、开放空间、城市轮廓、视线走廊等要素，对城市各类空间环境如居住、商贸、工业、滨水地区等进行塑造，并形成特色；（3）对全城建筑风格、色彩、高度、夜间照明等城市物质空间环境要素提出整体控制要求。

（三）实践探索

城市总体规划编制过程中，"城市设计"理念逐渐得以重视，不少总体规划均单独设置了"总体城市设计"或"城市设计引导"章节，内容逐渐从少到多、从简单到复杂，在一定程度上引导了城市特色空间的塑造。《镇江市城市总体规划（2002—2020）》分析了镇江"山、水、城、林"的空间基底，通过一系列城市设计方法，规划形成与空间特色相契合的城市总体形态，结合资源形成重要风景区、古城历史风貌区、城市滨水区和新城区四大特色景观区，在借鉴国内外城市经验的基础上明确打造"长江—大运河"景观轴、山林景观轴以及重要道路景观轴，并引导城市广场、出入口节点以及标志性建筑等建设。

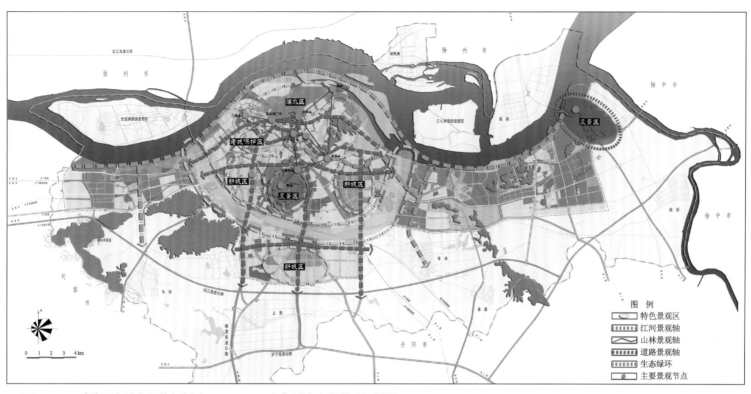

▲ 图 2-7-1 《镇江市城市总体规划（2002—2020）》城市空间景观规划图

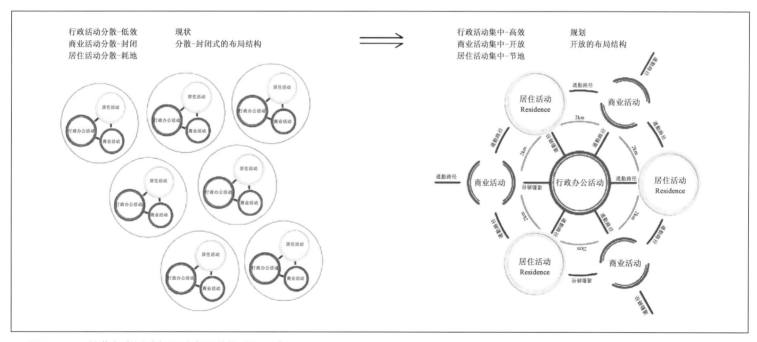

▲ 图 2-7-2 拉萨各类活动与用地布局结构关系示意图

江苏省城市规划设计研究院编制的《拉萨市城市总体规划（2009—2020）》基于拉萨重要的生态、文化特色，在设置"总体城市设计"基础上增加了"总体城市设计研究"专题研究，将视野落于人类行为、景观结构和风貌结构之上，架构研究体系，试图在更广阔的领域内和更综合的层次上对城市功能、城市景观和城市风貌进行研究，以期在与城市总体规划相互反馈、协调的同时，指导下层次规划的编制。规划强化了人类行为的功能性界定与梳理和各类建筑的景观性保护与控制，采用动态视域分析重要景观节点，视域保护，引导城市功能区的空间布局以及控制各片区整体景观格局。同时，确定城市总体风貌，形成整体化的空间地域特色；划定不同风貌分区，展示差异化的空间风貌特征；严控关键景观要素，打造个性化的空间场所氛围。

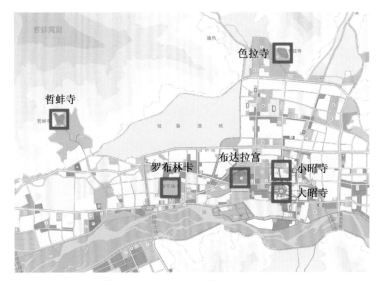

▲ 图 2-7-3　拉萨主要历史建筑景观节点示意图

第三章

3 重要内容的应对策略与措施

一、区域协调与协同策略

（一）区域协调的问题类型

1. 行政区划调整政策效果差异大

　　改革开放以来，以设区市为主体的大中城市得到快速发育，与之相伴随的行政区划调整也越发频繁。我国经历了两个行政区划调整阶段：1997—2007 年，以撤县（市）设区为主，调整的核心目的是满足都市区空间扩容需求，在这一阶段，苏南城市普遍进行了行政区划调整；2008—2014 年，撤县（市）设区与区界重组并行，主要使调整区划与都市区多元化的发展需求相适应。行政区划调整的成效，与撤县（市）设区后是否对原县（市）的行政范围进行拆分与整合有关。以苏南地区为例，南京于 2000 年对江宁撤县设区，十年间，GDP 翻了 7 倍多，财政收入翻了 20 多倍，一跃成为省内经济强区。南京、无锡和苏州通过撤县（市）设区，为中心城市争取到更大的拓展空间，通过行政区划的拆分合并，提高了中心城市对撤并后区县的管控能力，提前消除了发展上的隐患，实现了中心城区一体化发展，促进了三市社会经济的快速发展。

　　然而，同处沪宁发展轴上的常州，2002 年将曾经的百强县武进县撤县设区，但在设区多年以后，常州市与武进区的空间整合依然没有达到较好的效果，直至 2015 年常州才又一次调整行政区划，通过拆分武进区行政范围，打通了东西向的行政钳制局面。

　　行政区划调整为城市空间的跨越发展提供了条件。如何利用好这一政策契机，有效促进城市空间跨越，需从政策上进行顶层设计，并于规划建设上进行统筹协调。

▲ 图 3-1-1　苏州、无锡第一轮行政区划调整图

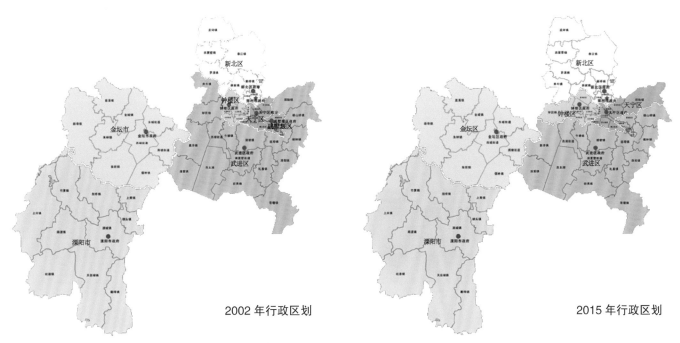

2002 年行政区划   2015 年行政区划

▲ 图 3-1-2　常州 2002 年、2015 年行政区划调整图

2. 跨界地区空间利用冲突多

随着城市的发展壮大，城际之间在跨界用地布局、交通和给排水设施、能源走廊、环卫工程、大气污染防治等方面的矛盾表现得尤为突出。

环太湖地区包括江苏省的苏州、无锡、常州、宜兴 4 个市县和浙江省的湖州、长兴 2 个市县，行政主体较多。一段时期，太湖流域污水治理速度跟不上排污量的增加速度，致使 80% 的河流湖泊水质受到污染，富营养化问题十分严重，本地优质水资源严重不足，水质安全形势严峻。如无法在区域层面建立高位水环境共保机制和措施，太湖水环境质量持续恶化的局面将难以扭转。

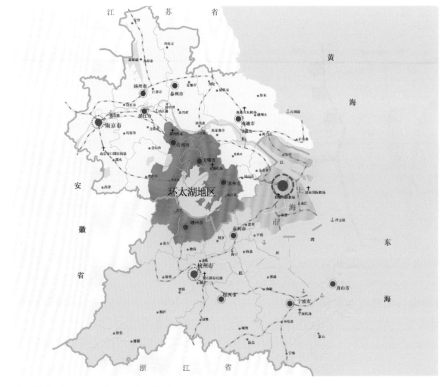

▲ 图 3-1-3　环太湖地区范围

相邻城市跨界地区的交通和基础设施对接问题普遍存在。交通设施的对接问题主要有跨界断头路、跨界路幅变化、公交服务分割、出入境收费站制度等。2010 年太仓市总体规划修编时，上海的道路建设中多达 7 条是指向太仓的断头路；虽然当时太仓已出现与上海市较强的交通联系需求，但上海轨道 11 号线规划嘉定为终点站，难以服务近在咫尺的太仓市。江阴城区距离常州中心城区约 40 千米，二者东西向接壤边界达 20 千米以上，但仅有 3 条联系通道，多数道路在边界地区成为断头路，其中最短处仅相差 650 m 便可联通，却由此带来近 10 千米的绕行距离，大大降低了两城市的联系效率。

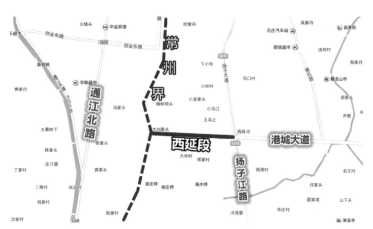

▲ 图 3-1-4 江阴港城大道与常州通江北路的衔接现状图

3. 区域协调机制建立和落实难

《城市规划编制办法》（2006 版）第十四条规定，"在城市总体规划的编制中，对于涉及资源与环境保护、区域统筹与城乡统筹等重大专题，应当在城市人民政府组织下，由相关领域的专家领衔进行研究"，但在《城乡规划法》（2008 版）中并未规定区域统筹为强制性内容。由于区域统筹内容缺乏法律约束机制，跨行政区的协调平台和协调机制建立十分困难，加之各城市对自我利益的保护，难以从区域角度统筹考虑，区域的联动发展往往成为美好的愿景，难以有效实施。

（二）总规层面区域协调的层次

1. 区域层面的协调

此层面的区域协调内容在总体规划中虽未形成文本内容，但以发展环境分析、区域比较分析、与上层次规划协调研究、对接主要城市发展等专题研究形式形成了区域层面协调的基础内容，并同时影响着城市定位、城市规模、发展方向、产业选择等总体规划的核心问题。

以《南通市城市总体规划（2011—2020）》为例，规划形成了《与上层次规划的协调研究》专题，对南通新一版总体规划与《江苏省城镇体系规划（2001—2020）》和《江苏省沿江城市带规划（2006—2020）》在功能定位、空间组织、发展要求、新形势对南通定位影响、与上位规划的协调内容等方面进行了详细论证，规划还形成了《南通对接上海发展研究》《南通市区域发展与城市定位研究》《南通产业发展战略研究》《南通市沿江沿海协调发展研究》《南通都市区协调发展策略研究》等一系列与区域协调相关的专题报告。

2. 城际之间的协调

城际协调是总体规划区域协调的主要内容，包括与相邻城市的空间布局、产业发展、交通和基础设施建设、生态环境共保等全方位的协调与对接，着眼于跨界地区空间和设施的落实、协调机制的建立与创新。在与周边城市之间协调的基础上，根据城市规模和城市能级的不同，城际协调出现了都市区协调和共建城市组群等多种新的模式，进一步深化了城际协调的重点内容和实施成效。

以江苏沿江地区为例，长江南北相邻城市在产业转移、空间统筹布局、技术合作等方面的合作诉求强烈，《江苏省城镇体系规划（2001—2020）》《江苏省沿江城市带规划（2006—2020）》等上位规划中确定构建扬镇、常泰、澄张靖、昆太、通虞等城市组群，深化跨江城市之间的协作深度。城市组群一经提出，沿江城市积极响应，在总体规划编制过程中普遍将同一组群城市之间的协调作为重点进行研究，对加强组群城市间的优势资源整合、区域设施共享、相关产业协作，以及促进组群内区域公共服务一体化具有重要作用。如《江阴市城市总体规划（2011—2030）》提出在澄张靖如城市组群层面，江阴应引领城市组群协调发展，主动承担澄张靖如区域服务功能，强化以区域性服务功能为导向的现代服务业发展，并通过园区共建、产业梯度转移，实现设施共享，扩大辐射范围与发展腹地。

3. 市域范围的协调

市域层面协调内容更加细致，地级市主要协调中心城区与所辖县市之间的关系，其他市县重点关注城关镇与所辖其他城镇的关系，市域范围的协调对于市域内重点开发空间和发展时序的确定具有指导作用。

《昆山市城市总体规划（2009—2030）》确定在整个市域空间重点打造沪宁轴线、昆太轴线和吴淞江沿岸地区。随着京

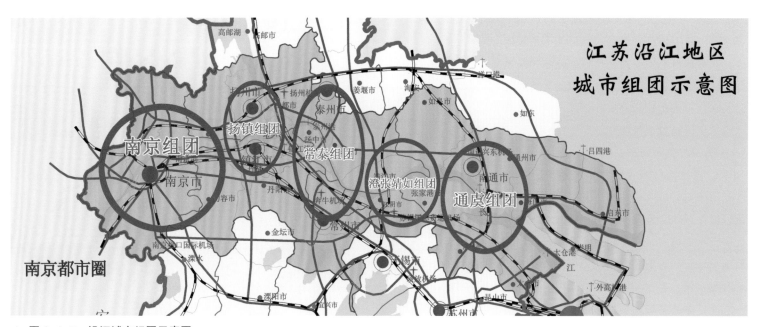

▲ 图 3-1-5 沿江城市组团示意图

沪高铁、重要交通走廊继续完善，沪宁轴线进一步强化；昆太联动效应下，随着苏州经由昆山至太仓轨道交通的建成，昆太轴线将在产业流基础上承担更多的人流、物流、资本流；吴淞江滨水地区作为城市未来的发展潜力空间进行空间预控，昆山的重点开发空间在时序上实现从娄江时代到高铁时代，最终到吴淞江时代的跨越。

（三）总规层面区域协调的重点内容

作为上位区域规划与下位控制性详细规划的纽带，总体规划层面的区域协调着重落实上位规划关于城市在区域中的功能定位、重大基础设施建设、生态环境治理等内容，并对与城市发展紧密相关的城际关系进行深化研究；总体规划需在区域统筹协调基础上确定城市的空间布局、产业发展方向等问题，用以指导下位规划。

1. 协调城市空间和产业布局

加强与跨行政边界城市的联系，形成互动开发与协调共建格局。在空间发展上，明确城市结构和发展方向，构建跨界地区合理用地布局模式，防止用地无序蔓延，对发展落后地区要着重整合资源、辐射带动，实现互动共赢。产业布局协调表现在两方面：一方面是承接区域核心城市的辐射带动，促进自身产业功能的优化升级和合理布局，这

在临沪地区城市中表现尤为显著；另一方面是协调与周边城市的产业发展方向和跨界地区的产业布局优化。

城市发展方向的确定，除了要考虑城市自身的空间布局、资源禀赋、交通基础设施、生态环境的影响外，还需要协调城市发展方向与区域要素流动方向，相邻城市发展方向的关系。《昆山市城市总体规划（2009—2030）》提出"东拓——整合花桥、融入上海，西育——保育阳澄、连通苏州，南优——优化吴淞、转型升级，北延——昆太联动、提升二产"的中心城区空间发展策略。

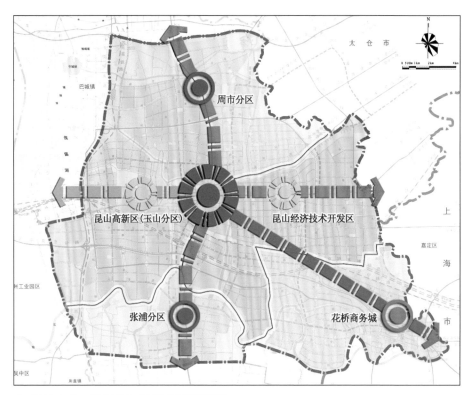

▲ 图3-1-6　昆山市中心城区规划结构图

《江阴市城市总体规划（2002—2020）》深化《苏锡常都市圈规划（2001—2020）》的要求，协调江阴与周边城市的关系，周庄镇、华士镇、新桥镇规划生态隔离，控制城镇连绵发展；界定香山、长山为江阴城区与张家港港区之间的生态隔离区，保护山体植被，保留足够生态绿地；并在江阴的石化工业园与常州的圩塘之间，江阴控制不少于2千米的林地或农业空间为生态隔离区。

环沪城市与上海之间在产业分工、空间布局上存在显著的互补协调特点。昆山市花桥镇为承接上海外溢的商务办公建立了花桥商务城，强调时效性的电子科技产业依托沪宁高速、沪宁城际和京沪高铁等便捷的交通通道布局；太仓以靠近上海嘉定汽车产业基地的优势，积极发展汽车产业上下游配套产业；

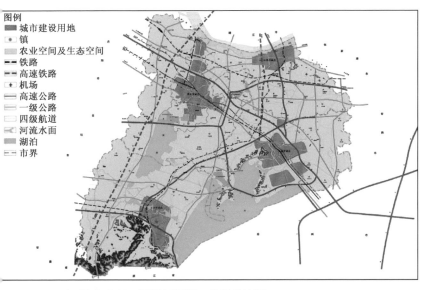

▲ 图3-1-7 江阴与无锡、常州的协调

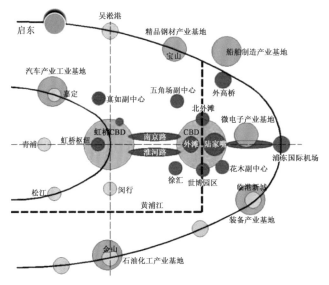

▲ 图3-1-8 长三角城市产业门类和环沪地区产业分工图

南通作为传统的沿江制造基地和纺织基地，为上海港提供现代化的船舶制造支持和优质的外贸轻纺产品；环沪各城市还积极发展现代农业和休闲度假产业，为上海提供新鲜的蔬菜副食品，满足日益增长的休闲旅游需求。

2. 协调交通和基础设施布局

加强对外交通设施的对接和跨界基础设施的协调共建是区域协调的重要抓手。重点加强与周边城市在跨界地区交通通道、港口航运、能源水利设施、防灾减灾等设施上的标准衔接与一体化建设，实现跨界基础设施的共建共享、互联互通，提高基础设施的协调效应和综合效益，增强交通和基础设施配套对相邻城市共赢发展的支撑能力。

江苏省作为沿江、沿海省份，港口、航道、长江水源、区域交通、区域能源设施的协调也是城市总体规划区域协调中的重点问题。《昆山市城市总体规划（2009—2030）》提出昆山借力太仓港出海，与太仓港签订"区港联动"合作协议，形成昆山腹地与太仓港口物流的深度融合与无缝对接。《江阴市城市总体规划（2011—2030）》提出江阴融入上海国际性航运中心建设，加强与洋山港的合作，将江阴港作为"大无锡"的水路对外窗口，预控区域轨道交通线位接驳无锡苏南国际机场、高铁等重大基础设施。

跨界地区市政基础设施协调包括能源水利设施、防灾减灾空间对接等内容。以江阴和常州供水设施协调为例，江阴境内现有5座水厂，其中3座为江阴本市服务，2座为无锡与常州服务。《常州市城市总体规划 (2008—2020)》和《江阴市城市总体规划（2011—2030）》均对位于江阴境内的常州取水口和常州水厂进行了协调安排。

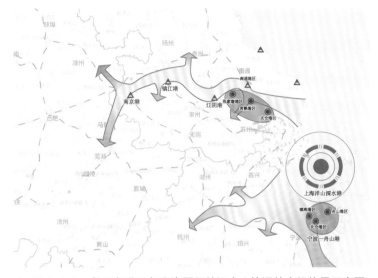

▲ 图 3-1-9　长三角港口与上海国际航运中心协调的空间格局示意图

3. 协调生态环境保护与建设

环境治理和生态保护是典型的区域性问题。构建与周边城市生态环境保护的联动机制与平台，重点加强对饮用水源地、上下游水环境综合治理、产业结构调整、污染源监控、重大污染源应急处理、生态修复等的区域协调与合作。

以《昆山市城市总体规划（2009—2030）》为例，规划提出与苏州环阳澄湖的共保和开发利用协调，建立苏昆两地联动的环阳澄湖协商机制，严格控制污染性项目，共同加强环境治理和生态保护；在保护资源、环境、景观的前提下，积极建设环阳澄湖休闲旅游带，发挥昆山环阳澄湖地区的滨水特色以及临近上海的区位优势，以旅游及休闲度假为开发利用的主导方向，与环湖其他地区共同发展。

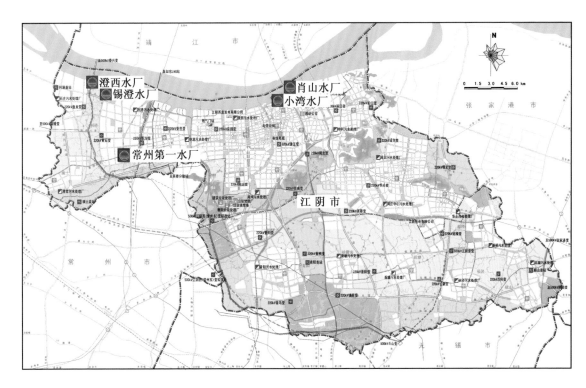

▲ 图 3-1-10　江阴境内的常州
第一水厂

▲ 图 3-1-11　昆山与周边城市的规划拼合图

（四）区域协调机制的建立和创新

建立多层次、多渠道、多类型的协调机制是顺利推进区域协调的重要保障，也是规划实施的基础保障。借助上位规划搭建的多部门协调平台，实现跨城市边界的大型基础设施整合、生态环境共保、产业错位发展等重要内容的协调，鼓励形成非政府组织的常态协调。力争通过多元化、多渠道的地区间交流合作，加强区域间经济、文化交流，丰富地区协调发展的内容，增强区域协调发展的内生动力。

《昆山市城市总体规划（2009—2030）》区域协调发展专题提出四方面体制机制创新策略：一是加入城市经济协调会，建议将长三角一体化和协调发展中的长三角市长会议扩大为包括市县在内的市长扩大会议，让更多政府执行者参与议事和决策；二是组织苏南的全国7个百强县（市），每半年一起商讨区域的经济发展、交通设施协调、环境整治等区域发展大事；三是通过建立集疏运体系建设、物流系统无缝对接、港口异地报关服务等事项的跨地区协调机制，主动参与上海四个中心和现代化国际大都市建设；四是试点沪昆同城社保，解除妨碍人员长期往来的桎梏。

二、城乡统筹与乡村发展

在改革开放后，由于历史上形成的城乡分隔发展，各种经济社会矛盾逐渐凸显，城乡一体化发展逐步受到重视。进入21世纪以来，面对长久以来困扰我国的"三农"问题、城乡二元分割矛盾以及区域经济发展差异巨大的现实，党的十六届三中全会明确提出了"统筹城乡发展、统筹区域发展、统筹经济社会发展"的要求，城乡统筹受到前所未有的关注，并用以全面指导城乡经济社会和谐发展。在实际操作中，由于对乡村发展认识的不足，城乡统筹发展面临若干问题。

（一）城乡统筹和乡村发展面临的问题

1. 对城乡差别重视不足，将"城乡"视为一样化

从历史发展角度，城乡关系可以分为三个阶段：第一阶段，城市逐步兴起，乡村为城市发展提供资源、人力、资金，即乡村哺育城市阶段；第二阶段，城市发展壮大后，与乡村相互独立发展，即城乡独立发展阶段；第三阶段，随着城镇化的不断推进，城市与乡村发展相互融入，边界逐步模糊，即城乡一体化阶段。在改革开放初期，国家宏观政策主要向城市倾斜，区域资源要素向城市集聚。面对当时区域发展水平偏低的现实，城与乡的差别没有受到应有重视，而是简单地将城市的做法移植到农村。具体体现在：一是运用引导城市功能集聚的方式促进农村集聚发展，由于农村拥有传统耕作、生产、生活需求，盲目引导农村大规模集聚，对农村长久形成的社会生态冲击较大，不利于农村社会的持久稳定发展；二是运用城市中功能分区的理念划分农村组团，城市规划中居住功能、生产功能、旅游功能等相对独立、功能划分明确，乡村中农民的生活、生产等活动相互交织，在空间中并不能完全割裂，机械地在农村中划分功能组团显得不切实际；三是运用城市中道路基础设施规划方法引导农村发展，城市的公共资金相对充裕，在人口不断积聚、空间不断扩大的背景下，适度超前布局基础设施十分必要，而乡村处于不断收缩、人口相对减少的过程中，加之资金有限，与城市一样全方位布局基础设施显得既没有必要性也没有可行性。

2. 市（县）域空间发展主体多，发展不紧凑

由于乡镇企业发达，江苏省乡镇经济在历史上起到过至关重要的推动作用，加上乡镇的治理模式，江苏省在大规模行政划区调整前，市（县）域发展主体一直面临"多而散"的现状。在2000年以前，苏南地区县级市一般有近20个乡镇，发展主体多，发展相对分散。在当时的历史阶段，乡镇经济自下而上的发展对推动城市经济发展具有重要作用，但随着土地资源、环境资源不断被消耗，乡镇污染防治没有得到根本改善的情况下，发展主体多、发展分散带来的环境、生态等负面效应愈发凸显，传统发展模式受到较大挑战。随着国家治理的不断完善，加上乡镇政府管理机构精简等要求，乡镇之间的调整、合并、优化势在必行，在有限的空间中强化集聚发展、紧凑发展显得尤为重要。

3. 乡村的引导思路不明确，原则多、落实少、实施性差

在国家提出城乡统筹发展要求后，各省积极响应。江苏省明确贯彻城乡统筹要求，省住建厅在2005年发布《推进全省镇村布局规划编制工作方案》（苏建村〔2005〕125号）文件，引导全省各县市进行镇村布局规划。当时，政策引导的重点是突出中心村的引导作用，整合零散的自然村资源，引导村庄撤并，以此集约利用农村土地。全省覆盖的镇村布局规划，在遏

制农村盲目建设、引导土地资源集约、集中利用等方面发挥了重要的作用。随着镇村布局规划的实施，省政府也对城乡统筹的政策进行了适时调整，于2010年出台了《江苏省城乡统筹规划编制要点》（苏建规〔2010〕572号），对城乡统筹的规划内容、要求进行了明确要求，有效引导了乡村建设和发展。随后，2014年，江苏省政府出台了《关于加快优化镇村布局规划的指导意见》（苏政办发〔2014〕43号），对2005年的镇村布局规划思路进行了适时调整，目前强调突出村庄特色，合理引导村庄集聚，减少撤并村庄、乡村的引导思路出现摇摆。

长久以来，由于缺乏对农村地区的跟踪研究，规划师对农村面临的现实问题了解并不透彻，对乡村的引导多以原则为主，如诸多政策文件中提出的"因地制宜原则，保护耕地、节约用地原则，保护文化、注重特色的原则"等，在具体落实过程中，相关的发展路径和抓手较少。政府多以农村居民点的引导来替代农村发展的引导，而农村人口总量、农村居民点数量等指标与实际情况存在较大偏差，且难以落实。基础设施规划方面同样如此，对农村地区基础设施的引导往往过于理想，容易造成资源浪费和重复建设。此外，政府相关部门缺少对农村产业方面引导的内容，仅有的引导措施往往相对宏观，与农村产业现状情况结合偏少、落实路径不明，对农村产业发展的复杂性和特殊性考虑不全，实施性较差。

（二）城市总体规划的应对

1. 城乡统筹规划与城市总体规划同步编制

为积极贯彻城乡统筹发展理念，自2010年开始，江苏省要求各城市应按照省委、省政府提出的实现城乡规划、产业布局、基础设施、公共服务、劳动就业5个一体化和《省政府办

公厅关于加强城乡统筹规划工作的通知》要求，积极编制城乡统筹规划，提出城乡统筹规划可与城市总体规划同步编制的思路。并要求统筹城镇化和乡村建设，促进城乡科学发展社会和谐；促进城乡产业提升，调整优化产业空间结构；优化城乡空间布局，凸显地方特点和乡村特色；充分发挥交通引导作用，统筹构建城乡综合交通体系；以基本公共服务均等为目标，统筹安排城乡公共服务设施；统筹规划城乡基础设施，重视生态环境保护和城乡综合防灾。

在城乡关系逐步融合、城乡边界逐步模糊、城乡间要素逐步流动的背景下，传统城镇体系规划对城乡一体化地区的引导作用逐步减弱，对城乡空间的统筹规划成为当务之急。例如在《昆山市城市总体规划（2009—2030）》中，面对市域现状发展主体多、发展分散等问题，规划提出了统筹城乡的3个片区结构，即中部中心城市集聚发展片区、北部阳澄湖休闲度假片区和南部水乡古镇旅游片区，对传统总体规划中城镇体系内容进行了优化和升华。《江阴市城市总体规划（2011—2030）》在引导市域空间形成沿江集聚片区和南部生态开敞片区的基础上，对传统城镇体系规划进行了创新，提出了"中心城区—城镇组团—村庄"的三级城乡空间聚落体系，其中"城镇组团"的提出打破了原有乡镇行政区划的限制，从功能联系角度重组了城镇体系结构。

2. 以市（县）域为规划区统筹城乡发展

在城乡统筹理念的指导下，江苏省编制市（县）城市总体规划时，将市（县）域作为规划区统筹考虑，市（县）域城镇体系规划以城乡统筹的深度编制，对市（县）域人口、土地、产业发展、综合交通、重大基础设施、生态保护等内容进行全面布局。与此相类似的是，浙江省于2005年制定了《浙江省

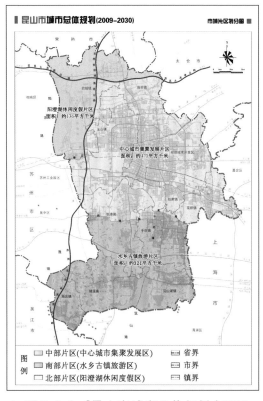

▲ 图 3-2-1 《昆山市城市总体规划（2009—2030）》市域片区划分图

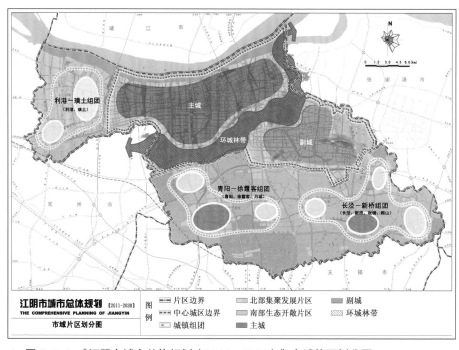

▲ 图 3-2-2 《江阴市城市总体规划（2011—2030）》市域片区划分图

统筹城乡发展推进城乡一体化纲要》，将编制县市域总体规划作为完善城乡规划体系的重点；2006 年省政府先后出台文件，要求加快推进县市域总体规划；同年，浙江省建设厅出台《县市域总体规划编制导则（试行）》，组织编制县市域总体规划，走城乡统筹、综合协调、集约创新的新型城镇化道路。浙江省县市域总体规划主要内容包括预测城乡发展规模、确定县市域空间布局结构、统筹安排城乡基础设施和公共服务设施建设、明确空间管治的目标和措施，并着重对城乡总体规划和土地利用规划的衔接进行协调。

3. 城乡统筹与综合交通规划同步协调

　　将城乡空间视为整体，通过统筹市域交通分区，建立城乡一体的公共交通体系。考虑城乡发展现状差别，考虑交通设施供给差别、综合交通布局差别，通过差别化措施引导市域城乡空间发展。例如《江阴市城市总体规划（2011—2030）》根据交通特征、用地功能、资源保护差异，将市域空间划分为慢行交通优势发展区、公共交通优先发展区、公共交通与小汽车平衡发展区、小汽车适度宽松发展区、交通限制发展区 5 类交通分区。各分区在路网密度、公交发展水平、停车调控政策、货运交通管理、稳静化措施等方面制定差异性政策，调控交通需求分区，优化交通环境。又例如在《金坛市城市总体规划（2013—2030）》中，为引导东部常金一体化地区和西部、南部旅游度假区的差别化发展，综合交通的布局方式、供给形式都体现了差别，东部强化城镇间密切联系，西部和南部强调旅游度假的慢行休闲。

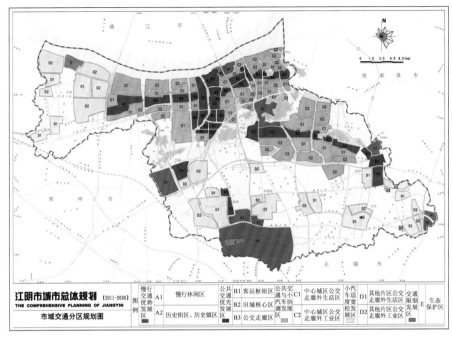

▲ 图 3-2-3 《江阴市城市总体规划（2011—2030）》市域交通分区规划图

▲ 图 3-2-4 《金坛市城市总体规划（2013—2030）》市域综合交通规划图

4. 统筹城乡规划引导市（县）域空间优化

城市总体规划已将城市规划内容和乡村规划内容融入其中，不仅将城市的发展目标与乡村的发展目标相结合，还将乡村空间划分与城市整体空间引导相结合，做到了城与乡规划的统筹。例如在《江阴市城市总体规划（2011—2030）》中，乡村建设引导突破了传统对农村地区以居民点引导为主体的规划内容，首先从经济、社会、生态、公共服务等方面明确了乡村不同时期的发展目标，与城市总体发展目标相协调；其次，规划对乡村空间进行分类引导，形成城镇规划区、农业发展区和生态保育区 3 类空间，其中城镇规划区与城市引导内容相协调；一般情况下在乡村规划中予以明确的内容，城市总体规划也做出了引导要求，规划将江阴现状村庄分为"特色发展型、基于设施的空间拓展型、基于产业的发展型、萎缩消亡型和融入城镇型" 5 种类型，对其发展方向予以明确指导。

目前，乡村发展主要按照《省政府办公厅关于加快优化镇村布局规划的指导意见》（苏政办发〔2014〕43 号）以及《省住房城乡建设厅关于做好优化镇村布局规划工作的通知》（苏建规〔2014〕389 号）文件要求，结合农村地形地貌、农业产业化发展以及农村旅游的需求，保持农村发展活力，引导村民适度就业，合理确定规划发展村庄（即重点村和特色村），明确乡村发展的空间载体，提出差别化的建设引导要求，挖掘、整理特色村庄以促进农村旅游业发展，为加快农业现代化进程、推进乡村集约建设、引导公共资源配置和促进城乡基本公共服务均等化提供规划依据。

5. 统筹城乡产业发展促进市（县）域经济发展

城市总体规划将城镇制造业、服务业与农业统筹研究，重点将涉及城乡产业的人才、资金、资源等要素联动考虑，加强一体化规划，明确规划目标，统一规划布局。在此基础上，深入加强乡村地区产业发展引导，逐步填补乡村内部第一产业、第二产业、第三产业研究和规划的空白。例如在《江阴市城市总体规划（2011—2030）》乡村引导部分，明确提出乡村产业"生态、生产、生活"的功能定位，引导发展生态型农业、高效设施农业、农产品加工业、乡村休闲旅游业、现代物流业和特色文化创意产业等现代化产业，并明确了乡村第一产业、第二产业和第三产业的发展路径、发展内容，提出了农村居民就业与收入的目标和路径。此外，《昆山市城市总体规划（2009—2030）》将城乡产业纳入一体考虑，分别明确了三次产业的发展方向，不同时期的劳动生产率、各乡镇的产业结构等具体内容。

6. 统筹城乡资源配置完善市（县）域资源保护与利用

城市总体规划已全面统筹考虑城乡土地资源、水资源和能源资源的保护和利用，并明确了相应

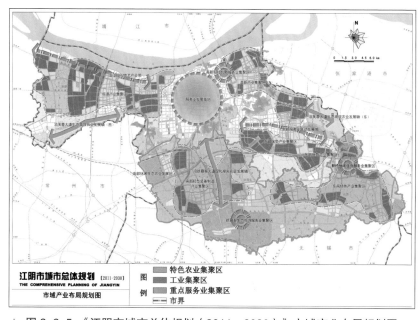

▲ 图3-2-5 《江阴市城市总体规划（2011—2030）》市域产业布局规划图

的保护政策、资源合理利用的途径要求。例如在《昆山市城市总体规划（2009—2030）》中，首先将城市总体规划建设用地情况与土地利用总体规划情况进行比对，分析城乡建设用地集约性和增量情况，随后明确土地资源保护原则，明确全市节地措施；水资源方面，首先明确城乡水资源供需总量，不仅考虑了城乡生活用水、工业取水情况，还深入分析了农业灌溉用水和生态需水量，确定水资源保护和利用、节水等方面的措施；能源方面，提出全市能源结构调整目标，结合城乡产业转型发展和能源利用情况，明确能源利用优化方向和节能路径。

7. 统筹城乡设施建设推动市（县）域设施集约优化

城乡给排水、供电、燃气、供热、通信、环卫和综合防灾等设施，根据基本公共服务设施均等化原则都在城市总体规划中予以统筹考虑。

城乡在平等享有公共设施和基础设施的同时，根据城乡的实际情况逐步强化城市与乡村地区设施的差别化供给、因地制宜布局。例如在《昆山市城市总体规划（2009—2030）》中，提出城乡市政设施由保障供给向集约高效拓展，提出了"统筹、安全、节约、引导、超前、和谐"的总体原则，统筹引导了各类基础设施的布局。

通过近期、中期、远期等不同时期规划引导，对城乡重大基础设施、公共服务设施的布局支撑城乡统筹的具体落实。《江阴市城市总体规划（2011—2030）》明确了市域城乡总体结构，引导分片区做总体规划，积极落实城市总体规划的相关要求，并从实施操作层面有所创新，以分期的形式有效引导了城市总体规划的实施。

8. 统筹城乡管理和社会保障构建城乡一体化体制机制

在城市总体规划中，提出加强农村劳动力职业素质教育和劳动技能培训，以城乡劳动力市场一体化推动城乡就业一体化，以城乡一体的失业率监控内容，保障城乡居民稳定充分的就业。推进社会保障由"低水平广覆盖"向"高水平全覆盖"发展，消除城乡社会保障差别；与经济社会发展水平相适应，逐步完善外来人口社会保障体系。例如《江阴市城市总体规划（2011—2030）》提出要"优化外来人口管理政策，提高社会保障水平，加强劳动技能培训，制定相应的政策，保障外来人口享受城市居民待遇"，并明确了一系列城乡社会保障政策和措施。

在城市总体规划政策保障和制度创新部分，提出逐步完善现有目标考核机制和政策保障机制，整合城乡管理，加快建立有利于统筹城乡经济社会发展的行政管理体系。在《昆山市城市总体规划（2009—2030）》中，根据城乡实际发展差异和地区差别，规划从政策层面提出"根据区域统筹发展的要求，实

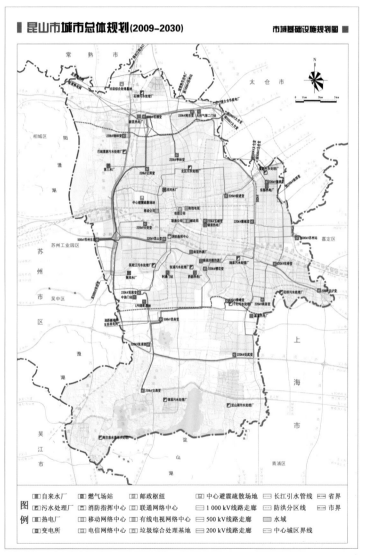

▲ 图3-2-6 《昆山市城市总体规划（2009—2030）》市域基础设施规划图

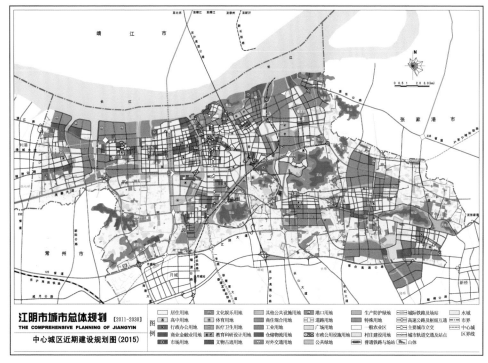

▲ 图 3-2-7 《江阴市城市总体规划（2011—2030）》近期建设规划图

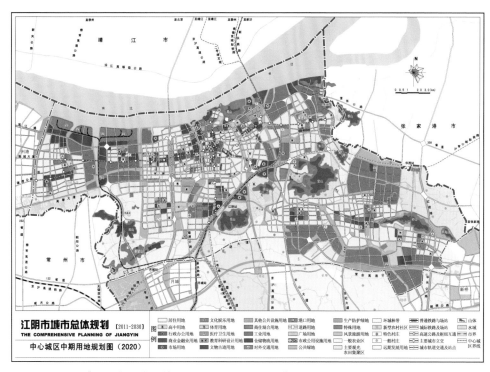

▲ 图 3-2-8 《江阴市城市总体规划（2011—2030）》中期建设规划图

施分区考核；根据创新发展的要求，实施分行业考核；根据转型发展的要求，分约束性指标和引导性指标进行考核；根据率先发展的要求，实施分进度考核；按照让群众满意的要求，合理进行定量考核与定性考评"的考核机制。

打破城乡之间的隔阂和壁垒，通过城乡发展要素的整合，以强化城乡之间要素流动的政策为抓手，构建城乡发展一体化体制机制。体现在土地资源方面，提出城乡土地合理流转政策，优化完善建设用地增减挂钩政策，强化城乡土地资源的统筹；人力资源方面，加强农业转移人口市民化政策引导，引导农业本地城镇化，完善相关社会保障措施，推动人口合理流动；资金方面，提出建设资金融资政策、资金投入政策等建议，引导城乡间资金快速流动；政府考核方面，尊重城乡间差别，制定差别化的考核政策，推动财政转移支付等措施，加大对乡村基础设施、环境治理、历史文化保护、社会保障、农业科技与教育等方面的财政投入。

三、城市性质与城市规模

（一）城市性质与城市规模问题

城市性质、城市职能、城市定位是城市规划中一组容易混淆的概念。《城市规划基本术语标准》（GB/T 50280—98）对"城市职能"与"城市性质"给予了明确的定义，但并未对"城市定位"给予定义。其中，城市职能（urban function）是指城市在一定地域内的经济、社会发展中所发挥的作用和承担的分工。城市性质（designated function of city）是指城市在一定地区、国家以至更大范围内的政治、经济与社会发展中所处的地位和所担负的主要职能。"城市定位"的官方用法则出自2005年原建设部发布的《城市规划编制办法》，第十二条指出"城市人民政府提出编制城市总体规划前，应当对城市的定位、发展目标、城市功能和空间布局等战略问题进行前瞻性研究，作为城市总体规划编制的工作基础"。从学术概念范畴来讲，城市定位并不具备业界公认的内涵体系。它可以狭义地等同为城市性质，也可以广义地包括城市目标定位、形象定位、功能定位、产业定位等等；缺乏统一比较标杆，故本书主要针对"城市性质"和"城市职能"这对概念展开论述。"城市规模"则主要指中心城区城市人口规模和建设用地规模。

1. 城市性质贪高求全

城市总体规划编制中定位过高现象在一些地方愈演愈烈。直辖市提出建设国际大都市、国家中心城市；省会城市提出建设国际化城市、大区域中心城市；一些中型城市也提出建设区域金融中心、教育中心、文化中心，甚至连一些地级市也雄心勃勃地提出建设"国际化大都市"规划。根据国家发改委城市和小城镇改革发展中心课题组对12个省区的调查显示，平均每个省会城市要建4.6个新城新区；平均每个地级城市规划建设约1.5个新城新区。以长三角地区为例，除了上海、南京、杭州等公认的核心城市和南北翼中心城市之外，常州、无锡、苏州、扬州、南通等城市都在城市总体规划修编中定位自身为"长三角中心城市"。

城市性质面面俱到现象也普遍存在。城市性质涵盖了三次产业的方方面面，往往"制造业基地""宜居城市""旅游城市""商贸物流城市"等诸多定位融于一身，不仅冲淡了城市主要职能，也高估了城市自身的公共服务能力。

表 3-3-1　城市总体规划中"长三角中心城市"定位之争

城市	编制年份	城市性质
南京	2010	著名古都，江苏省省会，国家重要的区域中心城市
苏州	2007	国家历史文化名城和风景旅游城市，国家高新技术产业基地，长江三角洲重要的中心城市之一
无锡	2001	长江三角洲地区重要的中心城市之一，著名的风景旅游城市
常州	2011	长江三角洲地区重要的中心城市之一，先进制造业基地，文化旅游名城
镇江	2002	国家历史文化名城，长江三角洲重要的港口、风景旅游城市和区域中心城市之一
南通	2011	我国东部沿海江海交汇的现代化国际港口城市，长三角北翼的经济中心和门户城市，国内一流的宜居创业城市，历史与现代交相辉映的文化名城
扬州	2010	国家历史文化名城，具有传统特色的风景旅游城市，长三角核心区北翼中心城市

续 表

城市	编制年份	城市性质
杭州	2001	浙江省省会和经济、文化、科教中心，长江三角洲中心城市之一，国家历史文化名城和重要的风景旅游城市
宁波	2004	我国东南沿海重要的港口城市，长江三角洲南翼经济中心，国家历史文化名城

2. 城市性质与城市职能混淆

鉴于每个城市都是一定地域的中心，因而都具有多种职能。首先，它们都是不同级别的政治中心——省会、地级市、县城等等，在一定的范围行使行政管辖的职能；其次，城市本身也是一个经济实体，具有多个产业部门，如制造业、交通运输业、旅游业、商业服务等等；城市中还有一定数量的科技、文化、教育机构，承担一定区域的科技文化职能。在城市性质表述时，为了促进各行各业的发展，一些城市往往将其大大小小的职能都列入。这样的定位看似全面，其结果必然是千城一面，毫无特色可言。事实上每个城市虽具有多种职能，但并非每一个城市职能在区域中都具有同等的影响力，只有对国家和区域承担主要任务或具有重要影响力的主要职能，才能反映城市的地位和作用，构成城市性质。

3. 上位规划对城市规模指导性不强

尽管《城乡规划法》中已经构建了"国家城镇体系规划——省域城镇体系规划——城市总体规划——镇总体规划——村庄规划"等相对健全的规划体系，各层级规划中也明确了城市规模预测的要求，且《城乡规划法》中也申明"下位规划不得违背上位规划"，然而下位规划城市规模突破上位规划的情况在实际工作中时有发生。

就城市总体规划而言，仅"规划区建设用地规模"作为强制性内容存在，中心城区人口规模、城镇规模等级结构并不属于强制性内容，造成上位规划在城市规模上对下位规划缺乏约束力。其次，以地级市城市总体规划为例，受制于市域人口规模总量限制，往往为了保证中心城区规模，不得已压缩县城规模，造成城市规模分配本身缺乏一定的合理性。而县城总体规划编制时，为了充分满足自身发展诉求，往往突破上位规划的规模设定。

4. 重技术预测，轻规模增长支撑研究

现行城市总体规划在预测人口规模时，往往采用了大量的统计模型和参数设定，预测结果看似科学合理，但某种程度上缺乏推敲。规划只是对人口规模的数量增长采取了技术预测，并未对规模增长的支撑条件展开深度研究。比如"外来人口从哪里来""如何城镇化""就业如何解决"等社会问题并没有深入考虑。

（二）城市性质与城市规模的重点内容

1. 城市性质支撑分析

城市性质的确定应基于城市职能的论证分析基础上，而城市职能概念的出发点就是城市的基本活动部分。因此，分析城市职能首先要进行城市基本和非基本部门的划分。城市职能大致可以分成政治、文化、科教、旅游、工业、矿业、经济管理、商贸、金融、交通等几个方面（即职能组合）。不同的城市其主导性职能各不相同，有的城市综合性强、职能多样化程度高，有的城市专业性强、职能较为单一。但总体而言，基本要从区域地位、产业定位、城市特色、城市功能、城市形象等几大支撑系统展开分析。

《昆山市城市总体规划（2009—2030）》在城市性质表述之前，对昆山产业发展优势和方向进行了详细分析，对沪昆关系展开了深入研究，对昆山的江南水乡特质进行了专题研究，提出了"国际知名的先进产业基地，毗邻上海都市区的新兴大城市，现代化江南水乡城市"的城市性质，抓住了城市最主要的职能，并将城市性质落实到发展目标中，增强规划的可操作性。《江阴市城市总体规划（2011—2030）》的城市性质简洁明了、颇具特色，城市性质为"长江下游滨江新兴中心城市，历史文化名城"。其中，"长江下游滨江新兴中心城市"的确定，指出了江阴区域发展的定位——澄张靖城市组群中心城市，长三角重要生产性服务业中心；指出了江阴城市发展的功能——长江下游现代化滨江港口工业城市；指出了江阴产业发展的目标——长三角先进制造业基地。"历史文化名城"则指出了江阴城市的特色——现代化城市、历史文化名城、山水生态宜居城市。

2. 城市发展的规模分析和预测

城市总体规划中城市发展规模主要包含市域层面预测总人口规模、规划区层面控制城镇建设用地总规模、中心城区层面控制城市人口和建设用地总规模，因为用地规模以人口规模为依据，通常人口规模的分析和测算较为系统。人口规模预测分析方法主要有综合增长率法、趋势外推法、灰色模型法、区域分配法等数理统计方法，这些方法相对较为成熟。近年来，从生态环境、产业发展等专业视角对人口规模进行校核或门槛设定较为常见，增加了人口规模预测的科学性。例如运用生态足迹预测环境容量，利用不同门类的就业密度反推城市规模等，均取得了一定的效果。

我院属于国内最早一批采用生态环境容量测算人口规模的规划编制单位，在《吴江市城市总体规划（2006—2020）》中

从土地承载力、水资源承载能力、水环境容量、大气环境容量承载力、土壤环境承载力5大要素出发，系统地测算了吴江生态环境承载力，对人口规模的预测起到了重要的支撑作用，达到了当时业界领先水平。

（三）规划应对策略

1. 城市性质特色化

城市性质应突出城市的地域特色，注重个性发展的原则。没有特色，缺乏个性，城市不会有持久的生命力。从大处着眼，城市性质应顺应产业转型、文化弘扬、低碳生态的宏观发展趋势，强调城市所处全球化、区域化下的职能分工；从小处着眼，城市性质应突出特色差异和分类指导，避免区域同质化。例如，《吴江市城市总体规划（2006—2020）》中的城市性质为"临沪重要的制造业基地，著名绸都，太湖东岸江南水乡旅游城市"；《宜兴市城市总体规划（2003—2020）》中的城市性质为"我国著名陶都、长江三角洲生态旅游城市，苏浙皖三省交界地区重要的工业和商贸城市"。将"绸都""陶都"作为吴江和宜兴的城市性质，既简洁明了，又突出特色。

2. 城市规模预测方法多元化和科学化

城市规模的预测应从简单强调对终极规模的预测，转向对人口发展阶段规模的判断，并分析其对生态、城市社会经济发展的影响以及相应的城市配套需求。应加强人口总体发展趋势、人口年龄结构、空间分布与就业岗位构成及分布的专项研究，并对人口受教育程度提出发展要求。与此同时，增强就业岗位供给分析，为设施配置提供依据。

中心城区城市建设用地规模的预测则应跳出根据人口规模和人均指标预测的单一方式，强化中心城区城市建设用地增量

的阶段性控制，将城市建设用地阶段性计划与阶段性的人口增量挂钩。强化城市增长边界的刚性控制，在城市增长边界范围内、在建设用地总规模不变的前提下，允许城市建设用地空间范围的弹性调整。

3. 城市规模拓展支撑体系研究

对于城市人口规模，要加强人口增量的来源分析，分析外来人口的来源地与可能性，充分论证外来人口的教育水平、年龄结构，以及本地城镇化方式和对城市公共服务设施供给的影响。同时将人口规模的增长与城市产业体系相挂钩，构建与人口规模相匹配、与人口素质结构相适应的就业体系。

对于建设用地规模的拓展，在预测总量的同时，更要关注用地结构的合理性。从城市建设用地的构成来看：居住用地与城市人口直接相关，随着生活水平的提高，城市人均居住用地势必呈上升趋势；公共设施用地既与城市人口规模相关，也与城市服务能级相关，能级越高，公共服务设施用地比例也越高；工业用地规模则主要与经济发展水平、产业门类等因素相关，并不与城市人口规模直接相关；仓储、市政公用设施、对外交通、道路交通、绿化等用地，既与城市人口规模相关，也与工业用地规模相关。

4. 以资源环境容量支撑城市规模可持续发展

"资源环境容量"是指在某一时期、某种状态或条件下，某地区的环境资源所能承受的人类活动的阈值。当这一地区的实际人口低于环境综合承载力时，该地区的人口、资源、环境的关系比较和谐；当实际人口接近或超过环境综合承载力时，该地区的人口、资源、环境的关系将更趋恶化。资源环境容量包括水环境、大气环境、能源、土地资源等多种自然要素制约，在城市规模预测初期，即应根据不同城市制约性特点，选

择短板因子测算资源环境容量，作为城市规模的阈值，支撑城市规模可持续发展。

四、产城关系组织与引导

开发区作为我国改革开放的成功实践，是我国快速工业化、城镇化的重要载体。自诞生之日开始，开发区与城市的关系始终都处于动态演进状态。从我国开发区发展的一般规律来看，其发展一般会经历成型（功能单一的工业区）、成长（产业功能主导的综合功能区）、成熟（产城融合新城区）3 个阶段，产城关系也相应经历了产依附城、产城分离、产城融合 3 个阶段。产城关系实际上从最初"中心城区 + 开发区"的区城关系转变成为后期"中心城区 + 新城"的城城关系，产城在空间上也逐渐从"近邻"到"相向扩张"，最终"粘连一体"。而产城关系的组织与引导一直是各阶段城市总体规划编制中的一个关键性问题，尤其是在当前城市转型发展背景下，中心城区与开发区之间发生着剧烈的互动调整，涉及功能调整、产业转型、空间再开发、设施衔接等方方面面。

（一）产城关系面临的主要问题

1. 开发区选址引发产城分离，导致开发区转型乏力

开发区最初的选址很大程度上决定了开发区与中心城区之间的空间关系。如果紧邻中心城区发展，开发区内就业人口可以分享城区的各项公共服务，较好地避免产城分离。但在远郊独立发展的开发区，城市服务设施相对匮乏，开发区各项服务设施无法满足区内就业人口的医疗、教育、休闲等需求，造成开发区人口吸引力弱化。

我国大多数开发区最初的选址基本都位于跳离中心城区一定距离的地方，这种选址更容易遭遇"产城分离"。对于发展动力强劲的特大城市、大城市，随着开发区规模扩张，与中心城区逐渐连成一片，产城分离的问题随着空间关系的变化逐步得到缓解；但对于发展动力较弱的中小城市而言，开发区选址过远导致的产城分离很可能永久锁定，造成开发区转型乏力，城市发展疲软。

2. 职住分离下的"潮汐式"交通拥堵和夜间"空城"

开发区为城市提供大量的工作岗位，而城市则为开发区提供居住和休闲功能。由于开发区内部产业结构、就业结构的不匹配，导致结构性职住分离，即工作地、居住地、消费地相互分离，住在开发区的不在开发区就业，在开发区就业的不住在开发区，导致人群上下班必然带来大量的"潮汐式"通勤交通，造成严重的交通拥堵；同时开发区的通勤客运交通与货运交通相互交杂在一起，对路网结构、交通组织、道路断面等也提出了交通安全、客货分离、快慢分离等要求。此外，职住分离也导致白天的开发区在夜间成为大片"空城"，在治安管理等方面容易出现问题。

3. 开发区空间组织框架面临转型的不适应性

传统开发区内部的功能安排、地块划分、土地利用、路网结构、设施配套等均是按照有利于生产的目的展开的。在开发区由"产"转"城"过程中，原有的空间组织会出现诸多不适应性。例如开发区一般采用大街坊式的地块划分，留有弹性，有利于满足不同规模企业的生产要求，但却不符合当前城市建设"密路网、小街坊"的理念要求；传统开发区的土地利用更强调大尺度功能分区、高效生产、互不干扰，而转型后的城市土地利用则更强调小尺度下的土地混合利用；开发区交通组织以有利于车行运输、快速集散为导向，而转型后的城市交通则更强调慢行优先、快慢结合的理念，支路网的建设成为提高城市慢行宜居的重要保障等。如何改造原有的空间组织框架以适应产城关系的演变，成为城市总体规划编制过程中的关键问题。

4. 就业、居住、服务的结构性不匹配，导致产城融合发展难以实现

开发区空间配置与空间利用存在明显的错位现象，即在空间配置上开发区已经基本实现综合性与多样化，建区初期以工业用地为主、居住及服务空间短缺的现象已经得到较大改善。但是，这些多样化的空间在使用上存在"断裂"，即不同类型空间并没有构成一个整体，产业空间的就业人群不在居住空间居留以及不在服务空间消费，居住空间的许多居住人群不在产业空间就业和不在服务空间消费，就业、居住、服务三大空间没有在区内形成匹配，而是分别与主城区形成较强的区际关联关系。这种结构性的失配将导致无法形成真正的产城融合发展。

5. 产城融合理解偏差与建设失当，导致"空城"现象

在规划目标向下传导的过程中，由于对产城融合的概念理解不够清晰，容易导致部分规划策略出现偏差，如一提到产城融合，就认为要进行新城建设，针对存量工业用地提出大规模"退二进三"的策略，不仅导致开发区产业空心化，同时房地产的过度开发、商务金融等高端生产性服务业空间过度建设也极容易形成"空城"现象。另外，也有将产城融合过于简单地理解为要促进生产与生活结合，在土地利用规划中，常出现大片"棕色"的集中工业片区内按照一定的服务半径设置了"黄色"的居住组团，希望实现职住平衡。但如果对周边产业类型、就业类型、人群结构没有深入的了解，这种简单的空间邻近最终只能导致居住、生产的"两层皮"，即"居住在这里的不在这里工作，在这里工作的不住在这里"，无法真正实现产城融合。

（二）规划应对策略

1. 开发区选址

（1）选址方向

　　一般来说，开发区的选址方向应位于所在城市与区域的主要经济联系方向上，或位于城市的主要发展方向上，有助于实现开发区与城市、区域的产业互动，这一选址原则在城市总体规划编制中得到充分的体现。例如1995年版苏州工业园区总规中，将园区最终选定在苏州老城东侧，主要考虑向东对接上海是苏州对外的最主要经济发展方向。

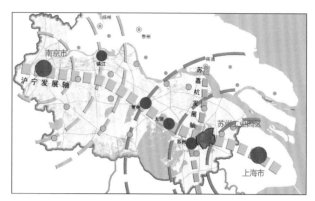

▲ 图3-4-1　苏州工业园区选址在区域中的位置

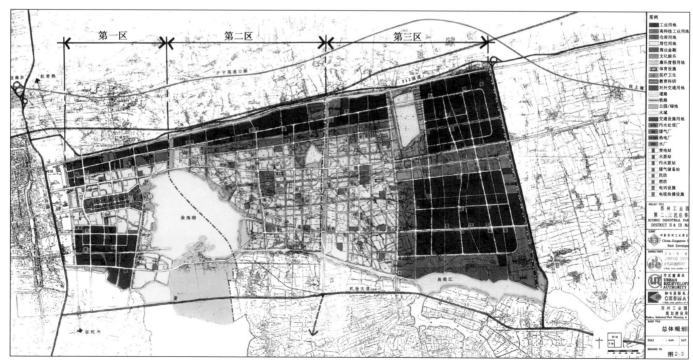

▲ 图3-4-2　苏州工业园区1995年版总规用地规划图

（2）选址与中心城区的距离

开发区选址与老城的距离应充分考虑城市发展阶段的需求和自身发展条件。对于发展动力强劲的城市，如特大城市、大城市或是经济发达的中小城市（江阴、昆山、张家港等百强明星县市），开发区选址宜与中心城区保持一定的距离，以此充分预留开发区规模扩张的弹性空间。对于发展动力较弱的城市，开发区扩张规模有限，在避免工业污染干扰城市生活的基础上，其选址应尽量邻近中心城区，最大限度利用老城的基础进行滚动开发，使开发后的土地具有较高的附加值，更容易实现产城融合发展。

例如江阴1994年版总规中，江阴高新区选址距离中心城区4千米，预留了较为充足的发展空间。进入2000年后，江阴城市发展进入快速扩张期，高新区与老城区相向发展势头迅猛。到2008年前后，已经呈现粘连发展的态势。2012年，高新区与中心城区已经完全融为一体。

▲ 图 3-4-3　江阴 1994 年版总体规划土地利用图

2001年：距离城区边缘2千米

2008年：与城区粘连发展

2012年：融为一体

▲ 图 3-4-4　江阴国家级高新区发展过程图

（3）自然环境资源条件

从开发区转型的成功案例来看，拥有优越生态环境本底的地区将有助于开发区的转型发展，成为开发区内部转型发展的优越地区，成为未来金融、咨询、商务办公等高端服务业以及品质居住集中开发的地区。

例如苏州工业园区选址于老城东侧，拥有非常出众的生态本底，北有阳澄湖，中有金鸡湖，南有独墅湖，如今三湖地区已经分别打造成为阳澄湖半岛国家级旅游度假区、环金鸡湖中央商务区和独墅湖科技创新中心，成为整个苏州市的关键性功能节点地区。

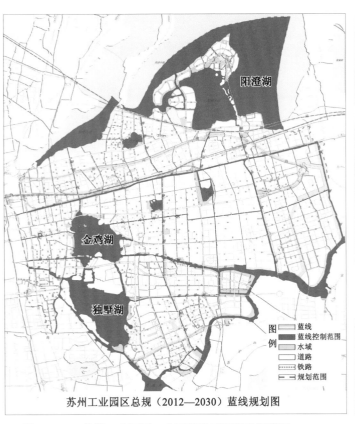

苏州工业园区总规（2012—2030）蓝线规划图

▲ 图3-4-5 苏州工业园区三大环湖地区现状建设情况

2. 功能互动整合

开发区与城市的功能互动贯穿整个城市发展过程，城市功能结构、公共服务体系重构带动开发区的功能和用地调整。在此过程中，开发区功能类型总体上从"单一"走向"综合"，能级从"低端"走向"高端"，辐射范围从"局部"到"区域"，发展方向更加多元化，呈现出综合新城、产业社区、科技新城等多种道路。

表 3-4-1　苏南典型开发区功能演化路径

苏州工业园区	昆山高新区	江阴高新区
工业新镇	工业新区	乡镇工业园
苏州东部 新城区	以工业为主的 综合组团	外向型经济发展区 江阴高新技术产业密集区 多种功能于一体的港口工业城市区域
苏州市 CBD	城市综合型园区	江苏省沿江高新技术产业带重要组成部分
江苏东部国际 商务中心	以先进制造业为主导，融合研发创新、商务办公等功能的城市核心区域	国际知名产业高地 滨江山水科技新城

（1）选择适宜中心城区与开发区发展的功能

在城市总体规划编制时，必须在城市发展框架下，根据城市功能的变化来调整开发区的功能定位。一般来说，中心城区人口密度大、文化气息浓厚、用地空间有限，适宜保留文化、旅游、公共服务等方面的功能，而会展、体育中心、集中商务办公区等用地需求大、交通集散压力大、对空间环境品质要求高、与产业发展相关的功能则建议从老城疏解到开发或新城区。

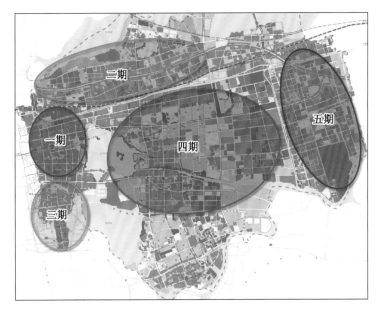

分期	开发时间	区域位置	功能建设
一期	1994—1999 年	中新工业园区	工业/住宅/商业配套
	2000 年以后至今	中新工业园区 （核心片区）	商业、金融、商务 办公、咨询
二期	1996—2001 年	中新工业园区	工业为主，苏虹路产业走廊汇聚 100 多家企业
		北部苏虹路一带	
三期	1997—2001 年	中新工业园区	工业
四期	2001—2005 年	中新工业园区湖东区域	工业/城市商业次中心/品质住宅，颇具规模
五期	2005 年以后	园区东部	工业/居住配套

▲ 图 3-4-6　苏州工业园区功能分期建设

（2）功能优化调整的时间节点选择

功能优化调整时间节点的选择对开发区与城市功能互动整合至关重要，在总规编制初期，必须深入剖析当前阶段下的城市发展诉求，根据产城关系演化的特征，合理增加、调整开发区功能，疏解、优化老城功能。尤其应注意建设时序，要循序渐进，例如在城市发展初期就一味要求开发区建设成为产城融合的新城区，过度开发房地产，很容易导致缺乏人气的空城开发。

（3）注意城市规模对功能的影响

开发区未来的转型方向及趋势与开发区区位、城市规模密切关联，特大城市、大城市邻近主城的开发区往往会发展成为综合性城区，而中小城市则不能盲目追求工业园区向综合性城区转变。中小城市中规模大于 20 平方千米的开发区未来的发展趋势一般是综合性城区，小城市中规模小于 7 平方千米的开发区常常是工业园区。

例如安徽省北部的蒙城县，属于典型的欠发达地区小城市。《蒙城县城市总体规划》针对蒙城经济开发区东区、南区分散的情况，提出了差异化的发展思路，东区与城区连片发展，积极推进产业升级、功能提升、产城融合发展；而南区则保持相对纯粹的生产功能，与城区间通过 1.5 千米的绿带进行隔离，配套必要的居住、生活设施，发展成为相对独立的工业园区。

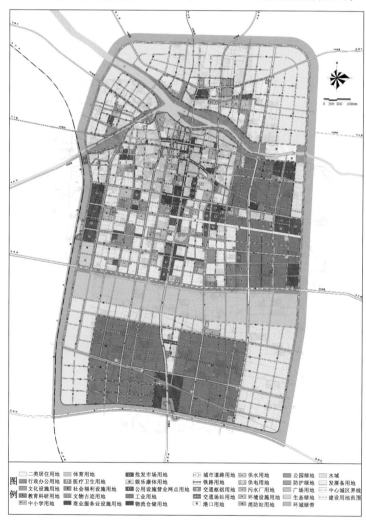

▲ 图 3-4-7 《蒙城县城市总体规划（2012—2030）》中心城区用地规划图

3. 空间组织

（1）延续产城空间轴线

我国开发区选址一般位于城市对外主要经济方向上或远景的发展轴上，往往是城市的门户。因此，空间结构组织，宜延续中心城区到开发区的空间发展轴线，促进中心城区功能疏散、开发区产城融合。轴线沿线地区很可能在城市未来的发展中承担重要的功能，因此需要充分考虑到未来转型发展的需求，对沿线地区的功能安排、土地利用、交通组织、设施等进行重点管控，不宜在轴线上布置污染性工业、仓储等用地，尤其是大型国企、央企等一旦落地后较难搬迁的企业。

例如苏州工业园区在历版总规编制中都坚持从中心城区到园区的横向发展轴线，形成"轴带结合、由西向东梯度推进"的带状片区结构；并且针对轴线上的重点空间提前预控，甚至核心区域20多年来始终未开发，为园区的转型发展奠定了坚实的基础。

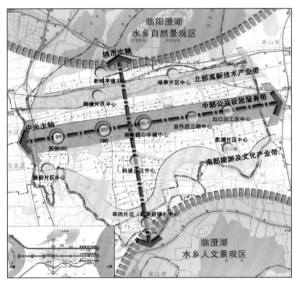

2008年版总规空间结构图

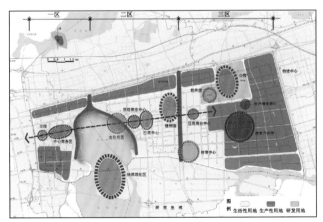

2001年版总规空间结构图

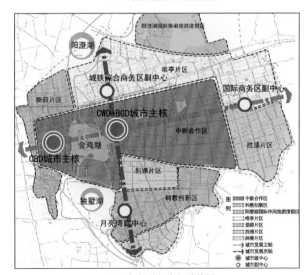

2012年版总规空间结构图

▲ 图3-4-8 苏州工业园区历版总规空间结构规划图

（2）重构中心体系

随着开发区规模越来越大、功能越来越综合，城市空间体系向"双核""多核"转变，开发区将成为城市中心体系中的一环。但也并非所有开发区都能成为城市的中心，特别是针对拥有多个开发区的城市，需要综合判断、谨慎甄别。一般来说，位于城市主要发展方向上、离开既有城市中心一定距离、产业发展基础好的开发区，更容易成长为城市中心。

例如在昆山中心城区，东西两侧的经开区和高新区分别发展成为城市副中心。在《昆山市城市总体规划（2009—2030）》中，针对中心城区提出了"一主两副、一特两新"的中心体系："一主"为新昆山站至旧城中心地区；"两副"分别为东部副中心（昆山经开区）和西部副中心（昆山高新区），其中东部副中心承担市级科技研发、文化展示、商务金融等综合功能，西部副中心以市级行政办公、教育科研、文化、体育、会展为主导功能。

（3）引导空间形态

随着开发区与老城区的相向发展，整个城市的空间形态也逐渐从"单核同心圆"向"点轴式""哑铃状""连片带状"或"多极触角式"等形态发展。对于中小城市而言，相对集聚的空间形态更有利于城市功能的组织与运行；而对于特大城市、超大城市而言，过度集聚反而带来不经济，应避免"摊大饼"，中心集聚结合有机疏散的方式更为适合，带状组团式的结构也被众多城市所采纳（哥本哈根、深圳等）。

因此，需要根据城市具体情况对产城空间形态加以引导，交通引导土地开发是最常见、最有效的方式。例如在2011年版江阴总规编制中，澄江主城区东西两侧分别是国家级高新区和省级经济开发区，现状沿江的工业载体多，建设呈现出无序蔓延、结构松散的状态。通过规划东西向地铁2号线，串联沿

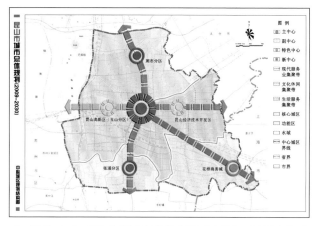

▲ 图3-4-9 《昆山市城市总体规划（2009—2030）》中心城区规划结构图

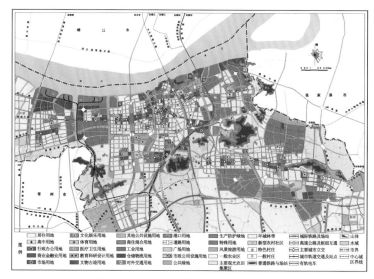

▲ 图3-4-10 《江阴市城市总体规划（2011—2030）》中心城区用地规划图

江各组团的城市级主次中心，集聚空间，形成走廊，引导城市沿江空间一体化高效发展。

4. 产居平衡

在城市总体规划编制过程中，产居平衡需要以人为核心，从产业结构、就业结构、消费结构3个层面交互分析找出存在的结构性问题，并以空间为载体，针对居住用地、产业用地、服务业与公共服务设施用地三大类用地，从区位选址布局、用地规模比例、空间组织形态等方面提出优化调整策略，实现真正的产城融合。

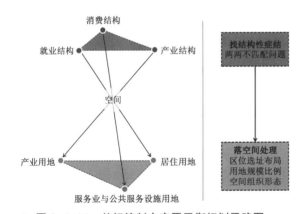

▲ 图3-4-11 总规编制中产居平衡规划思路图

在《太仓市城市总体规划（2010—2030）》中，针对主城和港城明确提出了差异化的产居平衡的规划理念和设计思路。针对港城地区，提出"重点保障"策略，将综合生活居住片区集中规划于南北工业片区中间，有利于缩短通勤距离。另外，在参照主城原则执行的基础上，港城更加侧重于保障性住房的建设，加强对港城未来工业从业人员的居住保障，并引导房地产开发为更多工薪阶层提供适宜的、可支付的住房和良好的居住环境。

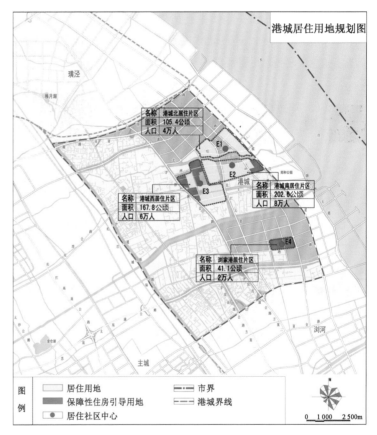

▲ 图3-4-12 《太仓市城市总体规划（2010—2030）》港城居住用地规划图

5. 产城"边界地区"的规划管控引导

产城"边界地区"是指开发区与城市老城地区相向发展过程中，相互粘连、交融发展的地区。这类地区最初属于开发区管理，作为工业用地建设，直到城市向外扩张，导致边界地区"退二进三"的转型需求非常强烈，成为开发区内部最先进行转型升级的地区，需要在规划中提前进行研究、引导和预控。当前，在总规编制中，对产城"边界地区"的研究和实践较少，但却是值得研究的重要领域。

▲ 图 3-4-13 产城"边界地区"形成过程示意图

（1）建立适应未来转型需求的道路网布局框架

一般而言，产城"边界地区"转型方向基本以城市综合生活片区或科研办公区为主。城市型路网与传统开发区路网存在显著的差别，体现在核心导向、通达性要求、地块划分、路网密度、断面形式、交叉口形式等方面。由于路网结构对城市空间布局起到决定性作用，具有"锁定效应"，一旦形成则很难改变。因此，在早期总规编制或开发区规划中，尤其是产城"边界地区"需要充分考虑未来转型功能的需求，对路网系统进行引导预控，留有后期改造的弹性。

表 3-4-2 城市型路网与传统开发区路网特征比较

	城市型路网	传统开发区路网
核心导向	慢行优先、快慢结合	生产运输、快速集散
通达性要求	注重可达性，次干路、支路比例较高	注重连通性，主、次干路比例较高
地块划分与土地利用	"小街坊"，小尺度下的土地混合利用	"大街坊"，大尺度功能分区、高效生产、互不干扰
路网密度	城市型路网密度＞开发区路网密度	

续 表

	城市型路网	传统开发区路网
断面形式	生活用地提倡"窄马路"，机动车道宽度控制在 3.25~3.5 米，慢行道适当加宽	工业用地适当采用宽马路，机动车道宽度控制在 3.5~3.75 米，慢行道适当缩窄，严格实行机非隔离
交叉口形式	渠化交通，路缘石半径较小以降低车速保障行人安全	路缘石半径较大，车行顺畅

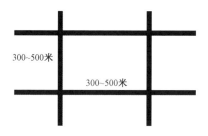

工业用地下的路网形态示意

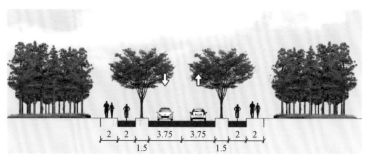

工业用地下的道路断面示意（18.5米红线）

▲ 图 3-4-14 工业用地、生活用地下的路网形态、断面比较（a）

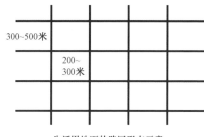

生活用地下的路网形态示意

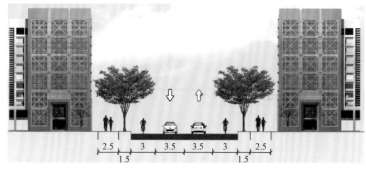

城市生活用地下的道路断面示意（21米红线）

▲ 图 3-4-14　工业用地、生活用地下的路网形态、断面比较（b）

　　例如在《昆山经济开发区总体规划（2013—2030）》的编制中，现状产城"边界地区"存量工业用地"退二进三"需求旺盛，土地再开发频繁，生活性用地与工业用地混杂相间。未来这一地区规划为昆山的中央商贸区、中华商贸区，道路网规划针对这一定位做出相应的调整，一方面突出道路可达性，提高这一地区整体道路网密度；此外，突出道路慢行性，构建"以次干路、支路网为主，快速路、主干路为辅"的路网结构。而外围的光电产业园、新能源汽车产业园和精密机械产业园的道路网则正好相反，以快速路、主干路构建快速集散框架，主

干路、次干路密度高，而支路网密度低。"生活片区路网密度高于生产片区"这一原则在 2011 年版江阴总规、2012 年版苏州工业园区总规中也得到充分体现，江阴市城区生活用地路网密度约 6.4 千米 / 平方千米，工业用地路网密度约 4.3 千米 / 平方千米；苏州工业园区生活用地路网密度约 7 千米 / 平方千米，工业用地路网密度约 4.5 千米 / 平方千米。

▲ 图 3-4-15　《昆山经济开发区总体规划（2013—2030）》道路交通规划图

（2）退出再开发导向下的土地利用规划与管理

在总规编制中，针对产城"边界地区"的土地利用与管理应充分考虑后期退出再开发的可操作性。例如用地规划时这一地区不宜规划有较大污染性的M3、W3等用地，管理中设立招商企业类型门槛，避免安排对土壤存在重大污染的重化工业，防止出现"毒地"，影响地块转型后作为居住、学校等用途的使用。不建议将大型国企、央企安排在产城"边界地区"，容易导致后期搬迁困难。缩短工业用地的出租年限，采用年租制的方式，以利于企业搬迁。

（3）超前规划与时序控制

产城"边界地区"在转型过程中，通常遇到交通、景观等资源条件较好、地价高的地段已经被工业企业所占，此时用地置换难度大，导致转型困难。因此在总规编制中，需要预见到这类地区未来土地价值巨大的升值潜力，必须超前规划，进行全面系统的空间布局、服务设施与基础设施配套、环境品质营造等。在先期的招商引资过程中，规划管理部门必须控制好居住以及配套用地，同时做好园区的景观绿化工作，为转型发展

做好储备工作。采取分期开发策略，预留高价用地，对承担核心功能的地区进行时序控制，核心地段甚至留地不开发，为转型期高端核心功能的入驻留足空间。

例如苏州工业园区著名的"手电筒"区域，其范围、主要功能早在1995年版总体规划编制时就已经确定下来，之后的2001、2008、2012年历版总规也将这一规划重点延续下来；并在规划中对这一区域提出了开发时序的管控探讨，从1995年版总规编制完成到2001年，周边地区居住用地已经开发完毕，但这一区域始终保持未开发状态。在2001年版总规近期建设规划中，还明确了这一区域内靠近金鸡湖和中心绿地的两块区域作为远期发展用地。正是考虑到这一区域未来将承载苏州工业园区乃至整个苏州的核心功能，也正是历版总规的不懈坚持以及对开发时序的严格控制，才保证了这一地区在苏州工业园区进入转型发展之时，拥有充足的空间来承接老城的功能疏散，容纳商务办公、金融咨询等高端生产性服务功能，为园区的转型发展发挥了关键性作用。

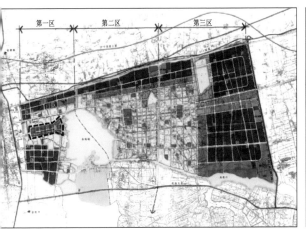

1995年版总规用地规划图（基本确定核心区域范围、功能等）

2001年用地现状图（范围内大量用地预控未开发）

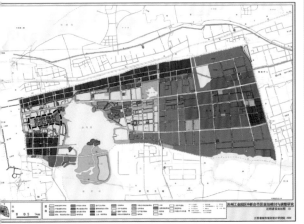

2001年版总规近期建设规划图（规划远期发展用地）

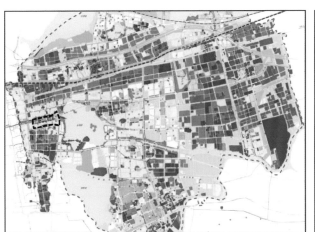

2012年用地现状图（全面开发建设，已批未建、已批在建用地）

▲ 图 3-4-16 苏州工业园区"手电筒"区域的超前规划与开发时序控制

五、中心城区空间布局优化

（一）中心城区空间布局的主要问题

中心城区空间布局主要存在几个方面的问题：城市边界问题、发展方向问题、空间结构问题、城市功能问题、空间品质问题等。这些问题在中心城区快速发展的过程中相互交织，互为影响，并与区域城市结构、城乡发展失衡等问题叠合，交织成一幅较为复杂的城市图景。

1. 整体空间布局松散

长三角地区的快速工业化进程首先反映在城市建设用地的快速增长上，在城市边缘与外围地区，工业企业及各类配套设施一方面沿交通线呈指状伸展，一方面则不断填充交通线之间的空间，呈团块状发展。这种快速的无序蔓延使得城市各功能空间之间缺乏有效的组织，难以形成紧凑、高效的城市空间格局。

在中心城区边缘地区主要表现为城区工业用地布局分散，并与居住用地相互混杂。由于城区建设用地逐步向外扩展，将工业用地逐步包围进来，其中包括一些污染企业仍位于生活区内，在造成中心城区用地紧张、环境质量、景观质量较差的同时，也给设施配套、环境治理带来困难，束缚了自身的发展。如苏南某市现状工业用地 495.75 公顷，占现状建设用地的 24.14%，市区内工业分布零散，与居住用地混杂现象较为严重，且部分工业位于商业中心附近，土地效益未得到充分发挥，部分企业污染较重，对城市环境有较大影响。

在中心城区外围地区则表现为城与镇、镇与镇之间的空间连绵化态势，但由于缺乏有效的规划引导与空间整合，也呈现出较为松散的"拼贴化"形态特征。如昆山 2000—2010 年间

产业用地的扩张使得规划的七大功能区渐趋模糊，中心城区与周边乡镇近 500 平方千米的范围已连绵成片，基本形成"工业包围城市"的格局，工业用地进一步挤压中心城区，中心城区内可开发利用的空间资源紧缺。

此外，一些城市在发展过程中大力进行新城建设，但受制于城市规模与开发速度，新老中心功能协调不足，城市空间组织反而更加低效。一方面表现为老城中心缺乏疏解，集聚态势增强，大量相互混杂的通勤交通汇聚于狭小的空间内，给老城区内部交通疏解造成巨大压力；另一方面造成新中心难以形成，无法摆脱老城内功能过于集中的局面，新区功能的建设引导力度不足，设施难以配套和居住人口不愿外迁形成恶性循环。

2. 土地利用效率偏低

在空间快速扩张的背景下，一些城市的建设用地增长呈现粗放式特征。现状工业厂房占地大、布局分散，工业用地地均投资强度大部分较低。有些工业用地为了节约拆迁成本，未避开农村住宅建设，造成工业与居住混杂，对今后进行用地置换调整和土地的集约利用带来较大的障碍。

3. 城市功能构成失衡

大部分城市工业用地比重普遍偏高，工业用地增速与经济增长有紧密关联。如南通中心城区的工业用地是 1993 年的 3.13 倍，是 2000 年的 1.9 倍，同期的建设总用地是 1993 年的 2.69 倍，是 2000 年的 1.79 倍，工业用地增长速度快于总用地的增长速度，2009 年现状工业用地占建设用地比例高达 33.1%。常熟工业用地占总用地比例超出规划预期，对比 2009 年现状与现行总体规划，工业用地占总用地比例超出预期近 10 个百分点。

与工业用地大规模扩张相比，文教体卫等公共服务设施的用地比例则偏低。如江阴的澄江、南闸、夏港、申港、云亭和高新区等200多平方千米的建设空间已连绵成片，集聚人口近80万人，但各类公共服务设施用地规模不足9平方千米，仅占城市建设用地的7.4%，远低于《城市公共设施规划规范》（GB50442—2008）占比达到10.3%~13.8%的要求。

4. 内部空间品质不足

在中心城区内部，主要表现为旧城更新不足以及"城中村"现象。旧城区内由于居住、商贸、办公、工业互相混杂，见缝插针式的开发带来多种交通模式交织严重。由于道路改造相对滞后，停车设施缺乏，造成交通组织混乱，住宅拥挤，房屋破旧。旧城区分布有大量的旧住区，居住密度较高，住房年代较长，建筑质量较差。商业设施以临街布置为主，文化、娱乐、体育等便民设施相对缺乏，部分旧居住区配套设施建设滞后，大片旧居住区内多为狭窄街巷，缺乏主次干路，可达性较低。而"城中村"现象也几乎在所有城市中心城区中都有所显现，城区内各类居住用地混杂，多层居住小区与底层独院式住宅混杂，城市居民与农村住户交错，配套设施不足，有的居住用地建筑日照间距、消防通道不能满足要求，土地使用效率不高，人居环境质量堪忧。

（二）城市规划应对策略

1. 划定增长边界，约束用地规模

综合考虑城市建设发展、生态保护、城乡统筹等因素，划定城市增长边界，即未来城市开发建设的增长界线，规范城市建设开发行为，有效引导城市空间有序增长。

在城市增长边界内，逐步置换低效利用的已建用地，清理闲置土地，挖掘存量土地潜力。对被认定的闲置土地，征收土地闲置费；对闲置多年的土地，应收回土地使用权，重新进行配置使用。同时，制定税费等优惠政策，对拆迁安置量大、开发成本高的旧城改造项目，可适当提高容积率，降低出让金，减免有关税费。同时，制定土地产出和项目准入标准，从产业类型、产出效益、环境影响、开发强度等多方面加以控制，实现土地的高度集约化利用，合理提升土地规模效益。鼓励开发利用地上及地下空间，对现有工业用地，在符合规划、不改变用途的前提下，可通过依法加建或加层的方式，提高土地利用效率。

以《吴江市城市总体规划（2006—2020）》为例，在考虑行政区划限制、生态环境因素、大型基础设施影响、未来空间增长弹性的基础上，确定城市增长边界范围。原则上规划期内的城市建设开发是在规划建设用地范围内进行，但对于规划不可预计的用地增长和空间调整，在简化论证、调整审批程序下，可以在城市增长边界内予以认可，但必须保证城市整体布局变化不偏离规划初衷，保持原有的用地规划结构和规模。

2. 交通引导发展，整合城市空间

规划主要采用交通引导的开发模式，将主要公共服务设施集中于主要交通走廊的站点周边，并以此整合城市空间和构架城市中心体系。在此基础上，对城市重点区域进行提升改造。第一，在控制中心城区的高强度开发、优化路网和用地结构的基础上，对城市中心功能进行集聚提升，并通过外围空间重点突破进行疏解；第二，在对"城中村"内部状况与建筑情况进行充分评价的基础上，对"城中村"内部进行有序改造；第三，对用地高速拓展的城市开发区进行规划引导，协调开发区与城区间的空间关系，并与原有建设用地之间保持畅通、便捷的交

通联系。

在《昆山市城市总体规划（2009—2030）》中，采用交通引导的城市空间发展方式对中心体系、居住用地、工业用地进行布局规划。

3. 优化用地构成，完善设施配套

在城市用地功能构成的优化中，应当注重居住用地的分类引导与工业用地的专业分工，并提出渐进式的建设措施，分阶段对公共服务设施进行动态完善。

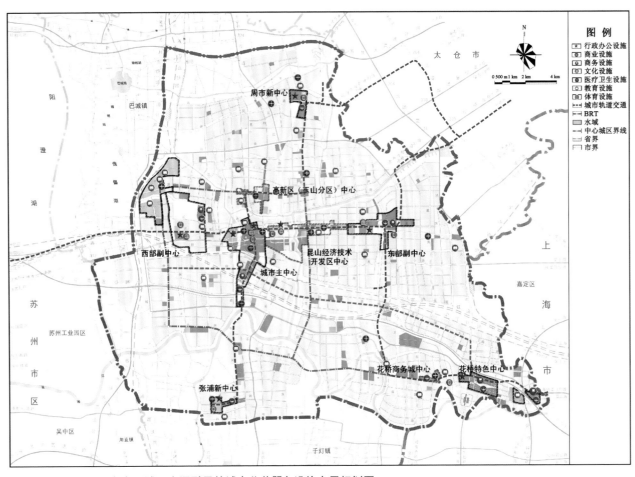

▲ 图 3-5-1 昆山市中心城区交通引导的城市公共服务设施布局规划图

（1）居住满足多样化住房需求

重点建立住房供应体系和保障体系，进一步加大公共租赁住房供应，完善拆迁安置房的住房建设标准和设施配套，满足不同收入人群和外来人员的住房需求。加快现有设施较欠缺、环境较差的居住区改造，改善和提升相关配套设施，新建地区应进行标准化配置，完善城市居住功能，保证城市居住品质。

在《苏州工业园区总体规划（2012—2030）》中，公共租赁住房按照方便群众生活就业的原则进行布局，人才公寓宜

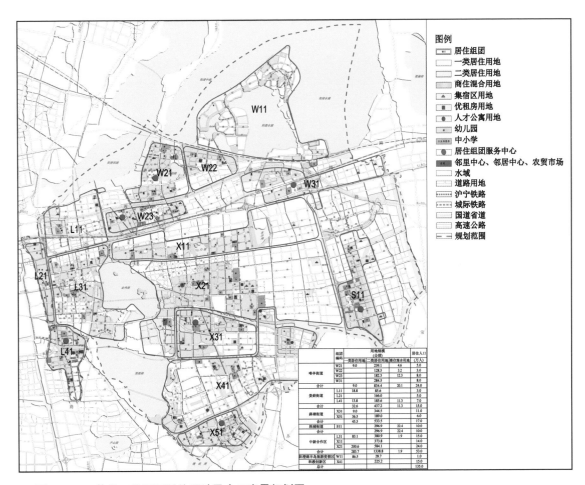

▲ 图 3-5-2 苏州工业园区居住用地及人口容量规划图

靠近高端人才聚集区和研发类产业集中区域，优租房宜靠近高新技术产业集中区域，集宿房宜靠近劳动密集型企业集中区域，以解决目前园区就业居住的偏离问题。保障性住房中新增用于实物配租的廉租住房安排在城市交通干线周边、服务设施配套齐全的地区，中低收入住房安排在城市交通便利、公共服务设施配套完善的地区，单个项目应保持合理的开发规模。拆迁安置房按照以需定量、就近安置的原则进行布局，结合拆迁安置房的布局完善相关的基本公共服务设施配套，保证拆迁居民就近就好安置。普通商品房重点在轨道交通、大容量公共交通、主要公共交通走廊沿线集中成片安排以中小套型的普通商品住房为主的居住区。

（2）强化工业用地专业分工

现代工业发展正呈集聚化趋势。相关工业，特别是具有相互配套能力的工业门类应尽可能做到相对集中布局；此外，对具有相似环境设施、污水处理要求的工业门类也应集中布局；对于新型制造业，其对选址环境、高端人才、交通运输有特别要求的工业企业，在布局时应作特别安排。

（3）公共服务设施均衡布局

公共设施直接与市民的日常生活紧密相关，公共设施合理的定性、定量、定位选择，都应以创造良好的人居环境、提高市民生活质量为首要宗旨。

从全市的角度，按公众对公共设施的不同层次要求，处理好公共设施相对集中与适当分散的关系，在突出城市中心的同时，也注重次级中心及非中心地区的公共设施建设，合理规划市、区、街道多级、多层次的公共设施体系。在缓和市民必需公共设施供需矛盾的基础上，逐步将重点放在加强现状更为薄弱的体育、文化等公共设施的建设。

4. 整体空间设计，提升城市品质

针对城市空间特色，在城市总体规划阶段进行整体空间设计，包括以下四个方面：第一，保护自然资源，控制城市建设开发范围，保护山体、水体等自然资源，凸显山水空间特色；第二，强化特色分区，尊重城市历史发展脉络和用地布局，强化功能片区的形态肌理特色，通过标志地段、标志形象、标志风格、标志文化的重点打造，进一步强化城市景观特色；第三，控制视线廊道，建立城市空间与自然环境的视线廊道，控制廊道内建筑高度和形态，彰显整体风貌特色；第四，人文品质提升，物质空间品质提升与地域人文内涵彰显并重，塑造人性化程度高、富有人情味的城市景观与场所，进一步提升城市内涵品位，并针对城市各类人群的行为活动特征，结合各类活动的目的区域与空间载体，梳理特色空间体系。

（1）生态引导的城市布局

对生态基底较好的城市，规划结合城市的自然山水特色，以城郊生态防护空间为基础，充分利用交通廊道、自然河流水系、自然山体绿化开辟城市公共绿地和生产防护绿地，突出城市"山、水、城、林"的特色，创造良好的生态环境。

在《溧阳市城市总体规划（2005—2020）》中，规划通过将三片生态空间楔入城市空间中，形成了"风车状"布局结构，并对生态空间实施永久性控制，加强郊区生态环境建设，提高城市生活质量，将其作为城市真正对外"呼吸"新鲜空气的突破口。

（2）特色彰显的空间设计

特色彰显的空间设计应建立在对城市特色充分认知和挖掘的基础之上，尤其要注重对特色空间的塑造，对特色文化内涵

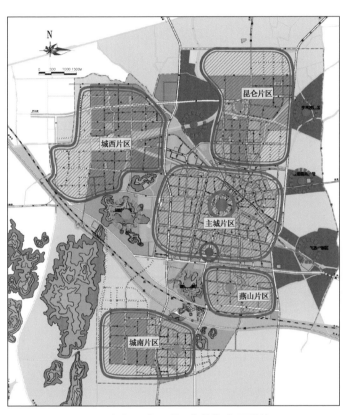

▲ 图 3-5-3 溧阳市中心城区"风车状"布局结构

▲ 图 3-5-4 苏州工业园区城市空间景观设计图

的彰显和形成特色空间体系。

在《苏州工业园区总体规划（2012—2030）》中，融合园区现状建设成就，充分挖掘园区自然、人文资源，总体形成"三湖映城，两江融绿，双轴纵横，多点辉映"的空间景观特色。在"三湖""两江""双轴"的景观特色框架基础上，精心打造一系列特色街区、特色街道等特色鲜明、具有标志意义的景观区段及节点，强化城市景观特色体验。

5. 管制全域覆盖，统筹空间开发

在《无锡市城市总体规划（2001—2020）》中，按照"生态优先"的原则，对中心城的建设用地进行进一步的细化，区分控制发展区、限制建设区、风貌协调区、引导改造区和优先发展区，提出不同的建设、控制要求，以期加强对中心城建设的规划管制。该做法在当时国内的城市总体规划编制中具有较强的创新性，也成为此后城市总体规划四区划定内容的雏形。

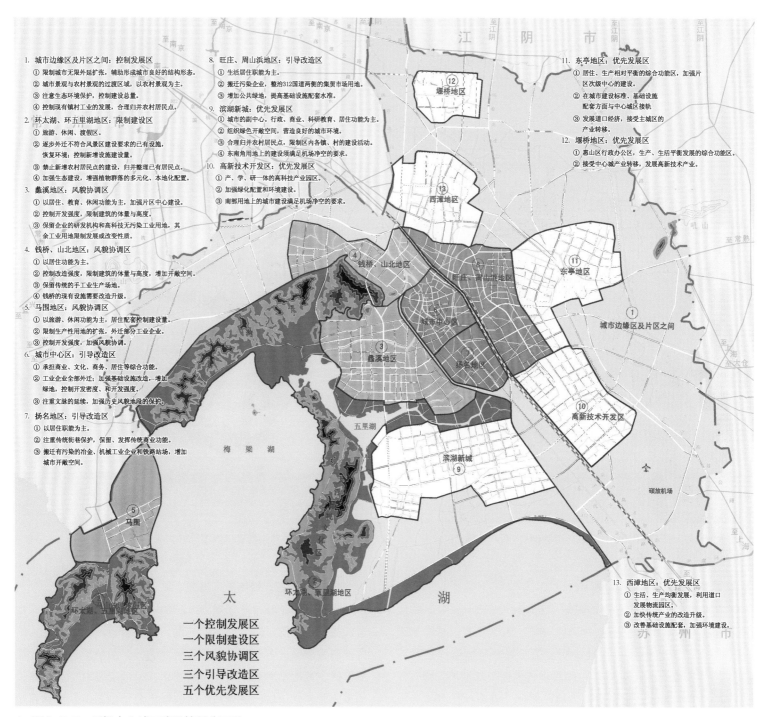

1. 城市边缘区及片区之间：控制发展区
　①限制城市无限外延扩张，辅助形成城市良好的结构形态。
　②城市景观与农村景观的过渡区域，以农村景观为主。
　③注意生态环境保护，控制建设总量。
　④控制现有镇村工业的发展，合理归并农村居民点。

2. 环太湖、环五里湖地区：限制建设区
　①旅游、休闲、渡假区。
　②逐步外迁不符合风景建设要求的已有设施，恢复环境；控制新增设施建设量。
　③禁止新增农村居民点的建设，归并整理已有居民点。
　④加强生态建设，增强植物群落的多元化、本地化配置。

3. 蠡溪地区：风貌协调区
　①以居住、教育、休闲功能为主，加强片区中心建设。
　②控制开发强度，限制建筑的体量与高度。
　③保留企业的研发机构和高科技无污染工业用地，其余工业用地限制发展或改变性质。

4. 钱桥、山北地区：风貌协调区
　①以居住功能为主。
　②控制改造强度，限制建筑的体量与高度，增加开敞空间。
　③保留传统的手工业生产场地。
　④钱桥的现有设施需要改造升级。

5. 马圩地区：风貌协调区
　①以旅游、休闲功能为主，居住配套控制建设量。
　②限制生产性用地的扩张，外迁部分工业企业。
　③控制开发强度，加强风貌协调。

6. 城市中心区：引导改造区
　①承担商业、文化、商务、居住等综合功能。
　②工业企业全部外迁；加强基础设施改造，增加绿地，控制开发密度、和开发强度。
　③注重文脉的延续，加强历史风貌地段的保护。

7. 扬名地区：引导改造区
　①以居住职能为主。
　②注重传统街巷保护，保留、发挥传统商业功能。
　③搬迁有污染的冶金、机械工业企业和铁路站场，增加城市开敞空间。

8. 旺庄、周山浜地区：引导改造区
　①生活居住职能为主。
　②搬迁污染企业，整治312国道两侧的集贸市场用地。
　③增加公共绿地，提高基础设施配套水准。

9. 滨湖新城：优先发展区
　①城市的副中心。行政、商业、科研教育、居住功能为主。
　②组织绿色开敞空间，营造良好的城市环境。
　③合理归并农村居民点，限制区内各镇、村的建设活动。
　④东南角用地的建设须满足机场净空的要求。

10. 高新技术开发区：优先发展区
　①产、学、研一体的高科技产业园区。
　②加强绿化配置和环境建设。
　③南部用地上的城市建设满足机场净空的要求。

11. 东亭地区：优先发展区
　①居住、生产相对平衡的综合功能区，加强片区次级中心的建设。
　②在城市建设标准、基础设施配套方面与中心城区接轨。
　③发展道口经济，接受主城区的产业转移。

12. 堰桥地区：优先发展区
　①惠山区行政办公区，生产、生活平衡发展的综合功能区。
　②接受中心城产业转移，发展高新技术产业。

13. 西漳地区：优先发展区
　①生活、生产均衡发展，利用道口发展物流园区。
　②加快传统产业的改造升级。
　③改善基础设施配套，加强环境建设。

一个控制发展区
一个限制建设区
三个风貌协调区
三个引导改造
五个优先发展区

▲ 图 3-5-5　无锡中心城区建设控制分区图

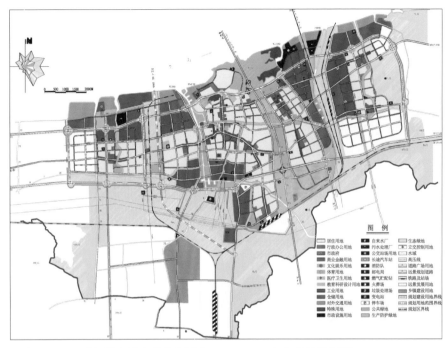

▲ 图 3-6-1 《江阴市城市总体规划（1994—2010）》总体规划图

六、城市综合交通体系

（一）综合交通规划发展阶段

综合交通是城市开展经济社会活动的必要支撑，也是城市总体规划编制的重点专项内容。1949 年至今，综合交通规划的编制思想、编制内容也发生了很大的变化。概括起来，可以分为如下几个阶段：

1. 道路工程阶段

1949 年至 20 世纪 80 年代初，城市规模较小，交通出行主要依靠步行、自行车方式，所有的交通方式集中于道路同一平面内运行，也不存在交通拥堵、停车困难等问题，道路网络是城市交通规划的主要对象。在总体规划中主要考虑道路的网络布局、纵横断面形式以及主要节点的工程处理。

2. 汽车交通阶段

20 世纪 80 年代初"城市交通规划"从国外引入，小汽车出行也开始增多，交通规划的出发点主要是扩张道路网络来满足汽车交通的需要。在《江阴市城市总体规划（1994—2010）》中，江苏省城市规划设计研究院提出了"快速路"的概念，并迅速获得认可和广泛推广，对后来城市经济社会的快速发展起到了举足轻重的作用。

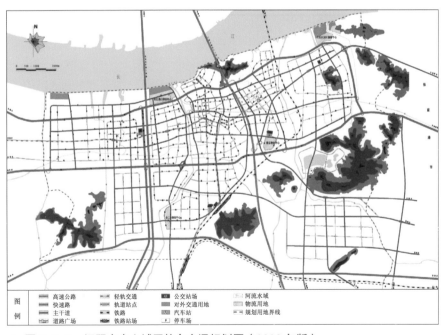

▲ 图 3-6-2 江阴市中心城区综合交通规划图（2003 年版）

3. 综合交通阶段

进入 21 世纪后,"综合交通"的概念开始出现,旨在协调城市各类交通方式、各类交通需求之间的关系,以及各类交通设施的衔接关系。2005 年,江苏省建设厅发布了《江苏省城市综合交通规划导则》,是第一个省级层面城市交通规划编制的技术导则,对全省乃至全国的城市交通规划编制工作都起到了推动作用。

4. 引导发展阶段

从 2010 年以来,城市公共交通、慢行交通体系逐渐得到完善,但是交通问题仍呈现越来越复杂、严峻的态势。交通问题的解决思路由交通体系内部拓展到跳出交通看交通转变,交通引导成为主导理念,交通与用地的协调关系成为重点。2011 年《江苏省城市综合交通规划导则》修订版中强调"城市综合交通规划原则上应当与城市总体规划同步编制或修编,其主要内容应纳入城市总体规划"。在城市总体规划编制中,更加关注城市客运走廊与城市空间走廊、城市客运枢纽与城市中心体系的协调关系。

▲ 图 3-6-3 江阴市中心城区客运枢纽与公共交通规划图（2008 年版）

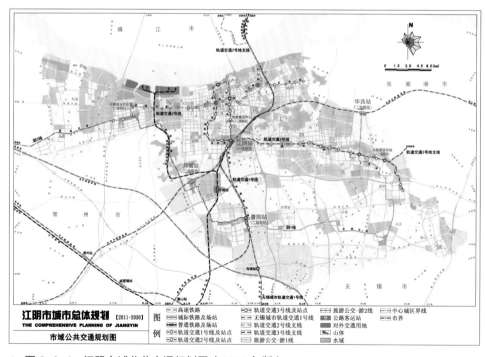

▲ 图 3-6-4 江阴市域公共交通规划图（2010 年版）

（二）综合交通体系存在的问题

1. 交通体系构建与土地利用布局脱节

交通与用地存在互相支撑、互相促进的关系，交通为用地所承载的活动提供可达性服务，反过来用地也为各种交通方式的运行提供客流支撑，虽然两者之间的协调关系早已被认知，但是在规划、建设实践中仍然存在脱节问题。第一，交通设施供给与不同用地的交通需求特征脱节。对于城市建成区尤其是老城区，需要交通设施供给与用地的交通需求特征相匹配，即交通适应用地布局。但该类区域常采用扩建城市道路的措施，致使引入更多的车流。实际上这类区域交通需求密集，发展公交、慢行交通比扩建道路交通设施更为有效。第二，用地布局与交通区位的脱节。用地布局应考虑交通设施供给特性与能力，不同功能的用地在空间上的布局要使得用地所产生交通出行的强度、方式与交通区位特征相匹配，达到交通与用地相互利用、相互完善的目的。

2. 交通组织模式与城市规模不够匹配

不同规模的城市交通需求结构存在很大差异，交通供给模式也应差异化。慢行交通主导的城市一般规模较小，在用地布局上采取单中心圈层式增长模式，以团块状城市为主；小汽车交通主导的城市规模较大，尺度符合道路交通 45 分钟通勤范围之内的要求，建立高、快速路系统的城市甚至可以发展得更大，并常采取多中心圈层式增长模式；公共交通主导的城市规模也较大，尺度符合主要公交方式 1 小时通勤范围之内的要求，采取快速公交系统的城市可以发展得大一些；具有轨道交通的城市规模一般会更大。在城市发展的过程中，大城市、特大城市确立的公交优先发展战略是符合交通发展态势要求的，

但是对于小城市、小城镇而言，其尺度更适合慢行交通方式，盲目地实施公交优先是不合适的。

3. 交通供给未充分体现区域差别化

由于用地功能的差异，城市不同区域所产生的出行强度、出行方式、车辆类型等方面存在差异，交通设施供应应重视这一差别。用地条件紧张的区域，交通模式应以集约化交通为主，重点发展以轨道交通为骨干的多元化、多模式的公共交通体系；城市新区、郊区或外围区，用地条件相对宽松，交通设施在规划建设过程中控制在较高的供应水平，交通需求管理政策也相对宽松。目前城市中道路网络密度及尺度均质化、公交及慢行服务均质化是较为突出的问题。

4. 绿色交通各子系统的协调性有待加强

目前大多数绿色交通规划的实践将绿色交通理念落实的重点放在了对绿色交通方式本身的关注上，有过于追求"绿色"纯度的倾向，甚至提出绿色交通出行比例达到 100% 的发展目标。但绿色交通理念所传达的不仅仅是对于几种绿色交通方式的关注和发展，而是更注重一种"体系"的构建。绿色交通中不仅仅包括步行、自行车、公共交通等"绿色"交通方式，也包括出租车、私人小汽车等"黄色"或"红色"的交通方式。发展绿色交通不能仅仅关注绿色交通方式本身，更为重要的是如何协调各种交通方式之间的关系，使它们各司其职、相互配合，支撑综合交通的可持续发展。

（三）综合交通规划的主要对策

1. 交通引导理念下的综合交通体系构建

"交通引导"主要关注城市交通系统与城市用地布局之间的协调、互馈关系，在不同层次、不同类型的规划中均应贯

彻，但是具体内容与要求上有所差异。在城市综合交通规划层面的落实主要体现在三个方面：一是协调城市交通发展模式与土地利用模式的关系，主要指根据不同交通模式的空间资源占用、能源消耗和尾气排放等与城市资源供给、节能减排、环境保护的要求确定城市交通发展模式；二是协调城市交通走廊与城市空间发展的关系，主要指确定交通走廊的功能定位、服务对象、运量规模及交通方式构成、协作策略，明确走廊与中心城区、沿线乡镇及主要居民点的空间协调关系；三是协调客运枢纽与城市中心体系的关系，主要是根据城市发展规模、空间结构和交通发展模式，分析城市交通枢纽的分类体系，确定主要客运枢纽的数量和布局以及不同枢纽的区位条件和交通衔接方式，整个城市交通系统的定位、服务对象和服务范围。

　　在《昆山市城市总体规划（2009—2030）》中，结合区域交通设施密集、南北两区旅游资源密集等特征，提出了"以公共交通引导居住与服务业布局""以货运区位引导工业用地集聚""以特色交通引导旅游资源开发"的交通引导发展策略。其中，"以公共交通引导居住与服务业布局"重点以公交优先和发展绿色交通为导向，突出轨道交通的主体地位，发挥枢纽可达性的集聚效应，引导枢纽地区用地集约开发，形成沿轨道交通线的轴向点状

空间结构，实现交通发展和用地布局的协调互动；"以货运区位引导工业用地集聚"强调以高速公路出入口、快速路、高等级航道及货运铁路枢纽形成的货运交通优势为导向，以与虹桥机场、浦东机场、苏南国际机场、洋山港、太仓港等外部枢纽的便捷联系为指向，引导工业用地集聚；"以特色交通引导旅游资源开发"则以南、北片区和中心城区之间的特色交通联系为导向，结合客运枢纽布局，构筑多元化的旅游交通体系，引导旅游资源开发利用。

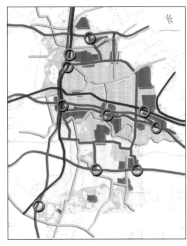

▲ 图3-6-5　昆山货运交通与工业用地布局图

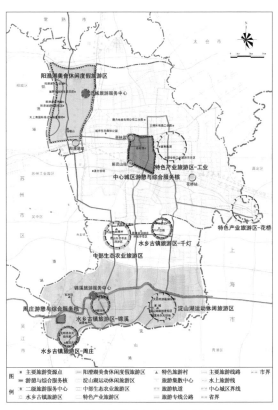

▲ 图3-6-6　昆山旅游交通与旅游资源图

2. 公共交通优先规划

"公交优先"体现的是城市和交通发展的一种观念和意识，公交优先的实质是公共交通要优先于、也仅仅优先于小汽车的发展。在各层次的城市规划、城市交通规划中均应围绕公交优先制定相关规划方案及措施，在城市总体规划层面应重点落实城市公共交通与城市空间组织关系、公共交通走廊布局及选型、公交枢纽布局等。

在《昆山市城市总体规划（2009—2030）》中，提出了构建由"轨道交通＋快速公交"为骨干的公共交通体系。其中，"轨道交通"主要考虑与城市发展轴线的叠合，形成十字架形轨道交通骨架；"快速公交"则分为两类——过渡性快速公交和常规快速公交，在客流规模未达到城市轨道交通建设门槛之前，沿规划城市轨道交通线路设置过渡性快速公交线路，满足公交出行需求，为城市轨道交通培育客流，在轨道交通线路覆盖范围之外的城市次级客流走廊内设置常规快速公交。

3. 慢行交通精细化规划

"慢行友好"是城市综合交通和谐发展、城市与交通协调发展的必然要求，在城市综合交通规划层面，应重点关注慢行单元的划分与政策的制定、慢行网络构建、慢行设施规划等。

在《江阴市城市总体规划（2011—2030）》中，针对慢行系统元素复杂、零碎的特点，提出了"面、线、点"统筹衔接的系统构建方法。在"面"上，以适宜步行尺度进行慢行单元划分、制定分单元规划指引，指引内容包括道路路权分配方法、慢行休闲设施配置、非机动车停车点（租赁点）布点密度、人行过街设施形式及构成等；在"线"上，构建由慢行通勤网、慢行休闲网、慢行接驳网构成的慢行网络，并针对各种类型的网络按照快行、慢行的协调关系进行道路断面优化；在

"点"上，对主要的非机动车停车（租赁）设施、立体过街设施进行布点，对道路交叉口进行渠化设计，并针对敬山湾等重点地区进行落实。

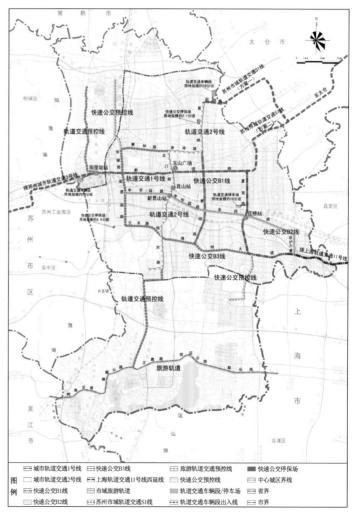

▲ 图3-6-7　昆山市骨架公交规划图

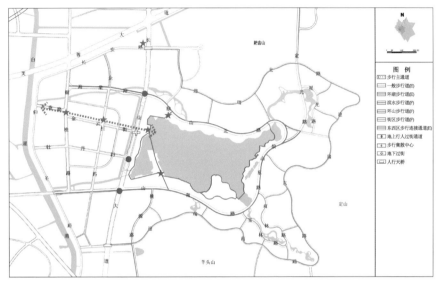

▲ 图3-6-8　江阴敔山湾步行交通规划图

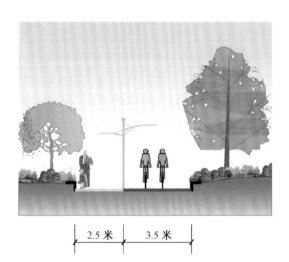

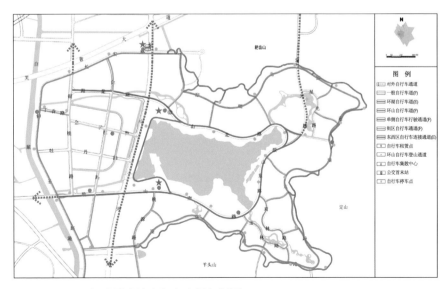

▲ 图3-6-9　江阴敔山湾自行车交通规划图

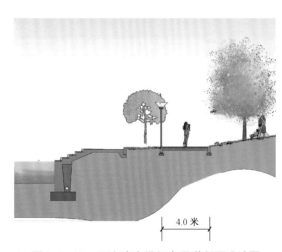

▲ 图3-6-10　环山滨水慢行专用道断面设计图

4. 交通设施的分区差异化供给

在城市总体规划层面，"分区差异"理念强调要根据不同区域土地利用、交通需求特征的差异进行差别化的交通设施配置，以达到优化土地利用、调节交通需求的目的，重点是明确各分区在公共交通发展水平、路网密度、慢行设施、停车调控、货运交通管理等方面的控制性要求，以指导综合交通规划中各分项规划以及下层次各专项规划。

在《江阴市城市总体规划（2011—2030）》中，根据交通特征、用地功能、发展要求、资源保护等差异，结合城市轨道交通布局，将市域空间划分为慢行交通优势发展区、公共交通优先发展区、公共交通与小汽车协调发展区、小汽车适度宽松发展区、交通限制发展区五类交通分区，并制定差异性政策，调控交通需求分布，优化交通环境。

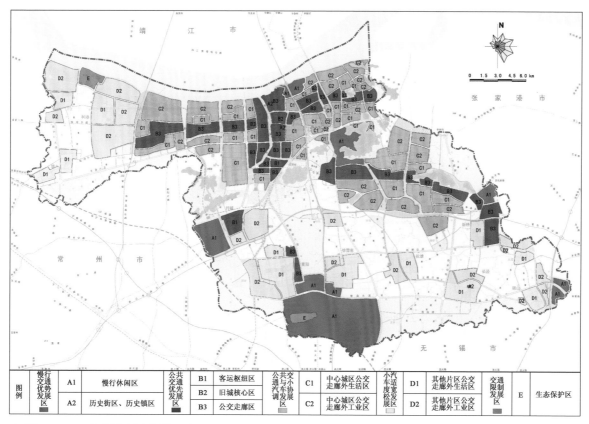

图例	慢行交通优势发展区	A1	慢行休闲区	公共交通优先发展区	B1	客运枢纽区	公共交通与小汽车协调发展区	C1	中心城区公交走廊外生活区	小汽车适度宽松发展区	D1	其他片区公交走廊外生活区	交通限制发展区		E	生态保护区
		A2	历史街区、历史镇区		B2	旧城核心区		C2	中心城区公交走廊外工业区		D2	其他片区公交走廊外工业区				
					B3	公交走廊区										

▲ 图 3-6-11　江阴市域交通分区图

5. 调控思想下的停车设施规划

在城市总体规划层面，应摆脱将停车设施作为用地或建筑物配套的思路和做法，以"调控"作为规划的总体指导思想制定停车分区和规划策略，确定不同分区停车设施供应结构等，以发挥停车设施的调控作用，更好地服务于低碳生态的城市综合交通体系构建。

在《苏州工业园区总体规划（2012—2030）》中，以"供需统筹，以供定需"和"区域差别化"为基本理念，确定与城市发展相适应的公共停车设施布局和建筑物停车配建标准。首先制定了停车分区，综合考虑城市用地特征及交通运行状况，划分停车限制供应区、平衡供应区和扩大供应区。通过停车分区的轨道交通线网密度、轨道走廊对人口和就业岗位、道路网密度等指标的统计分析可知，限制供应区、平衡供应区、扩大供应区三个分区的公共交通服务能力、道路网密度、人口密度和就业岗位密度都依次降低，这与以上提出的"区域差别化"的规划理念相符合。

划分停车分区后，根据停车分区确定停车供需调控系数，按照一车一位的原则，对居住小区配建车位不进行调控，所以在三个停车分区中居住小区配建车位的供需调控系数为1.0；对限制供应区、平衡供应区、扩大供应区公共车位的调控系数分别确定为1.0、1.05、1.1，由于限制供应区内现状停车泊位缺口较大，所以对其调控系数设置稍高。

表 3-6-1　停车分区调控系数和供应结构

	居住小区配建车位调控系数	公共车位调控系数	公共车位泊位平均利用率	供应结构		
				建筑物配建公共停车位	路外公共停车泊位	路内公共停车泊位
限制供应区	1.0	1.0	0.90	85%~90%	8%~12%	2%~5%
平衡供应区		1.05	0.80	85%~90%	8%~12%	5%~8%
扩大供应区		1.1	0.70	80%~85%	10%~15%	3%~6%

在路外公共停车设施布局上，以解决现状问题为导向，从分析各个区域的不同停车需求，保障路外公共停车场覆盖率水平，充分利用绿地、广场、人防设施等空间方面，分析每个布点的建设可行性。

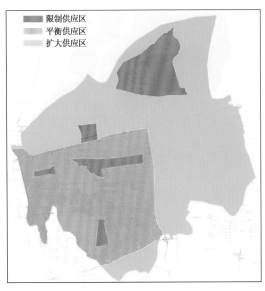

▲ 图 3-6-12　苏州工业园区停车分区图

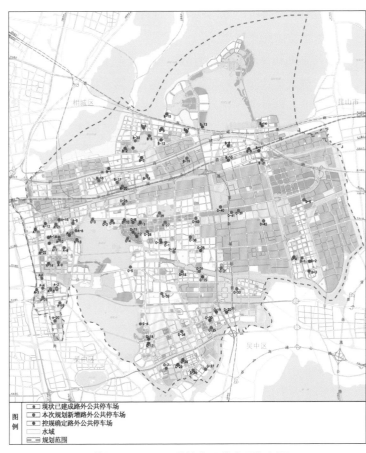

▲ 图 3-6-13 苏州工业园区公共停车设施布局规划图

七、历史文化保护

作为我国古代文明的发祥地之一，江苏早在五十万年前就有古人类活动。距今六七千年前后，长江沿线进入新石器时代

兴盛阶段，农业文明逐渐发展繁荣。三国时期，长江以南地区得到广泛开发，太湖流域由于拥有优越的气候及地理条件，经济发展水平持续提升。隋唐时期，大运河的开通更是促进了人流、物资以及农业技术向南迁移。明清时期，江苏成为全国最为富庶的地区之一。

由于经济社会发展整体水平较高，江苏地域范围内各类历史文化遗存丰富，是全国拥有中国历史文化名城最多的省份之一。截至 2017 年，江苏省共有中国历史文化名城 13 个，江苏省历史文化名城 4 个。

表 3-7-1　江苏省历史文化名城一览表

序号	等级	名称	获批时间	获批批次
1	中国历史文化名城	南京	1982	第一批
2		苏州	1982	第一批
3		扬州	1982	第一批
4		镇江	1986	第二批
5		常熟	1986	第二批
6		徐州	1986	第二批
7		淮安	1986	第二批
8		无锡	2007	增补
9		南通	2009	增补
10		宜兴	2011	增补
11		泰州	2013	增补
12		常州	2013	增补
13		高邮	2016	增补

续　表

序号	等级	名称	获批时间	获批批次
14	江苏省历史文化名城	江阴	2001	第二批
15		兴化	2001	第二批
16		高淳	2009	—
17		如皋	2012	—

在江苏省所有17座历史文化名城中，曾经由我院负责编制总体规划的有11座，占比超过70%。除江苏省以外，我院于2007年编制了《拉萨市城市总体规划》，同为中国历史文化名城。

随着经济发展水平的提高，历史文化保护也逐渐受到政府、市民、游客越来越多的关注。事实上，不仅仅是历史文化名城，总体规划中的历史文化保护已经成为所有城市总体规划中不可或缺的重要内容。

由于历史文化保护具有很强的针对性，处于不同发展阶段中的城市，其保护的重点和内容也不尽相同。经过长期实践，我院积累了丰富的历史文化保护工作经验和理论研究成果，并开拓了历史文化名城保护规划、历史文化名镇保护规划、历史文化名村保护规划、历史文化街区保护规划、旧城更新等规划领域，发展了独具特色的历史文化保护理论和方法。

（一）历史文化保护面临的主要问题

1. 缺乏对城市历史文化特色与价值的系统总结与科学判断

地势低平，水网密集，优越的地理及气候条件，加上黄河流域先进的农业技术随着人口向南迁移，使得江苏在唐宋以后逐渐成为"天下粮仓"，经济富庶，百姓富足，因此留下极为丰富的历史文化遗存。

经过多年的考古发掘和文献积累，城市中数量众多、类型多样的历史文化遗存虽然可以反映特定时期、特定背景下的历史信息，但其系统性不强，对于城市在历史文化发展过程中所处的历史区位、地理环境及社会人文仍然缺乏科学、客观、整体的研判。

2. 历史文化保护框架及保护体系不完整

城市中的历史文化遗存由于发现、认定、研究的时间次序存在差异，往往在时间、空间的分布上呈现出较强的离散性特征。由于国内有关历史文化保护的法律法规不断健全，一些已经形成的城市历史文化保护框架在现有法律法规框架下已显得有所缺失。构建合理的历史文化保护框架对于完善历史文化保护体系、顺利开展历史文化保护工作具有极其重要的价值。

3. 历史文化保护规划内容及保护重点不明确

总体规划中的历史文化保护，规划的内容是什么？保护的重点在哪里？与其他规划间的关系如何？现有的历史文化保护规划在以上这些问题上始终缺乏准确、规范且协调一致的认定。

受到城市历史文化特色与价值、保护框架及保护体系、城市不同发展阶段的不同需求等因素的影响，城市中历史文化保护规划的规划内容及保护重点存在个性化的特征，在不同城市的历史文化保护规划中应进一步予以明确。

4. 历史城区保护缺乏重点及系统性

历史城区是总体规划中历史文化保护规划的重中之重。由于缺乏必要的规划措施，在经济高速发展的过程中，历史城区往往成为地产开发的直接受害者。一方面，历史城区的保护范围及相应控制要求不够清晰、明确，导致保护工作难以顺利开展；另一方面，由于缺乏对历史城区系统、完整的价值判断，对于采用何种方式对历史城区加以保护、如何满足原住民生活的实际需求等缺乏战略性思考，总体规划中的历史城区保护规划显得不够系统而缺乏重点。

5. 历史文化资源的产业化利用水平不高

历史文化资源经历长时间积淀形成，对于城市而言稀缺而珍贵。国家法律、法规及规范要求严格保护城市历史文化资源，在为游客及市民留下宝贵历史文化遗产的同时，达到持续塑造城市特色，反映不同阶段城市发展历史的目的。

随着社会经济发展水平的不断提高，人们的历史文化保护意识也在不断增强。单一的保护行为难以满足市场及受众多层次、多元化需求，特别是在经济较为发达的地区，历史文化已经成为城市文明的象征，具有多重价值。

历史文化资源产业化利用是一个长期、持续，且日益趋向市场化的工作。伴随着我国市场经济的不断完善和持续发展，历史文化资源产业化利用的水平还有待提高，这对历史文化保护规划提出了更高的要求。

（二）历史文化保护的重要理念

1. 科学系统的整体性保护

科学系统的整体性保护主要考虑的是总体规划中历史文化保护规划的完整性和系统性。主要包括以下几个方面：（1）系统收集整理现有资料，汇总、归纳考古新发现，构建整体、全面、完整的历史文化资源名录；（2）根据史料及历史文化资源所能反映出的信息，有针对性地分析并突出反映城市发展历史的文化特征，明确城市的历史文化保护价值；（3）依托对基础资料的分析和研究，将历史文化资源纳入全面、系统、科学的

保护框架，促进历史文化保护体系化；（4）以市域整体为研究对象，明确历史文化保护的层次及工作范围。

2. 重点突出的主题性保护

重点突出的主题性保护主要考虑历史文化保护工作的庞杂内容，需要在特定阶段，根据城市历史文化特色和价值明确具有代表性的历史主题，以便于根据历史主题设定工作重点，并进一步明确历史文化保护工作的时序安排。

主题性保护的重点在于突出历史文化主题，尤其针对历史文化资源的展示和利用，需要形成更为系统、完整的空间展示体系和产业化引导方案。

主题性保护的空间层次以历史城区为主，可适当拓展至中心城区，具备条件且历史文化资源较为分散的城市可进一步拓展至市域。

3. 以人为本的适应性保护

以人为本的适应性保护主要考虑历史文化保护必须与城市发展及居民需求相适应，既要科学保护历史文化资源，又要协调好保护与发展之间的关系，尽可能化解历史文化保护与原住民生活之间的矛盾。主要包括以下几个方面：（1）合理疏解历史城区人口，保持发展的活力；（2）优化用地布局，调整与历史文化保护相冲突的城市功能；（3）保护传统街巷，优化道路网络，改善交通组织，鼓励慢行交通；（4）问题导向与目标导向相结合，提升历史城区整体环境，改善居民特别是原住民的生活条件；（5）借鉴传统技艺，利用合理的技术手段，有效提高基础设施服务水平。

4. 全面完整的预见性保护

全面完整的预见性保护主要考虑历史文化保护所面临的问题，提前预判有可能对历史文化保护造成破坏的潜在可能性，

以便于在保护规划中提出合理的措施加以预防。预见性保护同时适用于非物质文化遗产保护，达到促进非物质文化遗产保护与物质文化遗产相协调的目的。

（三）历史文化保护的主要对策

1. 科学、理性地认知历史文化特色与价值

（1）系统整理既有历史资料

系统地收集、整理城市历史资料是历史文化保护规划的第一步。获取史料的范围包括世界文化遗产、各级文物保护单位、文物控制单位、历史建筑、历史文化街区、历史地段、历史城区及非物质文化遗产的详细信息。

（2）结合遗存保护现状，多维度分析历史文化特色与价值

历史资料的收集整理是开展历史文化分析的基础。为了更为客观、准确地判断城市的历史文化特色与价值，需要基于包括时间、空间、事件、人物、产业等系列在内的多种维度开展分析。在其中选择最具代表性的，能够反映城市所处特定地理地形条件、反映特定发展阶段的方面作为城市历史文化的特色与价值。

（3）结合考古新发现，适时优化认知

城市规模的拓展、建设行为的加深，以及考古技术的进步，还在不断补充、完善城市的历史文化内涵。历史文化保护规划还需要实时跟踪这些考古新发现，更新、优化对自身及城市历史的认知。

（4）紧抓特色，突出重点

江苏拥有悠久的历史和较为多元的文化，由于遗存资源丰富、数量众多，尤其需要对历史文化资源加以分析，选择具有代表性的年代，突出保护特征明显、历史意义重大且易于展示的重点，对其进行策划，开展保护。

2. 构建系统、完整的保护框架

（1）扩大保护规划的空间层次

与总体规划以"市域—规划区—中心城区—旧城区"为主要层次不同，传统的历史文化保护规划将研究对象主要聚焦于历史城区。然而，随着历史文化普查及遗址发掘工作的推进，中心城区乃至市域都成为城市历史文化保护工作不可分割的组成部分。另一方面，城市规模扩张使得城市集中建设区逐渐覆盖到更为广阔的范围，将更多的历史文化遗产纳入到中心城区规划建设用地内。这些都从客观上对历史文化保护的空间层次提出了要求。总体规划中的历史文化保护规划因此需要扩大研究范围，内容覆盖全市域，涉及规划区、中心城区、旧城区等多个空间层次。

历史文化保护规划空间层次的设定与总体规划尽可能保持一致，也有助于更好地协调历史文化保护与城市发展之间的矛盾，突出其保持反馈的实质性作用。

（2）从物质文化遗产和非物质文化遗产两个方面进行保护

2011年6月1日，《中华人民共和国非物质文化遗产法》正式施行，城市非物质文化遗产保护上升至国家法律的层面。城市总体规划中的历史文化保护规划也逐步相应地将物质文化遗产保护和非物质文化遗产保护作为对等的两个方面予以关注。

非物质文化遗产保护的方法与物质文化遗产存在差异，保护的内容也不尽相同。但考虑到其对展示、传播、利用的需求，以及与物质文化遗产间存在的相互联系，仍然有必要在城市总体规划中做出安排。

3. 明确保护内容和保护重点

（1）突出历史格局的研究和保护

历史文化保护遵循历史发展的进程与规律，与城市所处的经济地理区位、气候条件、地形地貌等因素密切相关。为了更为深入地理解城市发展历史，有必要针对城市所处的历史区位加以分析，进一步研究城市历史格局与城市发展历史间的内在联系和客观规律，并对其加以重点保护。

（2）统筹协调历史文化遗存的整体保护

城市的发展具有其综合性，历史文化遗存的保护同样需要兼顾这一特性。一方面，历史文化遗存在市域之间存在联系，具有文化上的同质性；另一方面，市域范围内的历史文化遗存在空间布局上也应具有关联性，需要进行统筹并实施整体保护。

（3）加强对历史文化环境的保护

历史文化遗存存在于特定的历史文化环境中，失去了对历史文化环境的保护，历史文化遗存也就失去了其存在的空间基础。自然山水作为历史文化环境重要的组成部分，具有典型的空间特征，规划应对其加以充分认知并予以重点保护。

4. 着重对历史城区加以保护

（1）保护历史城区整体格局及周边环境

历史城区是历史文化遗存分布特别集中，也最能反映城市历史文化特色和价值的区域。历史城区的整体格局及周边环境是历史城区存在并发展的空间基础。对于历史城区的保护，首先必须对其整体格局进行保护，明确各个历史文化要素的空间分布关系，分析其客观规律，以达到保护历史城区整体格局的目的。

历史城区周边环境应与历史城区历史文化的空间特征相适应，避免出现过于突兀的景观风貌。

（2）优化历史城区用地布局，疏解历史城区功能

历史城区经历多年的发展与演化，往往集中了丰富的城市功能，是城市中最为活跃的地域之一。城市功能的复合与混杂给历史城区带来了活力，一定程度上也对历史城区的历史文化保护工作造成了压力。一些不适宜在历史城区布局的城市功能，诸如工业企业、大型商业、大型医疗卫生设施等，或形成污染影响历史城区整体环境，或体量过于庞大，对历史建筑的肌理造成破坏，一些集聚人流的大型公共服务设施还容易对历史城区的综合交通造成压力。因此，对历史城区的保护，需要综合考虑对其功能的疏解，在此基础上，形成用地布局优化方案，从更深层次处理好历史文化保护与发展的关系。

（3）以多元化的交通组织方式，优化通行效率

历史城区往往空间狭小，较为拥挤，不适宜以小汽车出行为主导。出于对历史文化环境保护的需要，加上对历史城区建筑空间肌理的持续性保护，从客观上对历史城区的交通组织方式提出要求。首先，历史城区应将交通集散功能适当集中在历史城区周边或外围，在增强可达性的同时，将城市功能与之结合，提升游客或市民对历史文化氛围的体验感受；其次，历史城区内部应以慢行交通为主导，形成符合慢行交通特征的空间布局形态；第三，多元化方式的交通组织方式易于增加游客或市民感受历史城区的途径，同时也能提升历史城区历史文化遗存点的可达性。通行效率的提升有助于在保护历史文化环境的同时，改善游客或市民的体验感受。

（4）系统保护历史文化资源及环境

历史城区内的大街小巷、水岸空间、古树名木及古井等都是历史文化资源及环境的一部分。系统地保护这些历史文化要

素有助于形成较为完整的历史城区景观风貌。系统保护的目的还在于对这些历史文化遗存点进行整理，形成特色鲜明的主题性保护方案，以进一步突出历史城区的历史文化特色和价值。

5. 历史文化保护与产业化引导

（1）强化主题保护，针对主题开展产业化引导

建立在主题保护基础之上，强化策划，并对历史城区进行产业化引导，有助于从历史文化体验者的角度对历史文化保护工作进行优化，包括策划旅游线路及旅游活动、开发旅游产品，以进一步提升旅游产业的附加值。对于衍生主题的保护开展产业化引导，可以增强主题保护的多元性，进一步提升主题保护的市场价值。

（2）合理利用物质文化遗产，开展产业化引导

对物质文化遗产开展的保护与利用在价值观上应当是一致的。当条件具备时，完全有必要也应该对物质文化遗产的保护进行产业化引导。一方面，增强对历史文化资源的展示，促进旅游业的发展；另一方面，可以利用部分物质文化遗产，开展与历史文化保护及传承相关的活动，提升人们对历史文化体验的水平，便于促进物质文化遗产利用方式的多元化。

（3）突出非物质文化遗产的利用与产业化引导

非物质文化遗产的保护不但需要保护空间，更需要对传承人及其市场行为进行规范、有序的产业化引导。为了更好地开展非物质文化遗产保护，历史文化保护规划应在工作之初即对其进行分类，分类的标准既包含空间要素，又包含对其产业化发展现状及前景的基本判断。在此基础上进行因地制宜且有针对性的产业化引导，制定差异化的政策措施，在避免过度商业化的同时保护在市场上不具备竞争力的非物质文化遗产，促进非物质文化遗产保护的健康可持续。

八、低碳生态保护与利用

（一）低碳生态发展面临的主要问题

1. 城镇规模超出生态环境承载能力

江苏全省土地开发强度接近21%，苏南地区接近28%，建设用地刚性需求与耕地保护矛盾突出。苏北的水资源不足，苏中地区的地下水超采以及苏南地区的水质型缺水，都说明城市的发展超出了水资源、水环境的承载能力。江苏水资源利用消耗率全省为22.8%，淮河流域为11.6%，太湖流域为61%，长江流域为42.4%，太湖和长江流域已高于国际上通常采用的水资源开发利用率不超过40%的警戒线，属于水资源开发过度的地区。

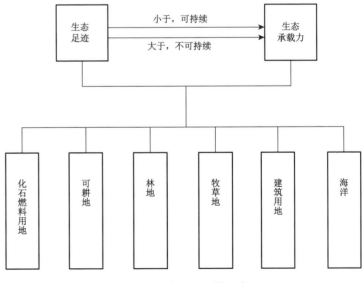

▲ 图3-8-1　生态承载力与生态足迹比较示意图

2. 建设用地侵占生态空间

全省人均耕地面积由 1999 年的 1.08 亩 / 人下降到 2009 年的 0.91 亩 / 人，年均降低 1.65%。全省自然保护区的总面积从 2006 年的 8 618 平方千米，降低到 2010 年的 5 671 平方千米，占全省总面积的比例从 8.3% 下降到 5.5%。同时建设用地面积由 1996 年的 15 692 平方千米增加到 2008 年的 19 341 平方千米。1996—2004 年间年均增加 298 平方千米，2004—2008 年间年均增加 317 平方千米，增长幅度逐渐扩大。

3. 资源利用结构不合理，效率不高，外部依赖度较高

能源消费结构不合理，煤炭和石油分别占一次能源消费的 75% 和 16%。能源消耗总量大，利用效率较低，供需矛盾十分突出，92% 以上的煤炭、93% 以上的原油和 99% 以上的天然气依靠外省或者进口。随着工业化、城镇化加速推进，资源、能源约束将不断加剧。

4. 污染物、二氧化碳排放量过高，环境质量堪忧

2000—2005 年，全省二氧化硫和烟（粉）尘排放量波动上升，由 2000 年的 120.1 万吨、65.3 万吨分别增加到 2005 年的 137.3 万吨和 80.7 万吨。全省酸雨频率总体较高，苏锡常地区最高，2000—2007 年，全省酸雨频率整体上呈上升趋势，由 20.1% 上升到 39.6%。2011 年，全省地表水环境质量总体仍处于轻度污染。

根据江苏省 2009 年人口及城镇化水平、社会经济发展水平、城镇建设、农村建设四部分数据，计算 2009 年全省碳排放总量为 79 925 万吨二氧化碳当量，其中，土地利用的碳排放量为 381 万吨、城镇建设碳排放量为 8 993 万吨、工业碳排放量为 61 132 万吨、农村建设碳排放量为 5 508 万吨、交通体系碳排放量为 4 245 万吨、水资源利用过程碳排放量为 641 万吨、废弃物处置过程碳排放量为 978 万吨、替代能源减少的碳排放量为 1 953 万吨。

（二）低碳生态规划的主要对策

1. 合理确定发展容量

发展容量是指在对环境质量、生态系统、资源等自然要素不造成破坏的前提下该地区所能承载的最大发展强度，包括人口数量、建设规模、活动强度等。发展容量研究是低碳生态城乡规划的重要基础和依据，研究方法主要包括生态足迹法、瓶颈限制因子、状态空间法等。《拉萨市城市总体规划（2009—2020）》采用生态足迹方法合理确定发展容量，规划从保护生态出发，根据拉萨市现状的生态环境承载力和人均生态足迹，预测规划期末的人口容量为 73.83 万人。

2. 构建生态产业体系

低碳生态发展方式要求构建生态化产业体系，就是依据生态经济学原理，运用生态、经济规律和系统工程的方法来经营和管理产业，以实现社会经济效益最大、资源利用高效、生态环境损害最小和废弃物多层次利用的目标。

（1）低碳生态产业模式

要求城市产业由粗放型增长模式向集约型发展模式转变，由单向型经济运行模式向循环型经济运行模式转变，由污染型经济生产模式向清洁型经济生产模式转变。

（2）低碳生态产业结构

低碳生态视角下的产业结构调整与门类选择，应是在适宜的区域内，在充分利用本地资源的前提下，按照循环经济的发展要求，尽可能地使得与同门类、同环节的产业相比更为节能减排。

（3）低碳生态产业空间布局

在提倡低碳生态发展的条件下，产业空间的布局更强调以循环经济理论为指导，以资源的高效与循环利用为目标，以产业链和产业集群为组织模式，重在关注企业间的物流关系、循环经济关系和产居关系等要素。

《昆山市城市总体规划（2009—2030）》以产业结构调整和转型升级促进资源集约利用和节能减排。提出控制新增建设用地、置换现状低效用地、清理利用闲置土地、挖掘存量土地潜力等措施，确定到规划期末工业用地地均产出达到46亿元/平方千米，并以此测算工业用地规模，通过地均产出目标约束，提高项目准入门槛，从产业类型、产出效益、环境影响、开发强度、用地规模等多方面加以控制，并将其作为项目批准的条件，实现土地的集约、高效利用。

3. 优化空间布局结构

城乡空间是生产、生活的重要载体，是城乡规划的重要对象，从低碳生态角度来说，城乡空间布局优化应达到生态适宜、交通减量、土地节约三个主要目的。

（1）以生态适宜性评价为基础，构建完整的生态结构体系

将建设用地生态适宜性评价作为规划用地布局的依据之一，可以避免因片面追求土地经济效益的最大化而对生态环境造成不利影响。生态适宜性评价包括选择评价要素、建立评价指标体系、适宜性评价结果等主要内容。《拉萨市城市总体规划（2009—2020）》运用GIS技术，对坡度、高程、地质灾害敏感性、生态敏感单元、水系、植被覆盖度、生态服务价值等自然地理条件和生态限制因素进行用地生态适宜性评价，对可能拓展空间用于城市建设的适宜程度和受限制程度进行评价，合理划定禁建区、限建区和适建区，为空间资源高效利用提供科学依据，奠定增量用地利用与布局的科学基础。

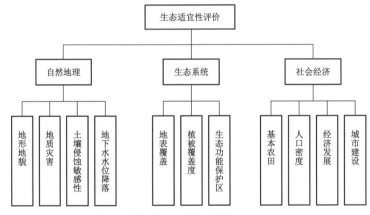

▲ 图 3-8-2　建设用地生态适宜性评价要素

（2）以交通减量为目的，促进空间结构和用地功能优化

城乡规划要充分发挥交通的引导作用，加强交通与城市空间结构和用地功能的协调、互动，优化城市空间结构和用地功能布局，有效调控交通需求增长，促进交通减量。《昆山市城市总体规划（2009—2030）》贯彻落实了交通引导发展的理念，以轨道交通引导城镇空间集聚，以公共交通引导功能布局优化，以交通枢纽引导城市用地开发和服务业发展，以货运区位引导工业用地集聚。

（3）以节约土地资源为导向，科学调控用地开发强度

开发强度的控制与引导是合理配置城市空间资源的重要手段，是高效集约利用土地资源的重要抓手，是城市低碳生态发展的重要方面。

在开发强度的确定过程中应坚持以下原则：一是统筹协调、合理确定各类用地开发强度，其具体指标的确定要综合考虑地块区位、用地功能、交通条件、城市景观、现状特征、环境容量和公共服务设施、基础设施综合承载力等因素，实现整体最优；二是适度提升公共交通沿线两侧用地的开发强度，在保障舒适宜居的前提下紧凑布局，有效节约利用土地，增加沿线地区人口容量，为公共交通培育客流，促进公交优先。

4. 完善提升生态系统

城市总体规划应从保障生态空间适宜总量和优化生态空间布局两个方面合理构建生态系统，维护及改善城市的生态环境，促进自然、经济、社会的协调。

（1）保障生态空间

城乡生态空间总量越大，生态服务功能就越高。生态空间的合理总量主要依据城乡规划相关标准中对绿地的要求、国家相关建设标准中对绿地的要求、生态空间单位面积的生态效益发挥等几种标准统筹进行确定。在低碳生态发展的理念下，可以考虑以城乡二氧化碳排放总量和单位生态空间固碳释氧量为基本依据，兼顾其他相关要素，确定所需生态空间总量。

（2）优化生态空间布局

生态布局指生态系统的空间格局，由生态系统中某些关键地段（如具有较高物种多样性的生境类型、对人为干扰敏感而对景观稳定性影响大的单元、对历史文化保护具有重要价值的地段等）和生态廊道组成，对维护或控制区域生态过程有着重要意义。

《拉萨市城市总体规划（2009—2020）》结合拉萨市中心城区自然地理条件，构建"青山拥南北，碧水贯东西，绿脉系名城，林卡缀家园"的城市绿地系统结构，通过城市绿地系统的建设，增强城市的碳汇能力。结合旧城区改造因地制宜增补街头绿地，新建地区按300米服务半径布置形式多样的街头绿地。集中布局的工业用地与生活用地之间、公路和铁路两侧、市政公用设施周边、高压走廊沿线等设置一定宽度的防护绿带。

5. 深化落实节能减排

城市总体规划中的低碳能源规划应以二氧化碳减排为主要目标，以优化能源结构和提高能源效率为主要途径。其中，碳排放应综合国家减排要求以及城市自身的发展特点来确定，由能源效率和能源结构的计算进行修正。

优化能源结构包括限用高排放能源和促进利用新能源，有常规能源供应和新能源供应两个方面。在常规能源方面，需要对电力、天然气、煤炭、成品油的比例、效率进行控制和引导；新能源主要包括对太阳能、地热能、风能及其他能源的积极探索和利用。

提高能源利用效率直接体现在单位GDP能耗的减少，其实现方式是通过城市能源需求的管理，主要包括产业节能、建筑节能和交通节能等方面。产业节能主要体现在节能技术改造、工业结构优化和产业结构升级等方面；建筑节能主要体现在建筑节能标准提高和绿色建筑发展上；交通节能则主要体现在交通方式结构优化、出行引导、模式选择和完善车辆燃料使用等方面。

城乡规划对于能源利用的调控内容和重点途径主要体现在以下几个方面，具体如表3-8-1所示。

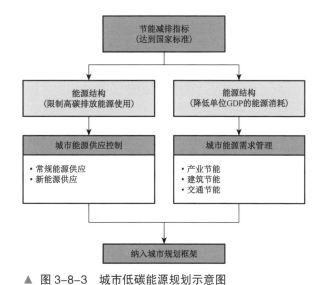

▲ 图 3-8-3 城市低碳能源规划示意图

表 3-8-1 低碳能源利用在城乡规划中的内容框架

调控内容	重点途径
能源需求与供应规划	基于节能的能源需求预测
	强调新能源的能源供应系统
能源设施的规划与控制	能源设施的布局
	控制指标和图则
能源效益计算	能源节约
	新能源利用
	减少碳排放量

第四章

4 关键性技术的创新与应用

一、城乡空间组织的技术方法

（一）基于全域统筹的片区规划方法

片区的提出是对传统的城镇体系中"三结构"的创新，从地域空间的组织出发，由点到面，对片区内各种用地配置、基础设施建设和产业发展提出统一规划指导，以组合形成片区整体发展的优势，并进而全面提升市域发展的水平。片区实现了从市域层面"大"范围到片区"小"层次的管理，突破了行政区划的限制来进行整合。通过片区进行整合，由简单的地域分区转向协调保护与发展关系的政策分区，根据不同片区所承担的主导功能，制定从资源调控、交通组织、产业发展到目标考核等方面的相关政策，以利于市域统一管理，实现城乡统筹发展。

1. 片区划分的要素分析

（1）行政边界要素。各城镇发展还都局限于自身行政范围内，片区划分时原则上可以按照行政单元进行划分，一个片区可以包括一个或若干个较为完整的行政单元。在规划管理和实施中，地方政府可以按照相应片区规划内容对行政管辖范围内的建设行为进行统一管理。

（2）自然地理要素。河流、湖泊、山体等自然地理要素往往是城市用地拓展的空间门槛。跨河、越山发展往往会给城市建设带来较大的空间成本，因而一些城市往往会在河流、山体一侧集中式发展。片区划分时也应考虑这些自然地理要素对城镇发展的空间限制，以此作为片区划分的界线。

（3）生态保护要素。对于一些处于生态敏感地区的城镇，由于特殊的生态环境要求，应当从片区角度对该地区进行整体

的规划协调和生态保护。片区划分时也应考虑生态环境的影响因素。吴江城市总体规划的市域空间片区划分，对于环太湖发展的城镇七都和横扇，从生态保护角度出发，将其共同纳入环太湖旅游生态片区。

（4）城镇联系的紧密度。城镇联系的紧密度是城镇发展片区划分的重要依据。处于快速发展阶段的城镇空间不断外拓，相邻城镇在产业导向、空间格局上呈现多核增长的态势，部分地理位置相邻的城镇甚至现状建成区连片发展。为加强经济联系，缓解空间矛盾，应当划入统一的发展片区，进行城镇发展协调和空间整合。

以昆山为例，中心城区周边的周市、张浦、千灯、陆家、花桥各镇空间增长迅速，且均朝着中心城区方向推进，环中心城区已经连绵成片。从市域生态空间格局来看，北部的阳澄湖临岸地区和南部水乡地区对构筑区域生态防护网络、保障区域生态安全具有重大意义；南部的环淀山湖水乡古镇群同时蕴含丰富的历史人文资源，既构成昆山生态基底，也是昆山自然魅力与传统韵味的集中体现。目前昆山可用的土地资源已经非常有限，应将有限的土地资源优先向中心城区集中，实施强中心策略，以中心城区作为昆山未来发展的主要空间载体。因此城市总体规划中提出将市域空间整体上划分为三个片区，即中部中心城市集聚发展片区、西北部阳澄湖休闲度假片区和南部水乡古镇旅游片区。

2. 基于空间分区的政策导向

片区空间组织模式的实施依赖于有效的空间管理政策。以往针对市域空间编制的规划由于实施主体的缺位、重城轻乡的管理模式以及缺乏相关的实施政策，导致规划实施效果不佳。吴江城市总体规划提出乡镇联盟、规划垂直管理、区域增长联

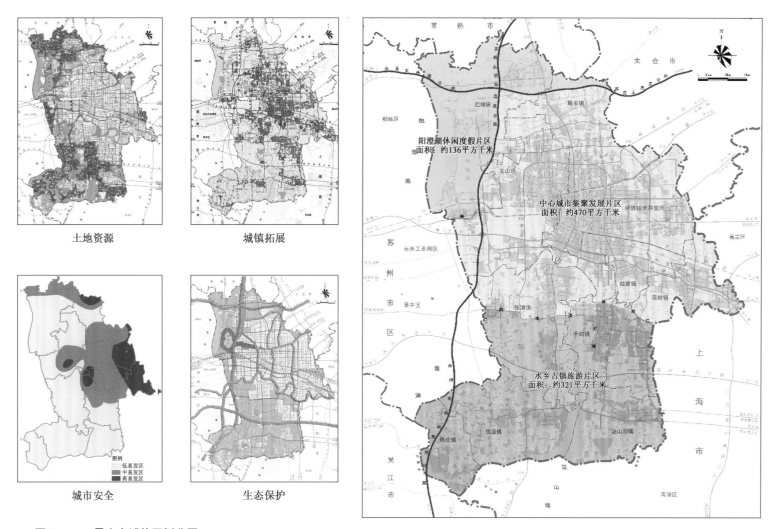

土地资源

城镇拓展

城市安全

生态保护

图例
低易发区
中易发区
高易发区

▲ 图 4-1-1　昆山市域片区划分图

盟等市域空间实施机制探索。乡镇联盟,推行区镇合一,临沪地区的黎里和芦墟两镇联合成立临沪经济区,2006 年两镇合并成立汾湖镇,与汾湖经济开发区区镇合一。区镇合一的模式不局限于以经济发展为目的,以生态保护为主导的生态保护区也可实施区镇合一模式。规划垂直管理,撤销乡镇的规划建设管理职能,由县(市)规划建设管理部门派出片区规划建设分局,实施垂直管理,将规划范围和管理权限统一。区域增长联盟,参照江阴经济开发区靖江园区,逐步与外部县市合作,形成跨区域增长联盟。

昆山城市总体规划提出,针对不同片区采取分区项目政策、分区财政政策、分区考核政策、分区区划政策。分区项目政策,各片区实行不同产业准入、准出门槛。分区财政政策,以通过重点发展区转移支付等手段,弥补限制发展区的财政问题,也可以建立政府扶持基金、开发项目基金、社会筹措基金制度来解决不同地区间财政能力不均衡的问题。分区考核政策,以集中城市建设和高度产业发展为主的区域,应仍以经济水平的贡献作为主要的评判标准,并适当补充环境保护、资源集约、绿化建设等考核指标。而南部生态敏感区域和北部古镇旅游区可适当弱化经济贡献水平，代之以对全市的环境贡献值等指标。分区区划政策，实现片区划分与行政区划有效衔接，条件成熟的时候可适时进行行政区划的调整、合并，进一步优化开发主体。

（二）基于分类引导的乡村空间重构方法

1. 分类导向下村庄布点优化

村庄布点，通过空间集聚，尤其是将分散的乡村工业集中建设，促进土地集约利用，是挖掘存量土地的有效途径之一。但过度的大撤大并，忽视了农业生产的特征，耗费了较高的搬迁成本，也破坏了乡土文化和村庄特色。江苏水网密集与低山丘陵地区，需要重点考虑对古村落保护和各类特色村庄的进一步挖掘和保护利用。在严格保护其历史文化、自然肌理、滨水空间特色，尊重和保护传统民俗的基础上，完善基础设施和公共服务设施，改善居民生活环境，特色村庄规模一般控制在800～1 500人左右（耕作半径500～800米）。城镇密集地区，已被划入城镇建设用地范围内的村庄，强化村庄集聚，引导农民接受新的生活方式和现代生产方式，通过户籍制度、土地制度和社会保障体系的创新，使这部分村庄的村民真正转变成为城市居民。未纳入城镇建设用地范围内的近郊型村庄，以整治更新、逐步撤并为主，选择现状条件较好的村庄作为保留村庄。适当扩大农村劳作半径（1 200～1 500米），村庄集聚规模一般控制在2 000～3 000人左右。沿江沿湖地区根据合理劳作半径（圩区900～1 200米，湖荡地区500～800米）、区域公交线路组织进行村庄空间布局，选择规模大、区位好、交通便捷的村庄作为保留村庄，进行综合整治，集中、集约、集聚发展，完善基础设施和公共服务设施，改善居民生活环境，建

设新型农村社区。在尊重原有乡村自然风貌的基础上适度集聚扩大规模，一般控制在1 500～2 500人左右。

2. 村庄特征分类及建设方向选择

（1）特色发展型

这是指具有明显历史文化、自然环境、民居、生活方式等特色的村庄。此类村庄应结合资源特征，在绿色产业发展、文化特色彰显、生态环境保护等方面予以引导，如作为休闲旅游地和居住基地，或成为城市农副产品基地、休闲教育基地和旅游节点等。

（2）基于设施的空间拓展型

这是指自身发展潜力（农业产业、公共设施等）突出，或规模较大、社会经济发展条件较好，或位于已有或规划的交通节点周边，通过市域公共交通网络与中心城区或城镇紧密联系的村庄。此类村庄通过进一步加强基础设施和公共设施的建设，不断发挥特色效应、规模效应，形成自身的公共中心，空间范围适度扩张，形成相对独立却又完善的新型乡村社区，并成为城市地区与乡村地区联系的重要节点。

（3）基于产业的发展型

这是指具有现代特色农业开发、乡村休闲服务业发展潜力的村庄。应根据生态保护和规模农业发展的要求，优化建设发展方式，形成小规模的乡村聚居点，对周边乡村地区产业发展进行支撑。

（4）萎缩消亡型

大体分为两类：一类位于边远地区（远离城镇和交通），自身缺乏特色，外在发展动力不足的村庄；一类位于生态保育区，自身发展潜力相对较弱的村庄。人口主动或者在引导下逐步向外迁移，最终空间不断缩小，趋向消亡。

（5）融入城市型

此类村庄大多位于城镇周边，接受城镇公共设施的辐射，空间上表现为与城镇一体化。

表 4-1-1　村庄特征分析与建设发展方式选择

现状村庄分类	空间区位		自身发展潜力		发展决定因素	规划建设方式
	与城镇距离	与交通节点距离	产业发展潜力	基础设施		
特色发展型	—	—	—	—	历史文化遗存或传统生活特色	特色村庄——保护改造
基于设施的空间拓展型	远	较近	较好	好	依托公共服务设施或公共交通节点	新型农村社区——保留拓展
基于产业的发展型	较远	—	好	—	依托新型乡村产业	一般保留村庄——保留优化
萎缩消亡型	远	远	差	一般或差	发展潜力弱	逐步撤并
融入城镇型	近	—	—	—	位于城市周边	整体转换

3. 乡村公共服务设施配置及建设引导

公共服务的配置不能仅仅考虑基于城镇范围的完善需求及标准配置，还要统筹考虑周边乡村村民享受公共服务的权利。

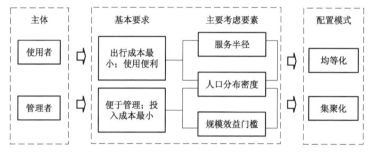

▲ 图 4-1-2　乡村基本公共服务设施配置路径

（1）教育、文体、医疗

完善农村基础教育体系，逐步扩展基本教育的内涵，把针对农民的技术、职业培训（继续教育）作为重要的内容。加快城镇、特色村相应的社区图书馆、文化站、健身场所等文体设施的建设和改造。在城镇设置辐射乡村的服务节点，提供教育、培训、医疗、文化等服务。

表 4-1-2　乡村基本生存与发展保障服务设施配建要求一览表

种类	说明	特色村和一般村庄配置	新型农村社区配置	城镇配置
幼儿园	满足服务半径需求合理布局，在公交支撑条件下可以以村庄为辐射中心	●	●	●
小学	提高小学教育质量，以城镇为辐射中心	—	○	●

续 表

种类	说明	特色村和一般村庄配置	新型农村社区配置	城镇配置
中学	提高中学教育质量，2030 年九年义务教育发展为十二年义务教育	—	—	●
农民继续教育站	提供农民技术、就业培训	—	○	●
社区文体活动设施	对于村、城镇提供不同层次的高质量设施和服务	●	●	●
基本医疗设施覆盖	2030 年达到居民出行 15 分钟时距	●	●	●
基本医疗保障	2030 年实现从农村合作医疗向城乡一体化医疗保障转化	100%	100%	100%
基本养老保障	2030 年实现从农村养老保障向城乡一体化医疗保障转化	100%	100%	100%
基本失业保障	重点包括基本失地、失业保障，实现城乡一体的失业保障体系	100%	100%	100%

●表示必须配置，○表示有条件配置。

除基本生存与发展保障设施及服务，规划各类农村居民点应根据特色类型、规模大小等因素分别建设满足村民日常生活需要的公共服务设施。

表 4-1-3　村级日常公共服务设施配置引导一览表

类别	项目（建筑面积 m²）	特色村	一般村庄	新型农村社区
教育	幼儿园、托儿所	●	●	●
医疗	计生站（≥ 20）	○	○	●
医疗	卫生室（≥ 80）	●	●	●
文化体育	综合文化活动室、图书室、老年之家（≥ 100）	●	●	●
文化体育	健身室（≥ 80）	○	○	●
管理	村委会、警务室（≥ 40）	○	○	●
商业	便利店（≥ 20）	●	●	●

●表示必须配置，○表示有条件配置。

（2）乡村生产性设施及服务配置指引

依据聚落体系，设置不同的生产性服务设施。可由市场引导，依托城镇、大型农业园区建立农产品加工、配送基地。其中，依托大型农业园区设置时，应满足基本农田、设施农业、农业园区等相关政策对加工配送用地的管理规定。

表 4-1-4　乡村生产性服务设施配建要求一览表

种类	服务类型	特色村和一般村庄配置	新型农村社区配置	城镇配置
农资站、种子公司	提供农业生产资源	○	○	●
农技站	提供农业技术服务指导	—	○	●

续 表

种类	服务类型	特色村和一般村庄配置	新型农村社区配置	城镇配置
农机站	提供农业机械	○	●	●
农业信息服务中心	提供农业生产信息服务	—	○	●
农业金融服务网点	提供农村信贷、金融服务	—	—	●
农产品加工、市场、配送用地	提供农业产业化、延长产业链的经营支撑	—	○	○

●表示必须配置，○表示有条件配置。

（3）乡村道路与公交系统

① 积极应对聚落体系调整。乡村道路规划必须紧密结合聚落体系结构调整要求，并适应过渡时期的乡村发展，坚持道路基础设施适度超前、有序引导的发展策略，有效促进市域内乡村居民点聚集，满足城乡统筹发展需求。

② 满足主要基础设施布局要求。聚落体系调整必然带来主要基础设施的重新分布及建设，基础设施的调整需要道路的配套与支持，因此乡村道路的规划建设必须结合基础设施的布局。

③ 优化城乡道路整体服务水平。依据新的规划村庄聚落体系，道路通村率达到100%，主要居委会、村委会通等级公路；各镇、街道内部通勤出行时间控制在20分钟以内；耕作半径出行时间不超过15分钟。

二、空间分析的技术方法

（一）存量用地潜力分析方法

1. 分析思路

快速城镇化下，发达地区的城市建设用地高速扩张，许多城市出现了土地利用效率低下的问题，一方面导致建设用地不断挤占耕地，另一方面却是大量建设用地低效利用甚至闲置浪费。对城市土地利用进行科学的使用效率与潜力的分析研究具有重要的现实意义。

土地潜力和利用效率研究方法：①借助于遥感影像解译，基于GIS系统辅助，分析市（县）域土地利用变化特征及趋势；②揭示土地利用效率变化的影响因素及其作用机制；③对现状土地利用效率进行评价，预测未来工业用地、居住用地等不同类型土地利用效率；④明确土地利用潜力及其空间分布；⑤提出促进土地集约利用的对策措施。

2. 建设用地效率要素相关性分析

分析经济水平与建设用地产出效率关系，建设用地产出效率与二三产业比重关系，行业结构对工业用地效率的贡献，城镇化水平与城（镇）区建设用地效率关系，工业用地集中度与建设用地效率等内容。

根据1984年以来吴江主要年份的单位城镇建设用地面积GDP、单位城镇建设用地面积二三产业产值、工业用地产出率等建设用地效率指标与GDP、人均GDP等经济发展水平指标的时间序列数据，计算各项建设用地效率指标与经济发展水平指标的相关系数矩阵，可以发现，经济发展水平越高，建设用地经济产出效率就越高。

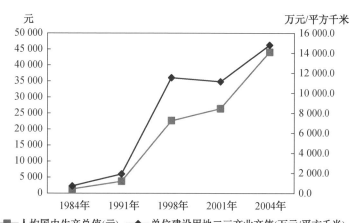

▲ 图 4-2-1　1984—2004 年吴江市单位城镇建设用地二三产业产值与人均 GDP 的关系

对单位建设用地地区生产总值、单位建设用地二三产业产值等建设用地产出效率指标与二三次产业产值比重的相关关系进行线性拟合分析，对数曲线能更好地解释二三产业产值比重与建设用地产出效率的相互作用关系。随着二三产业产值比重的增长，建设用地产出效率不断提高，但其提高的速度逐渐减缓，而第三产业产值比重增长对建设用地效率增长的影响呈明显增大的趋势。

用单位城镇建设用地面积人口数来衡量城（镇）区建设用地效率。根据城镇化水平与城（镇）区建设用地效率的相关性分析，二者相关系数达到 0.913 4，呈现明显的正相关关系，说明随着城镇化水平的提高，可以促进城（镇）区建设用地效率的提高，提高城镇化水平是提高城（镇）区建设用地效率的有效手段之一。

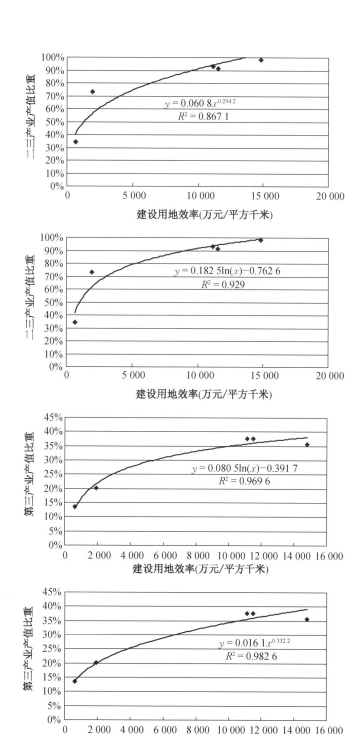

▲ 图 4-2-2　建设用地效率与产业结构的相关关系

3. 建设用地效率系统模拟与预测

建设用地效率及其影响因素之间的关系是一个复杂的系统，实质上是自然—社会—经济开放系统的直接反映，因此可以采用系统动力学模型来分析。包括人口模块、经济模块、土地利用模块三大部分，120 多个变量，200 多个 DYNAMO 方程，在整个土地利用效率和潜力模拟中存在 10 条反馈回路。

根据城市经济社会发展和建设用地扩展过程以及经济社会未来发展的情景，首先适当地选择和确定表函数、参数和初始值。在模型中各项用地、各项投资的比例、产业结构、行业结构、人口规模等是随时间变化的，同时也与政策因素的变化有关，可将它们设计成表函数，便于通过人机对话对其数值进行调整，进而得出多种规划方案，以便分析和优选。根据吴江市未来经济社会发展三种情景的系统模拟，分别获得高集约度、中集约度和低集约度三种建设用地潜力模拟方案。

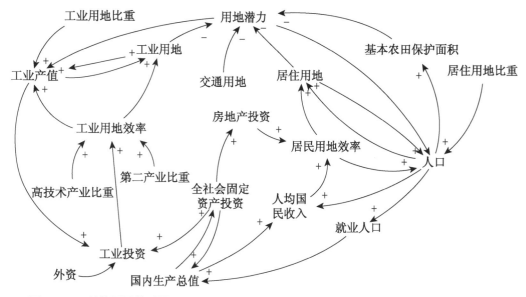

▲ 图 4-2-3　总体因果关系图

表 4-2-1　土地利用效率模拟结果

项目	高集约度方案		中集约度方案		低集约度方案	
	2010 年	2020 年	2010 年	2020 年	2010 年	2020 年
工业用地效率（亿元 / 平方千米）	10.6	18.2	6.7	10.3	4.1	6.5
城镇人均居住用地面积（平方米 / 人）	35	30	38	33	40	35

4. 用地潜力计算

根据经济社会发展趋势，可以预测未来工业用地和城镇居住用地效率的变化，据此可以估算工业用地和城镇居住用地集约利用潜力。

工业用地集约利用潜力的计算公式为：

$$S_{\Delta}^m = S_0^m - V_0^m / E_1^m。$$

公式中：S_{Δ}^m 为规划期内工业用地集约利用潜力，S_0^m 为现状工业用地面积，V_0^m 为现状工业增加值，E_1^m 为规划期末工业用地效率。

城镇居住用地集约利用潜力的计算公式为：

$$S_{\Delta}^p = S_0^p - V_0^p E_1^p。$$

公式中：S_{Δ}^p 为规划期内城镇居住用地集约利用潜力，S_0^p 为现状城镇居住用地面积，V_0^p 为现状城镇人口数量，E_1^p 为规划期末城镇人均居住用地面积。

进城农民宅基地复垦所形成的集约利用潜力用公式表达为：

$$S_{\Delta}^n = L \times (P_0 - P_1) \times E_0^n。$$

公式中：S_{Δ}^n 表示进城农民宅基地复垦所形成的集约利用潜力，L 表示进城农民宅基地复垦的比例系数，P_0 表示现状农村人口，P_1 表示规划期末农村人口，E_0^n 表示现状农村人均用地面积。

农村居民点整理所形成的集约利用潜力用公式表达为：

$$S_{\Delta}^o = \sum_{i=2006}^{2020} E_i / F_{ave}$$

公式中：S_{Δ}^o 表示农村居民点整理所形成的集约利用潜力，E_i 表示第 i 年用于农村居民点整理的财政支出，F_{ave} 表示规划期内每亩农村居民点用地的整理费用。

吴江城市建设用地集约利用潜力综合计算如下：

表 4-2-2　2010 年和 2020 年吴江市建设用地集约利用潜力综合计算

单位：平方千米

	2006—2010 年	2006—2020 年
工业用地集约利用潜力	52.0	64.4
城镇居住用地集约利用潜力	6.6	10.3
农村居民点的集约利用潜力	3.5	13.1
合　计	62.1	87.8

（二）基于 GIS 的城市空间拓展分析方法

1. 空间拓展强度分析

根据多期土地利用遥感影像解译数据，采用 GIS 空间分析技术，分析建设用地时空演进特征。采用 ArcGIS 中的 hot spot 分析手段（即 Getis—Ord Gi* 方法），计算出研究区内各个网格单元的扩展热点指数（Zi*），并依据其值的大小，将扩展冷热度划分成 6 个等级。局域扩展热点指数较高的地区代表建设用地扩展的热点区，而局域扩展热点指数较低的地区代表建设用地扩展的冷点区。

以太仓为例，2001—2008 年间来建设用地扩展热度指数为正值的区域主要分布在城区和港区周边。其中，城区是最大的扩展热点，其扩展热度指数（Zi*）大于 9.46；次热点是港区，其扩展热度指数（Zi*）大于 4.50。

对比 1989 年以来两个大时期的建设用地扩展冷热度分析图，发现 1989—2001 年间扩展热点指数为正值的璜泾和浏河在 2001—2008 年间变成了扩展冷点，城区北部的扩展热度指数明显增大，显示出较强的扩展趋势。扩展格局变化的原因在于前一时期区域处在经济发展的初级阶段，空间上以散点增长为主；而后一时期，太仓城区和港区的优势得到发挥，逐渐成长为两个增长极，其建设用地扩展也自然快于其他地区。

2. 建设用地拓展规模预测

根据社会经济发展与建设用地扩张之间的关系，构建能够模拟出土地利用演化过程的数学模型。在此基础上，结合城市未来经济社会发展趋势，预测在未来一定时期内的建设用地扩展规模与功能需求。

系统动力学模型（即 SD 模型）是一种以反馈控制理论为基础，以计算机仿真技术为手段，研究复杂社会经济系统的定量方法。建设用地总量增长 SD 模型主要包括人口、经济、土地、生态和粮食等模块，包含 100 多个变量，200 多个 DYNAMO 方程。

在应用 SD 模型进行运算过程中，变量的参数和初始值的确定是一个必须要解决的难题。本模型中，大部分参数和初始值都是根据城市历史统计资料，结合研究区现状分析和必要的判断，反复调试而最终确定；对那些既与发展情景又与政策等因素相关的非线性变量采用表函数的方法解决；对某些因资料限制而缺乏数据的少量参数进行了简化处理。

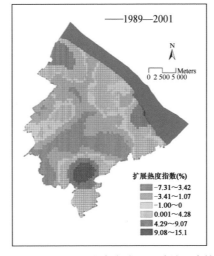
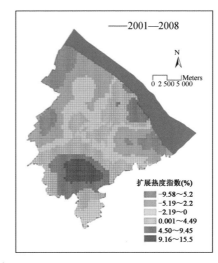

▲ 图 4-2-4 太仓市建设用地扩展冷热点分析图

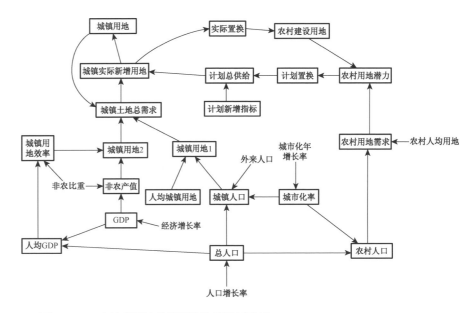

▲ 图 4-2-5 土地利用演化模型总体反馈回路图

以太仓为例，先预测 2007—2030 年的社会经济发展目标。根据目标，模拟相应的社会经济发展情景，进而对各可调变量赋予相应的预测值。在此基础上，运行土地利用演化模拟，获得有关各用地指标的模拟结果。

表 4-2-3　太仓市城镇用地扩展的模拟方案

指标	单位	现状2007	近期2015	中期2020	远期2030
城镇建设用地效率	亿元/平方千米	4.3	12.9	18	27.1
	平方米/人	184.5	131	123	115
城乡建设用地	平方千米	155	185	199	210
城镇建设用地	平方千米	101.3	120	135	150

3. 建设用地拓展模拟与情景分析

（1）城市未来模型

TUFM 模型以一种网格与自然地理、社会经济等因素交叉分割的空间单元（即 DLU）作为基本分析单元。模型由以下四个子模型组成：土地需求子模型、GIS 空间数据库、空间分配子模型、附加/合并子模型。

（2）空间数据库

空间数据库包括的基本图层具体如下：农田保护区、生态敏感、地质灾害易发区、洪水灾害易发区、生活用地适宜性、工业用地适宜性、辅助网格等。上述图层相互叠加后，生成的多边形大小不一、面积悬殊，不便于空间分配和模拟。经去除、合并等方式，处理掉一部分面积很小的多边形后，剩下单个面积约 0.1 ~ 4 公顷之间的多边形，将其作为本模型

的 DLU。

（3）扩展情景模拟方法

城市空间扩展往往面临着很多种扩展战略导向，采用不同的扩展战略将会有不同的城镇土地扩展情景。扩展情景模拟就是根据一定的城市空间扩展战略，借助城市未来模型的支持，模拟该空间扩展战略下的未来土地使用情景。

（三）基于空间模型的村庄布点选址分析方法

1. 基于泰森多边形的耕作距离空间分析

村庄布局所要解决的问题之一是村庄定点与耕作区的划分，具有如下特征：①每个耕作区内仅有一个村庄；②要使得布局最优则必须耕作区内的任一点到相对应的村庄距离最近；③最优状态下位于某一村庄耕作区边界的点到相邻村庄的距离相等。引入泰森多边形模型分析村庄选址，根据合理耕作距离确定规划村庄的空间位置，随之用引力模型来进行村庄迁并分析。

江阴总规根据湖荡水网地区 900~1 200 米、其他地区 1 200 ~ 1 500 米的耕作半径要求，建立算法实现泰森多边形模型在村庄选址中的应用，并初步确定在理想状态下江阴保留乡村空间中耕作区的划分以及相应村庄点的空间位置，规划实践中需再根据其他影响因素如村庄现状特征、历史文化特色、公共服务设施的分布等对村庄布点进行微调。

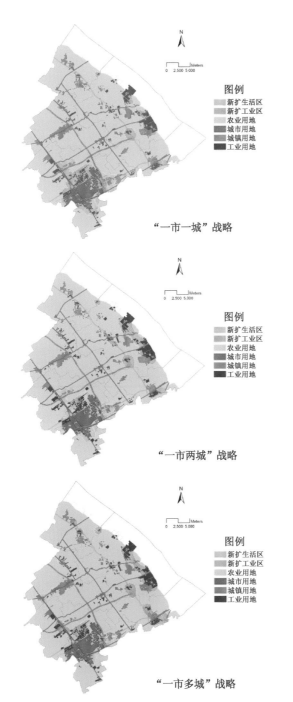

"一市一城"战略

"一市两城"战略

"一市多城"战略

▲ 图 4-2-6　不同战略下的太仓市域土地使用情景模拟图

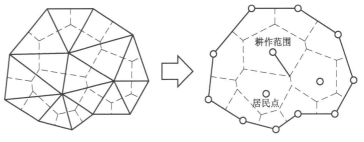

▲ 图 4-2-7　泰森多边形模型应用示意图

▲ 图 4-2-8　江阴市域理想耕作区划分图

2. 基于时空距离模型的交通和公共服务设施覆盖分析

通过城乡交通设施的布局优化，引导城乡公共服务设施在乡村空间的合理布局。利用时空距离模型计算各类公共服务在公共交通网络支撑下所覆盖的时空距离范围和可达性水平，并依此对村庄布点和公共服务设施布局进行合理调整，从而实现城乡公共服务水平的均等化。

对空间地物分等定级赋值，建立消耗度图（Cost Map）。该图表示通过空间上每点所需要的时间数量，即地貌景观对人的阻碍程度。按照不同的空间对象中（上）的速度不同，如

101

道路上比较快，没有道路的地方就相对较慢，对不同对象设定其 Cost 值：①道路，Cost 值设定为 0.6（车辆行驶速度 60 千米 / 小时）；②陆地，Cost 值设定为 7.2（步行速度 5 千米 / 小时）；③水域，由于水域主要起到阻隔作用，需要设定一个较大的值以示区别，故设定为 5 000。

建立不同等级路网体系的 Polyline 道路图，计算 Cost Weighted Distance 来表示图上的每一个点到交通线和服务设施的可达性程度。通过计算所得的权重距离图中的结果（数值）按照 10、8、6、4、2 进行重分类赋值（Reclassify），即打分，即可得到相应的指标分级图。

采用上面的 Cost Map，计算 Cost Weighted Distance，对研究区的服务设施因子分别建立栅格图（方法同上）。对每个因子的栅格图进行加权叠加，也就是在 ArcGIS 采用 Weighted Overlay 工具进行加权叠加，权重值参照前人经验，并考虑本地区特殊原因，最后综合平衡得出中学、小学、医院、其他服

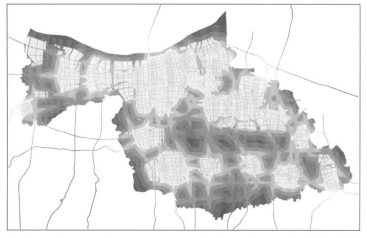

▲ 图 4-2-9　江阴市域乡村公共服务覆盖水平图

务设施的权重分别为 6%、6%、18%、70%。根据可达性程度的高低，可对原模型的理想化结果进行调整，将村庄选址尽量确定在可达性程度较高的地区。

（四）景观敏感性分析方法

1. 方法构建

随着 GIS 分析技术的发展，三维空间建模和景观视觉分析方面的应用研究也不断深入，从而使城市总体规划中大尺度的景观分析以及更为精确的建筑高度控制方案制定成为可能。应用 GIS 技术对大尺度海量空间数据高效、精确的处理能力，能够结合地形数据把建筑物、景观控制要素的高度、位置等数据输入现状地形三维数据库中，用三维数字高程模型修正背景条件"地形"高程变化对景观要素空间位置的影响，并在三维空间中进行视线分析以及精确计算相应的建筑控制高度。在三维空间模型中也可方便地实现在不同规划控制方案下未来建筑空间景观视觉效果的动态模拟。

依托城市中心城区现有地形图资料，以 ArcGIS 软件建立三维空间基础数据模型。通过虚拟现实技术，以视觉效果认定为标准，进行空间视线定量分析。计算得到不同控制要素在确保视觉效果的前提下需要控制的最大建筑高度，继而进行叠加，得出最终的中心城区建筑高度控制图。

2. 三维空间建模及建筑高度控制分析

（1）中心城区三维空间建模

基于 ArcGIS 软件平台，将地形矢量数据使用不规则三角网法（Triangulated Irregular Network）生成研究区数字高程模型（Digital Elevation Model）；然后，将道路、河流、用地、房屋等地物要素拟合到 DEM 模型表面，从而生成中心城

区的城市三维模型，以用于规划高度控制分区效果的三维可视化表达；将 TIN 数据 DEM 模型根据高程字段采用线性插值法（LINEAR）转换生成栅格空间数据（Raster），栅格分辨率为 2 米 ×2 米。

（2）建筑高度控制分析

在中心城区三维空间模型中确定各景观控制要素的空间位置与属性，根据各景观控制要素的视觉控制要求，进行视线分析，获得视觉控制面三维模型，并转换为栅格数据。使用 Spatial Analyst 的 Raster Calculator 模块将已生成的中心城区地形栅格数据与视觉控制面栅格数据进行空间叠置分析，比较计算栅格点属性值（即高程），结果存储在新生成的栅格空间数据库中，其属性值反映了该栅格点位置的地面与视觉控制面的相对高差，即该处的建筑高度上限。将不同景观控制要素的建筑高度控制分析数据按低限进行叠加，获得最终中心城区建筑高度控制分析结果。同时，在 ArcGlobe 环境中，可根据分析结果实现中心城区高度控制规划空间形态的三维可视化效果模拟。以拉萨为例，分析结果如图 4-2-12 所示。

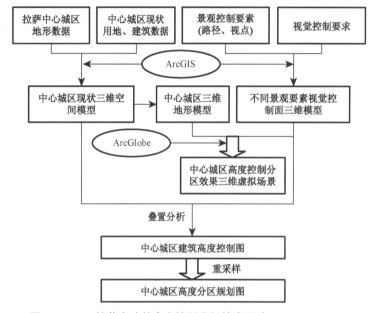

▲ 图 4-2-10　拉萨市建筑高度控制分析技术思路

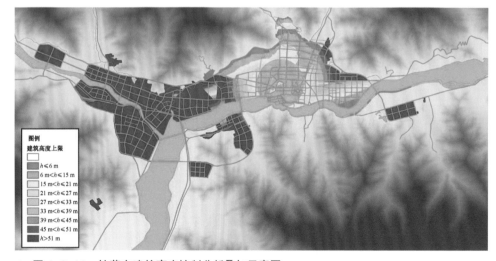

▲ 图 4-2-11　拉萨市建筑高度控制分析叠加示意图

布达拉宫

▲ 图 4-2-12　拉萨市建筑高度控制与引导空间效果模拟图

三、城市交通与土地利用一体化的技术方法

（一）交通与土地利用互动影响

1. 土地利用对交通的影响

（1）城市布局形态对出行结构的影响

带状或放射状形态的城市，其居住人口和就业岗位趋向于沿客流走廊分布，出行一般也集中于沿轴线方向，更适宜于公共交通的发展；饼状形态的城市，其交通需求一般较为分散，出行分布在空间上呈现随机性，更有利于私人机动车的发展。

（2）用地功能组织对出行距离影响显著

用地功能可分为单一功能和复合功能。单一功能组织会加长出行距离，易刺激私人机动交通需求的增长；混合组织模式则可以在一定的空间范围内提供多种城市功能，提供就近活动的机会，有利于减少出行距离和促进步行、自行车交通方式的使用，同时混合组织模式可有效分散交通的发生、吸引源，减轻双向交通空间分布的不均衡性。

（3）土地开发强度直接决定交通需求强度

土地低强度开发情况下，单位土地面积产生的交通需求小且分散，公共交通不容易组织，适合发展运量小、自由分散的私人交通模式；土地高强度开发的情况下，单位土地面积产生的交通需求大且集中，容易达到公共交通运营的客流门槛，也更有利于形成公交优先的发展环境。

2. 交通对土地利用的影响

（1）城市交通系统影响城市空间形态

慢行交通主导的城市规模较小，在用地布局上采取单中心圈层式模式，一般以团块状形态为主；小汽车交通主导的城市规模较大，一般采取依托高、快速路系统的城市多中心圈层式模式；公共交通主导的城市规模也较大，一般采取依托快速公共交通系统的轴线空间结构。

（2）城市交通可达性对土地价格有着重要影响

提高交通可达性使得在一定出行时间内所能达到的空间范围增加，从而提高该区位的吸引力和土地的价格。一般情况下，客运交通可达性最好的区位一般布局商务、商业等土地产出较高的用地类型，土地价格也最高。

（3）城市交通承载力对城市土地开发强度存在约束作用

城市交通系统的运输能力存在容量限制。土地开发对交通系统的运行状况产生影响，反过来，交通系统的运行状况对于土地开发强度也具有制约作用。当开发强度过高，交通需求超过交通承载能力时，交通服务水平也相应降低，从而影响该区位的吸引力。

（二）交通与土地利用一体化规划模型与方法

1. 投入产出模型

投入产出模型是经济学理论中的基本模型，这种投入产出关系可以移植到城市的生产活动中来以表达城市居住、就业、购物等一系列活动与用地消耗之间的关系。如一定数量的工业岗位需要一定量的人口资源作为就业供给保障，这些人口又同时消耗一定的居住用地并需要一定量的服务业就业岗位为其提供服务，而这些服务业的岗位又需要消耗相关性质的用地和一定量的人口资源作为就业供给保障，人口又需要消耗居住用地及服务业岗位。如此循环，工作、上学、购物等城市主要活动可以通过一系列的关系链接起来。

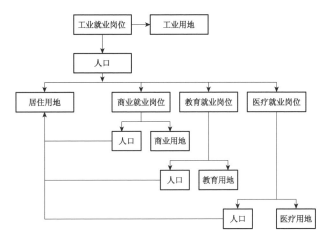

▲ 图 4-3-1 投入产出模型在城市活动中的移植示意图

TRANUS 模型在对人口、就业、用地之间关系的模拟上借鉴了空间经济学理论中的"投入产出理论"，交通则是其中影响城市活动关联性及其在空间分配上的重要因素。本书以 TRANUS 为基础平台探索城市总体规划中交通与土地利用一体化分析的技术方法。

2. TRANUS 模型原理

TRANUS 模型结构可以分为土地利用模型、交通模型两部分，模型的基本原理可以用市场经济行为解释。在用地模型中，上班、上学、购物等活动对用地空间存在一定的需求，这些空间需求由房地产市场来满足，各类活动对用地空间存在竞争关系，导致用地价格上存在一定的变动。当对用地的需求大于供应时，用地价格会上扬以抑制需求，反之用地价格则会下跌，最终当价格达到稳定状态时，各类需求在量和空间分布上均满足要求。而在交通模型中，出行需求代表需求方，各类交通设施与政策代表供应方，需求与供应之间平衡的支点为出行时间和出行费用，即广义出行成本。如当某一条道路的交通量接近其通行能力时，将会出现交通拥堵，出行时间将增加，因此部分出行者将会选择其他出行路径或者改变出行方式。在广义出行成本的调节下，各类交通需求与各类交通设施供应之间最终达到平衡状态。

交通模型和用地模型之间存在着双向影响关系。用地系统中各类城市活动产生交通需求，而交通系统中的供需关系达到平衡后会改变空间各点之间交通可达性，可达性的改变又对各类活动的用地需求量、空间分布产生影响，进而打破用地系统中各类活动对空间的需求与用地供应之间的平衡，最终使得用地供应在各类活动对空间的需求中进行重新分配。模型中存在三重动态关系，即用地系统中各类活动对用地空间的需求与用地供应之间的动态平衡关系，交通系统中交通需求与交通供应

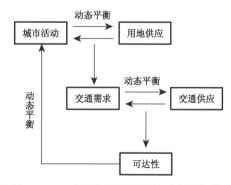

▲ 图4-3-2　交通与用地之间的动态平衡关系图

之间的动态平衡关系，以及交通系统通过交通可达性对城市活动分布的动态反馈作用。

（三）案例研究

以《江阴市城市总体规划（2011—2030）》为例，通过采用交通与用地一体化规划分析模型，对江阴市的两种发展情景进行对比分析。一种是在基于现有的公路引导发展模式，仍然以高速公路道口和主要交通干线为依托的蔓延式发展；另一种是采用集约化发展模式，主要通过轨道交通来引导城乡空间的集聚。通过建立模型进行动态化的研究来对比蔓延、集聚两种发展模式下的城乡空间发展态势。

情景一：蔓延式发展。延续现有的发展态势，用地以镇为核心的蔓延发展，除基本农田等生态保护需要外，对其他地区的用地供应不作限制。

情景二：集约式发展（TOD模式）。对部分区域进行限制用地开发，部分区域鼓励开发，提高发展的集聚程度。鼓励围绕轨道交通枢纽进行用地开发，并结合中心区外围轨道交通站点设置停车换乘设施，以鼓励采用轨道交通方式出行。

模型建立

（1）用地模型

结合城市总体规划中用地类型的分类要求，并考虑江阴市现状数据的完善程度，设置14个部门，分别为工业就业岗位、行政办公就业岗位、商业就业岗位、文体娱乐就业岗位、医疗卫生就业岗位、教育就业岗位、人口、工业用地、行政办公用地、商业用地、文体娱乐用地、医疗卫生用地、教育用地以及居住用地，部门定义见表4-3-1。

表 4-3-1　土地利用部门定义一览表

代码	名　　称		类型
1	Indus EMP	工业就业岗位	外生变量
2	Govern EMP	行政办公就业岗位	外生变量
3	Retail EMP	商业就业岗位	内生变量
4	Enter EMP	文体娱乐就业岗位	内生变量
5	Health EMP	医疗卫生就业岗位	内生变量
6	Edu EMP	教育就业岗位	内生变量
7	Pop	人口	内生变量
8	Indus Land	工业用地	内生变量
9	Govern Land	行政办公用地	内生变量
10	Retail Land	商业用地	内生变量
11	Enter Land	文体娱乐用地	内生变量
12	Health Land	医疗卫生用地	内生变量
13	Edu Land	教育用地	内生变量
14	Resi Land	居住用地	内生变量

在上述部门的定义中，工业就业岗位和行政办公就业岗位为外生变量，是整个模型启动的开始，其他的部门均为内生变量。在各部门之间的关系中，工业就业岗位、行政办公就业岗位为外生变量，分别需要一定的人口数量和相应的用地，而人口需要一定的居住面积和商业就业岗位、文体娱乐就业岗位、医疗卫生就业岗位、教育就业岗位为之服务，这些就业岗位又进一步诱生人口及相应的用地，人口再进一步诱生就业岗位和居住用地，

从而进入图 4-3-3 中 A 箭头的循环，直至收敛为止。

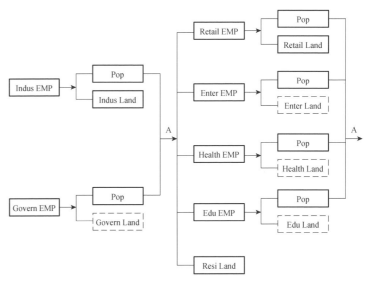

▲ 图 4-3-3　土地利用各部门之间的关系图

在本案例中，考虑到行政办公用地位置及占地大小往往是刚性的，因此不建立行政办公就业岗位与行政办公用地之间的弹性函数关系。同样，医疗卫生、教育、文体设施属于城市生活的配套用地，其选址和规模也不受市场支配，这类用地与相应的就业岗位之间也不建立弹性函数关系。对于其他部门之间的弹性函数关系，可通过回归统计分析，得到各弹性函数的值。基础年用地消耗有关的弹性函数表达式如下所示：

工业就业岗位—工业用地：

$$a_i=100+(200-100)\cdot\exp(-0.040\,5\times U_i)$$

商业就业岗位—商业用地：

$$a_i=10+(40-10)\cdot\exp(-0.002\,03\times U_i)$$

人口—居住用地：

$$a_i = 20 + (70 - 20) \cdot \exp(-0.005\ 07 \times U_i)$$

（2）交通模型

研究结合城市道路等级分类以及建模分析深度的要求，设置了如表4-3-2所示的11种路段类型。

表4-3-2　路段类型定义一览表

序号	路段类型	可行使用交通方式
1	快速路	步行、自行车、常规公交、小汽车
2	主干路	步行、自行车、常规公交、小汽车
3	次干路	步行、自行车、常规公交、小汽车
4	支路	步行、自行车、常规公交、小汽车
5	小区连接线	步行、自行车、常规公交、小汽车
6	停车换乘路段	步行、自行车、常规公交、小汽车、P&R
7	轨道线路路段	轨道交通
8	快速公交路段	快速公交
9	公交专用道	常规公交
10	出入站连接线	步行
11	小汽车收费路段	步行、自行车、常规公交、小汽车

在情景二中，考虑在两类区域设置停车换乘设施。一是结合城市轨道交通在中心城区外围各镇的站点进行设置；二是考虑老城区由于缺少停车位，路内停车已经严重影响了城市的慢行环境，拟在老城区提高停车收费价格，并相应在老城区外围设置停车换乘设施。为了在交通网络中表达停车换乘设施，采用辅助线形成一个"三角形"网络，如图4-3-4所示。

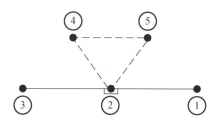

▲ **图4-3-4　停车换乘设施概念图**

在上图中，原来交通网络的节点为①、②、③，其中节点②为轨道交通站点，在进行P&R定义时，增设两个节点、三个路段构成的"三角形"作为停车换乘类型"路段"的表达。在路径选择过程中，如有使用上述"三角形"则视为使用停车换乘设施。同时由于单一方式使用"三角形"在逻辑上是不合理的，因此凡是使用该"三角形"的一定是实现了两种交通方式的转换。如单纯的小汽车出行方式从①到③的路径一定是"①—②—③"，而不是"①—②—⑤—④—②—③"，因为后者需要花费一定的额外时间和费用，但却无法从中获取任何其他效益。因此，通过"三角形"方式来表达停车换乘设施是合理的。但是要发挥停车换乘设施的作用，还需要对各种方式之间的换乘进行限制。例如小汽车方式无法直接与轨道交通方式进行转换，而小汽车方式与停车换乘方式、停车换乘方式与轨道交通方式则可以进行直接转换，这样小汽车方式与轨道交通方式之间就必须利用停车换乘设施。本案例中对于步行、自行车、常规公交、小汽车、快速公交、轨道交通以及停车换乘七种交通方式的相互转换矩阵定义如表4-3-3所示。

表 4-3-3　各种方式之间的转换关系一览表 续　表

	步行	自行车	常规公交	小汽车	轨道交通	快速公交	停车换乘
步行	ZERO	INF	FARE	INF	FARE	FARE	ZERO
自行车	INF	ZERO	INF	INF	FARE	FARE	ZERO
常规公交	ZERO	INF	FARE	INF	FARE	FARE	ZERO
小汽车	ZERO	INF	INF	ZERO	INF	INF	FARE
轨道交通	ZERO	ZERO	FARE	INF	FARE	FARE	ZERO

	步行	自行车	常规公交	小汽车	轨道交通	快速公交	停车换乘
快速公交	ZERO	ZERO	FARE	INF	FARE	FARE	ZERO
停车换乘	ZERO	ZERO	FARE	ZERO	FARE	FARE	ZERO

其中，"INF"表示两种方式之间没有换乘关系；"ZERO"为两种方式之间是零费用转换关系；"FARE"为两种方式之间是付费转换关系，如步行转换轨道交通需要支付轨道交通票价费。

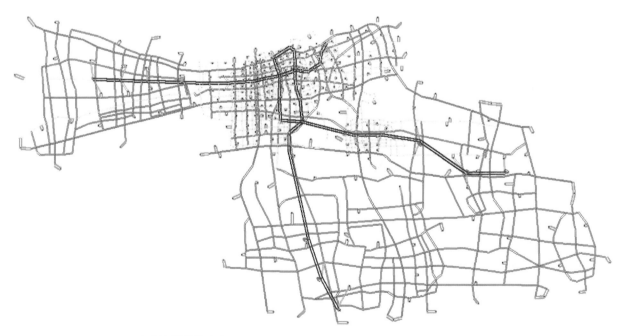

▲ 图 4-3-5　TRANUS 中交通网络的定义

通过以上对用地模型及交通模型的定义，本案例中各类活动之间的空间作用产生两类交通流：通勤流、其他流。各部门、各类交通设施、各种交通方式以及两类交通流量之间的相互关系如图4-3-6所示。

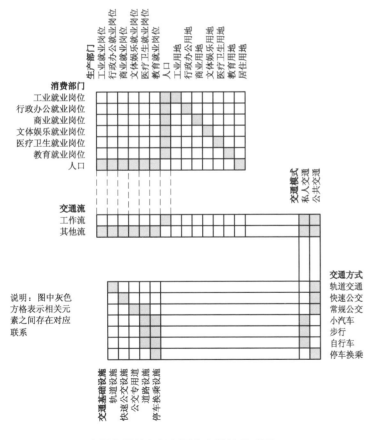

说明：图中灰色方格表示相关元素之间存在对应联系

▲ 图4-3-6 交通与用地部门各要素之间的关系图

（3）参数校核

模型的各项参数初始值输入之后，需要针对基础年模型进行运行调试，以确定对模型使用各项参数所输出的基础年交通和用地相关的数据与现状观测值之间的误差在容许范围之内。在用地模型中收敛的指标为价格和产量，在交通模型中收敛的指标为路段流量及路段速度。由于用地模型与交通模型是交叉影响的，因此模型也需要反复的校验，需要先进行一次路径搜索并进行一次初始分配，得到交通运行的可达性等相关参数，这些参数作为输出条件进入用地模型，用地模型经过反复调试收敛后进入交通模型的调试，交通模型调试收敛后得到的交通可达性等参数是不同于初始分配结果的，因此当交通可达性参数再一次反馈给用地模型时，原已收敛的用地模型可能表现为不收敛，这时候需要再次对用地模型进行调试，直到收敛后再次进入交通模型。如此在用地模型与交通模型之间反复若干次，直到两个模型同时满足收敛标准。

▲ 图4-3-7 基础年模型调试流程图

通过以上的调试运作，即使在模型收敛的情况下，模型对现状的复制能力也未必能得到保证，因此在上述校验过程中需要设置一定的参数来作为评判的标准。结合江阴市现状数据的可用情况及对城市总体规划方案评判精度的考虑，选择了用地模型中工业、商业、居住三类用地的布局、规模作为评价参数；交通模型中则选择各种交通方式的分担率以及部分路段的交通流量作为校核参数。经过反复调试，用地部门的收敛结果如表4-3-4所示。可以看出，价格和产量的收敛精度均在1%之内，结果较好。其中行政办公用地、医疗卫生用地、教育用地以及文化娱乐用地不参与土地市场竞争，因此不对其布局和规模进行模拟。

况，非机动车、常规公交、个体机动车方式三者的比例分别为33.5%、22.1%、44.4%。而通过模型模拟三者的分担比例分别为33.3%、21.3%、45.45%，相对误差分别为-0.6%、3.62%、2.25%。

表4-3-4　用地部门收敛情况一览表

部门	价格		产量	
	收敛精度（%）	最差小区	收敛精度（%）	最差小区
工业就业岗位	0.12%	2 195 元	0.00%	0 个
行政办公就业岗位	0.12%	2 080 元	0.00%	0 个
商业就业岗位	0.12%	2 113 元	0.03%	1 998 个
文体娱乐就业岗位	0.18%	2 247 元	0.04%	1 997 个
医疗卫生就业岗位	0.38%	2 247 元	0.22%	2 003 个
教育就业岗位	0.12%	2 097 元	0.04%	2 080 个
人口	0.35%	2 037 元	0.25%	2 039 个
工业用地	-0.26%	2 200 元	0.09%	2 200 公顷
商业用地	0.05%	1 998 元	0.04%	2 233 公顷
居住用地	-0.80%	2 231 元	0.42%	2 231 公顷

各种交通方式的分担率校核情况如下：在基础年的出行方式中定义了步行、非机动车、常规公交以及个体机动车4种方式，考虑到城市总体规划研究的层次及精度需要，以及交通小区划分的尺度，步行方式仅仅作为一种接驳方式，其出行量则不计入出行总量中。根据江阴市域范围内的现状出行调查情

表4-3-5　交通分担率模拟值相对误差

出行方式		非机动车	公共交通	个体机动车
分担率（%）	调查值	33.5	22.1	44.4
	模拟值	33.3	21.3	45.4
相对误差（%）		-0.60	3.62	2.25

此外还选取了5处道路路段观测点，观测高峰小时的断面流量，作为模型校核的标准。如表4-3-6所示，可以看出各观测点中最大误差在8%以内，因此可以认为模型的预测结果是较为可靠的。

表4-3-6　部分道路流量观测值与模型预测值的误差一览表

编号	观测点位置	方向	观测值	模型值	误差（%）
			（标准车/小时）		
1	通渡路	西—东	695	688	-1.12
		东—西	763	795	4.18
2	澄南大道	西—东	3 579	3 759	5.03
		东—西	3 296	3 518	6.72
3	滨江东路	西—东	3 201	2 958	-7.58
		东—西	3 690	3 848	4.30

续　表

编号	观测点位置	方向	观测值	模型值	误差（%）
			（标准车/小时）		
4	绮山路	北—南	3 407	3 598	5.63
		南—北	3 044	2 805	−7.86
5	滨江中路	西—东	4 468	4 368	−2.24
		东—西	4 470	4 732	5.85

根据以上对模型的校核结果，可以认为所建立的模型是符合案例分析精度要求的。

情景模拟

对前述两种情景进行模拟。考虑到江阴市近几年来城市发展的速度，采用 5 年作为一个时间段进行分析，即每个情景需要对 2015 年、2020 年、2025 年、2030 年的发展情况进行模拟。

每个情景上一个阶段的可达性是决定下一阶段用地布局的要素，即交通与用地之间的影响是有时间差的，这与城市发展的实际也是相吻合的，特别是对于类似江阴市等一些快速发展的城市来说。每个情景每个年份的模拟过程如下：①在无用地供应增加的情况下运行模型；②输出用地模型的结果，并对地价上涨情况进行分析，如果一个小区内某种类型的土地价格相比于前一个年份上涨过快则增加该小区内该种土地类型的供应，如果该种类型的土地供应无法增加则将其他类型的土地转变成该种土地类型；③如此反复运行，保证土地价格以合理的速度变化。

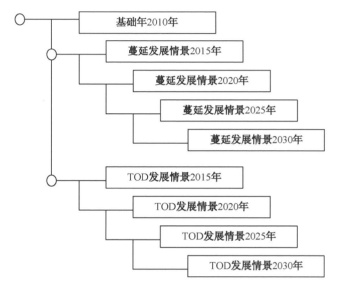

▲ 图 4-3-8　情景及分析年份结构图

从人口分布、土地利用、交通运行、交通和土地利用协调性 4 个方面来对两种发展情景进行定量化分析。

（1）人口分布

两种发展情景下对人口密度的模拟结果如图 4-3-9、图 4-3-10 所示。可以看出，在延续现状的发展模式下，人口在全市域范围内的分布将更加均值化，特别是东部、南部的人口增量更为明显，呈现连片发展特征，而中心城区人口则表现为人口集聚度相对不够，这对于提升中心城区功能而言是不利的。而以 TOD 模式的发展情景下，人口的增长更多的是集中在轨道交通沿线区域，城市中心城区的人口集聚较情景一更为明显，体现了中心放射式轨道交通线网对中心城区吸引力的提升作用。

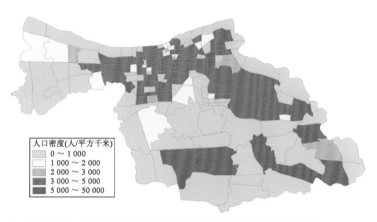

▲ 图 4-3-9　延续现状发展情景下 2030 年人口密度分布图

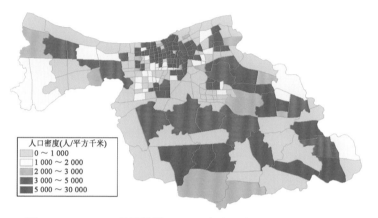

▲ 图 4-3-10　TOD 发展情景下 2030 年人口密度分布图

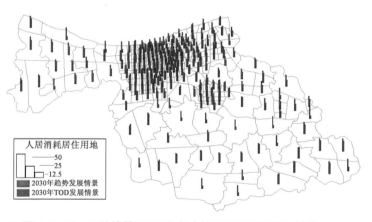

▲ 图 4-3-11　两种情景下 2030 年人均消耗居住用地比较图

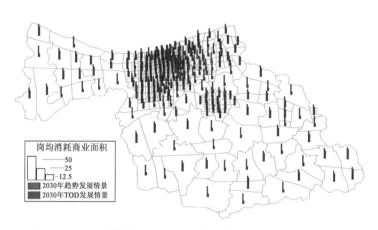

▲ 图 4-3-12　两种情景下 2030 年岗均消耗商业用地比较图

（2）土地利用

　　在蔓延发展、TOD 发展模式下，人均消耗的居住用地面积分别为 33 平方米、25 平方米；商业就业岗位岗均消耗的用地面积分别为 34 平方米、21 平方米。TOD 模式节约居住、商业土地资源分别可达 24%、54%。这对于江阴市人多地少的市情而言无疑是更为合适的。

（3）交通运行

两种情景下 2030 年的出行比例结构如表 4-3-7 所示。在 TOD 发展情景下公共交通出行比例可高达 32.6%，较蔓延模式发展情景高出 15.1%，而私人机动车出行比例则减少了 12.4%。

表 4-3-7　两种发展情景下出行结构对比分析

出行方式		非机动车	公共交通	个体机动车
分担率 （%）	蔓延发展情景	28.4	17.5	54.1
	TOD 发展情景	25.7	32.6	41.7

在 TOD 发展情景下，轨道交通的建设对道路交通的压力起到了明显的缓解作用。根据统计，蔓延模式发展情景下次干路以上等级的平均速度仅为 23.7 千米 / 小时，而城市核心区与东部片区的联系通道速度仅为 18.9 千米 / 小时，干路网整体饱和度为 0.67；相比之下，TOD 情景下次干路以上速度达到 30.2 千米 / 小时，干路网整体饱和度为 0.56。

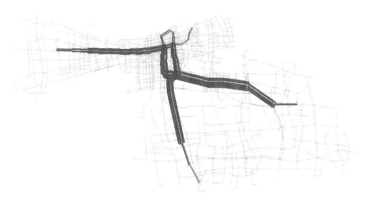

▲ 图 4-3-13　江阴市规划轨道交通断面流量图

（4）交通和土地利用协调性

TOD 发展模式下，采取大运量公交推动城市轴线发展，沿走廊形成高密度的产居关系，走廊覆盖的居住人口达全市的 82%，覆盖的就业岗位达 75%，公交分担率为 32.6%，较蔓延模式发展情景增长 86%，平均出行距离为 3.9 千米。

对于蔓延模式，小汽车交通分担率较高，平均出行距离为 5.7 千米，对道路资源消耗量大。然而大量交通设施投入并不能缓解拥堵，快速路和主干路上的交通拥堵路段比例达 1/5，明显高于 TOD 模式。

在出行强度方面，TOD 模式下人均出行次数为 2.85 次 / 日，而蔓延模式下出行次数为 2.73 次 / 日，主要是由于该模式下交通拥堵情况严重、交通运行效率降低而抑制了部分弹性出行需求，城市的经济社会活动相对更不活跃。"交通减量"通常主要是指出行距离、小汽车交通分担比例的减少，而非出行强度的降低。一般情况下，通过合理的用地组织可以减小出行距离、缓解交通拥堵，同时也会刺激弹性出行的增加，但不能因出行强度的增加而判定"交通减量"的失效，相反，弹性出行强度的增加反映了城市活跃度的提升。

四、低碳生态的技术方法

（一）发展容量分析技术方法

一个地区的资源环境系统是一个复杂的综合系统，影响区域资源环境承载力的因子很多，运用不同方法进行发展容量分析，结果可能不尽相同，必须从若干个重要方面进行综合分析，最终科学确定区域发展容量。

1. 生态足迹

（1）方法

生态足迹是生产供消费所需资源及吸纳所产生废物的生物生产面积。生态足迹的计算基于以下两个基本事实：一是人类可以确定自身消费的绝大多数资源及其生产废物的数量；二是这些资源和废物能转换成相应的生物生产面积。就城市而言，它们需要从农村、郊区输入生态足迹。计算公式为：

$$EF=N×r_i×\sum_{i=1}^{6}aa_i$$

其中：EF 为总生态足迹；N 为人口数；r_i 为均衡因子（因为单位面积不同类型土地生物生产能力差异很大，为了使计算结果转化为一个可比较的标准，有必要在每种类型生物生产面积前乘上一个均衡因子，以转化为统一的、可比较的生物生产面积）；aa_i 为第 i 类交易商品折算的人均生物生产面积。

生态足迹账户的核算中，生物生产土地面积主要考虑 6 种类型：化石燃料土地、可耕地、林地、草场、建筑用地和水域。

$$EC=N×ec=N×\sum_{i=1}^{6}a_i×r_i×y_i$$

其中：EC 为区域总生态承载力；N 为人口数；a_i 为人均生物面积；r_i 为均衡因子；y_i 为产量因子（产量因子是某个国家或地区某类型土地的平均生产力与世界同类土地的平均生产力的比率，用以表示不同国家或地区的某类生物生产面积所代表的局地产量与世界平均产量的差异）。

由于生态足迹计算结果直观明了又具有区域可比性，正逐渐成为评估城市资源环境承载状况进而评估城市可持续发展的一个重要方法。但是，生态足迹模型仍然存在一些不足。生态足迹法只是关于生态方面可持续性的分析方法，要想表明更完

整意义上的可持续性，还需与其他能反映社会经济发展方面的可持续度量指标结合起来，使它们相互补充，如传统的 GDP 指标等。此外，该方法的模型是一种静态模型，无法体现未来发展的可持续性，还有就是土地类型无法保证客观性，例如干旱地区的淡水是重要的生态资源，应当被纳入生态足迹的计算中，等等。因此该方法还需要不断地完善，才能成为一种更加客观有效的评价方法。

（2）案例

在《常熟市城市总体规划（2010—2030）》中，通过生态足迹计算，发现常熟市的单位 GDP 生态足迹远低于世界（1997 年）、中国（1999 年）以及江苏省（1999 年）的平均水平，和苏锡常地区其他县市相比也偏低，和 2000 年左右中国香港、澳门地区以及新加坡、美国相当，说明常熟市的单位生态足迹 GDP 产出已经达到较高水平。

根据现在世界上较发达国家或地区人均生态足迹和人均生态环境承载力之间的关系，对常熟市生态环境可承载的人口规模进行预测。假设规划期末常熟市人均生态足迹不变，总生态足迹 =（现状人均生态承载力 + 发达国家或地区人均生态赤字）× 现状总人口，则常熟市域可承载总人口为 224 万～375 万人左右，如表 4-4-1 所示。

表 4-4-1　常熟市生态环境可承载人口估算表

类比国家或地区	总生态足迹（gha）	人均生态足迹（gha/人）	可承载人口规模（万人）
中国香港	10 297 364	3.103 9	330
日本	7 288 904	3.103 9	234

类比国家或 地区	总生态足迹 （gha）	人均生态足迹 （gha/人）	可承载人口规 模（万人）
新加坡	11 692 991	3.103 9	375
北美	6 974 834	3.103 9	224

注：gha=ghm²，全球性公顷 ghm²（global hectare），区别于通常的土地面积公顷 hm²（hectare）。1 单位的全球性公顷指的是 1 公顷具有全球平均产量的生产力空间。

2. 土地资源承载力

（1）建设用地适宜量分析

目前对城市建设用地适宜量较为普遍的计算方法是确定区域内的生态用地面积和农业保护用地面积，然后对除去这两部分用地面积之外的城市土地进行建设适宜性评价，最后从城市土地总面积中扣除生态用地和不适宜建设的土地，即得到城市建设用地的生态适宜量。

$$C = T - E - A - U$$

其中：C 为区域内建设用地的生态适宜量；T 为区域内的土地总面积；E 为区域内应保留的生态用地面积；A 为区域内的农业保护用地面积；U 为区域内由于工程条件不适宜建设的土地面积。

城市在对土地的建设利用过程中要达到生态环境优化，必须保证一定的生态保护用地。生态用地应在城市的土地总面积中占有一定的比例，但目前还没有统一的标准。一些相关替代性指标可以借鉴，如森林覆盖率、受保护地区占国土面积的比例、建成区绿化覆盖率、人均公共绿地面积等。在计算得到建设用地生态适宜量后，根据满足人类生存、健康、发展和享受

等基本要求的人均土地面积，即可计算出城市土地所能承受的最大人口容量。

（2）耕地生产能力分析

土地承载力实际是一个比值，即理论上的食物供给量与满足一定水平的人均食物消费量之比。影响土地承载力的有两方面关键因子：一是食物供给量；二是人类需求食物量的高低。在估算土地生产能力的基础上，选定一定的消费水准，来测算土地的人口承载力。计算公式为：

$$P = Y \times A/L$$

其中：P 为研究区域土地的人口承载量；Y 为单位面积耕地产量；A 为研究区域的耕地面积；L 为人均消费水准。

耕地生产能力可以以土壤评价为基础，依据资源、生态特点划分出不同的农业生态区，并给出各类农业生态区的三种农业产出水平（低、中、高），根据各种作物的不同要求，求出各种作物的产量并换算成蛋白质及热量，然后再与每人每年需要的蛋白质和热量进行对比，即得出人口承载容量。

耕地生产能力也可以采用投入产出法。这种方法以投入产出技术为手段，根据农业生产的劳动力、水、肥等实际投入状况及其发展趋势，推测土地的现状及未来生产潜力，从而计算土地承载力。这种方法考虑了实际生产情况，因而更接近实际，对预测一定时间尺度的土地生产能力表现出一定的可信度。

由于市场开放度的加大，一个地区人口所需的食物往往并不由本地产出，因此用耕地生产能力分析土地资源承载容量，只适用于对外经济交流很少、较为封闭的地域，或用于评估某地区的粮食安全。

（3）案例

针对昆山市生态环境的主要矛盾，土地资源承载力从保障城

市生态空间、达到生态市指标要求、满足基本农田保护任务等角度出发，计算城市的非建设空间，进而反推城市的可建设用地。

表 4-4-2　昆山市非建设空间分析

类别	依据	要求	面积（平方千米）
重要自然生态保护空间	国家环境保护部生态市指标	占市域面积比例 ≥ 17%	157.71
森林	国家环境保护部生态市指标	平原地区森林覆盖率 ≥ 18%	150.63
水域	昆山市土地利用现状	—	175.89
基本农田	现状基本农田保护指标	42.69 万亩	284.58
非建设空间合计			611.1

注：假设受保护地区完全由林地或水域构成。

3. 水资源承载力

水资源承载力主要从用水定额、用水效率和用水效益入手，结合研究区域的水资源禀赋及供水工程建设情况，综合计算水资源承载状况，其单位为人口数量。通过人均用水定额、人均生态环境占有量、人均社会经济数量、单位生态环境用水量、单位社会经济用水量等关联起来，从而计算出水资源数量和承载人口的定量关系，即：

$$CCWR = f(P, EE, E, WA) \mid T, l, a, t$$
$$P = f_1(WA, EE, E)$$
$$EE = f_2(WA, P)$$

$$E = f_3(WA, P)$$

其中：$CCWR$ 为水资源承载力（Carry Capacity of Water Resources）；P 为人口；EE 为生态环境；E 为社会经济；WA 为可利用水资源量。限制条件：T 为科学技术水平；l 为生活水平；a 为评价流域或地区；t 为评价的时间。

因此，由生态环境 EE、社会经济 E 与人口 P 和可利用水资源量 WA 的关系式，得出水资源承载力 $CCWR$ 与人口 P 和可利用水资源量 WA 的关系式：

$$CCWR = f_0(P, WA) \mid T, l, a, t$$

4. 水环境容量

（1）方法

水环境容量是指在不影响水的正常用途和区域生态不致受害的情况下，水体所能承载的污染物的最大负荷量。水环境容量通常通过污水排放总量约束和主要污染物（如化学需氧量等）排放总量约束进行计算。污水排放总量约束指的是以环境质量目标为基本依据，对区域内污染物的排放总量实施控制，根据环境允许负荷量和环境自净容量，确定本区域污染物的允许排放总量，污染物的实际排放总量应小于或等于允许排放总量。通过采用不同的污水产生系数，如用水部门污水产生系数、人均综合污水排放标准或城镇建设用地地均综合污水排放指标等，污水排放总量计算的水环境承载力可以表示为经济规模、人口规模或建设用地总量等。

污水排放总量约束：

$$W_{pt} = \sum_{i=1}^{n} W_{nt}(i) a(i)$$

其中：W_{pt} 为第 t 年污水排放总量；$W_{nt}(i)$ 为第 t 年第 i 部门需水量；$a(i)$ 为第 i 个用水部门污水产生系数。

COD 排放总量控制约束：

$$\sum_{i=1}^{n} W_{nt}(i)a(i)c(i) \leqslant W_{CODt}$$

其中：$c(i)$ 为第 i 个用水部门 COD 排放浓度；W_{CODt} 为水体最大纳污量（COD）。

（2）案例

针对昆山市生态环境的主要矛盾，根据污染物排放总量控制要求、污水排放标准、污水处理厂实际处理能力等，推算昆山市水环境容量的适宜承载人口。

表 4-4-3　昆山市水环境承载人口估算

污水处理厂出厂 水质标准	化学需氧量浓度 （毫克/升）	合理承载人口 （万人）
一级 A[①]	50	155
地表水 V 类水标准[②]	40	193
地表水 IV 类水标准[②]	30	258
地表水 III 类水标准[②]	20	384

注①：依据《城镇污水处理厂污染物排放标准》（GB 18918—2002）；

注②：依据《地表水环境质量标准》（GB 3838—2002）。

5. 大气环境容量

大气环境容量是指对于一定地区，根据其自然净化能力，在特定的气象条件和污染源布局下，为达到环境目标值所允许的大气污染物最大排放量总和。环境目标值即所确定的相应等级的国家或地方环境大气环境质量标准。

在区域大气污染控制中，A-P 值法是一种简单易行的方法。A-P 值法为国家标准《制定大气污染物排放标准的技术方法》（GB/T 3840—91）提出的总量控制区排放总量限值计算公式；根据计算出的排放量限值及大气环境质量现状本底情况，确定出该区域可容许的排放量。

利用 A-P 值法估算环境容量需要掌握以下基本资料：①研究区域范围和面积；②区域环境功能分区；③第 i 个功能区的面积 S_i；④第 i 个功能区的污染物控制浓度（标准浓度限值）c_i；⑤第 i 个功能区的污染物背景浓度 c_{ib}；⑥第 i 个功能区的环境质量保护目标 c_{iO}。

在掌握以上资料的情况下，可以按如下步骤估算开发区的大气环境容量：①根据所在地区，按《制定地方大气污染物排放标准的技术方法》（GB/T13201—91）表 1 查取总量控制系数 A 值（取中值）；②确定第 i 个功能区的控制浓度（标准年平均浓度限值），$c_i = c_{iO} - c_{ib}$；③确定各个功能区总量控制系数 A_i 值，$A_i = A \times c_i$；④确定各个功能区允许排放总量；⑤计算总量控制区允许排放总量 Q_a。

$$Q_a = A_i \frac{S_i}{\sqrt{S}}$$

$$Q_a = \sum_{i=1}^{n} Q_{ai}$$

大气环境容量是影响大气污染型工业的布局和发展规模的重要因素。规划应结合区域气象条件和地形特点，合理布局大气污染型工业；通过大气环境容量的分析，科学引导大气污染型工业的发展规模和布局。

6. 综合分析方法

（1）资源综合平衡法

资源综合平衡法综合考虑土地、水、气候资源等因素，避免了单因子分析法的某些不足。通过分析各种环境资源对人口发展的限制，利用多目标决策分析，进行综合研究，从生态系统角度全面进行估算，从而得出比较精确的结论。

（2）系统动力学方法

这一方法最先由罗马俱乐部创立，并在《增长的极限》一书中用于研究人类的未来。1984年，苏格兰的资源利用研究所首次将其应用到环境人口容量的研究中。它基于联合国教科文组织提出的环境人口容量的定义，综合考虑人口、资源、环境、社会经济发展之间众多因子的相互关系，建立系统动力学模型，通过模拟不同发展战略，得出人口增长、资源承载力与经济发展相互间的动态变化及其发展目标。该方法能把包括社会经济、资源和环境在内的大量复杂因子作为一个整体，对一个区域的人口容量进行动态的定量计算，这是其他方法所不能及的。而且这种方法能模拟各种决策方案的长期效果，并对多种方案进行比较分析而得到满意的方案，与优化有同等的效用，是目前为止区域人口容量研究较先进的方法。

（二）空间分析的技术方法

1. 生态功能分区划分

（1）方法

生态功能分区为生态环境保护与建设提供依据，并为城市管理部门和决策部门提供管理信息与管理手段。

生态功能分区以生态功能评价为基础。生态功能评价的指标体系通常包括自然环境要素（地质、地貌、气候、水文、土壤、植被等）、社会经济条件（人口、经济发展、产业布局等）、人类活动及其影响（土地利用、城镇分布、污染物排放、环境质量状况等）三个方面。

在生态功能评价的基础上，通过聚类分析法进行生态功能区划。选取多个观测指标，寻求一些能够度量区域间相似程度的统计量，并依据这些统计量将样本合并成小类，逐渐合并成大类，直到将其聚合完毕。为了度量不同区域的接近程度，采用欧氏距离作为度量标准，用 d_{ij} 表示第 i 个县（区、市）和第 j 个县（区、市）之间的距离，用 x_{ik} 表示第 i 个县（区、市）的第 k 个指标，则：

$$d_{ij}=\sqrt{\sum_{k=1}^{6}(x_{ik}-x_{jk})^2}\ (i=1,2,\cdots,73;j=1,2,\cdots,73)$$

为达到分区目的，在计算县（区、市）之间的距离后，尚需确定土地利用分区之间的距离。选用最长距离法，即用 $Q(p,q)$ 来表示分区 G_p 与分区 G_q 的距离，则有：

$$Q(p,q)=\max\{d_{ij}\mid i\in G_p,j\in G_q\}$$

经过上述计算，根据距离大小和并类顺序，将区域间的亲疏关系表现出来，最后根据聚类图并结合实际，通过修正后便可划分出生态功能分区。

（2）案例

《拉萨市城市总体规划》（2009—2020）以"保障生态"为首要规划原则，通过综合运用遥感与 GIS 技术、生态足迹模型、环境容量分析等当前生态规划中较为先进的技术手段和方法，对资源、环境承载能力进行定量分析，对全市域进行生态功能分区，科学评价城市建设用地生态适宜性，促进了生态环境规划与城镇体系规划方案的有机融合。其中，规划重点运用遥感与 GIS 技术，通过对市域地形地貌、水土流失敏感性、土壤冻融敏感性、生态敏感单元分布等方面多因子的综合分析，将全市域划分为生态功能保护与禁止开发地

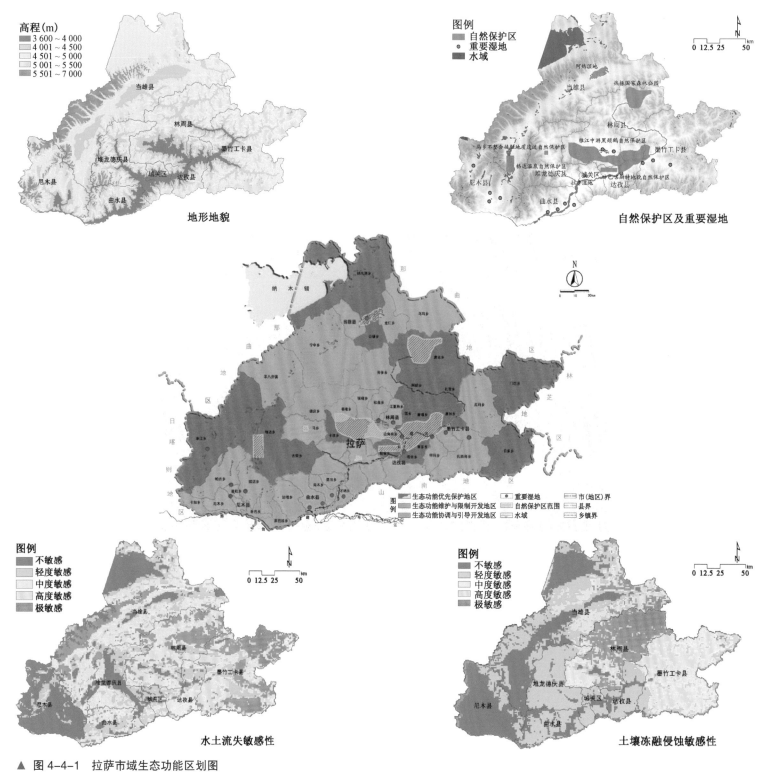

▲ 图 4-4-1　拉萨市域生态功能区划图

区、生态功能维护与限制开发地区、生态功能协调与引导开发地区，制定相应的管制措施，以此作为市域城镇布局和产业布局的基础和前提。

2. 生态适宜性评价

（1）方法

生态适宜性评价可以从自然地理、生态系统、社会经济三个方面进行综合考虑。其中，自然地理要素一般包括地形地貌、地质灾害、水文气象等；生态系统要素一般包括重要生态空间、植被覆盖等；社会经济要素一般包括人口密度、经济发展水平、基本农田等。评价要素的选择应当结合规划范围的地域特点，如高海拔或高纬度地区应当考虑土壤冻融要素，山地城市应当分析滑坡、崩塌要素等。

在确定评价要素的基础上，建立适宜性评价指标体系。首先量化评价要素对适宜性影响关系，可用分值分别对应不适宜、勉强适宜、低度适宜、中度适宜和高度适宜五个级别。其

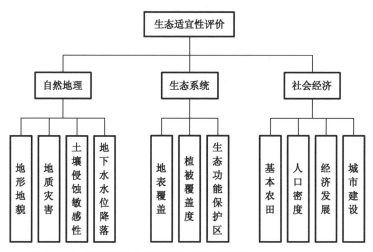

▲ 图 4-4-2　建设用地生态适宜性评价要素图

次根据评价要素对适宜性的影响程度确定评价要素的权重，所有要素的权重在 0~1 之间，且所有权重之和为 1。确定权重常用的方法包括层次分析法、专家打分法等。

表 4-4-4　建设用地生态适宜性评价指标体系

一级指标 / 权重	二级指标 / 权重		分级标准	适宜性等级
自然地理 /0.4	地形地貌	坡度 /0.25	0°~5°	5
			5°~10°	4
			10°~20°	3
			20°~25°	2
			>25°	1
		高程 /0.15	……	……
	地质灾害 /0.3		……	……
	土壤侵蚀敏感性 /0.15		……	……
	地下水水位降落 /0.15		……	……
生态系统 /0.4	地表覆盖 /0.2		……	……
	植被覆盖度 /0.3		……	……
	生态功能保护区 /0.5		……	……
社会经济 /0.2	基本农田 /0.4		……	……
	人口密度 /0.2		……	……
	经济发展 /0.2		……	……
	城市建设 /0.2		……	……

最后应用地理信息系统软件（如 ArcGIS）的空间分析和代数运算功能对评价范围的适宜性进行计算，计算公式如下：

121

$$S=\sum_{k=1}^{n}S_k\times W_k$$

其中：S 为某土地单元适宜性评价的总得分；W_k 为参评指标 k 的权重系数；S_k 为该土地单元参评指标 k 的得分。评价得分为 1~5，适宜程度随分值增加而提高。

（2）案例

规划运用 GIS 技术，对坡度、高程、地质灾害敏感性、生态敏感单元、水系、植被覆盖度、生态服务价值等自然地理条件和生态限制因素进行用地生态适宜性评价，合理划定禁建区、限建区和适建区，指导城市空间布局。

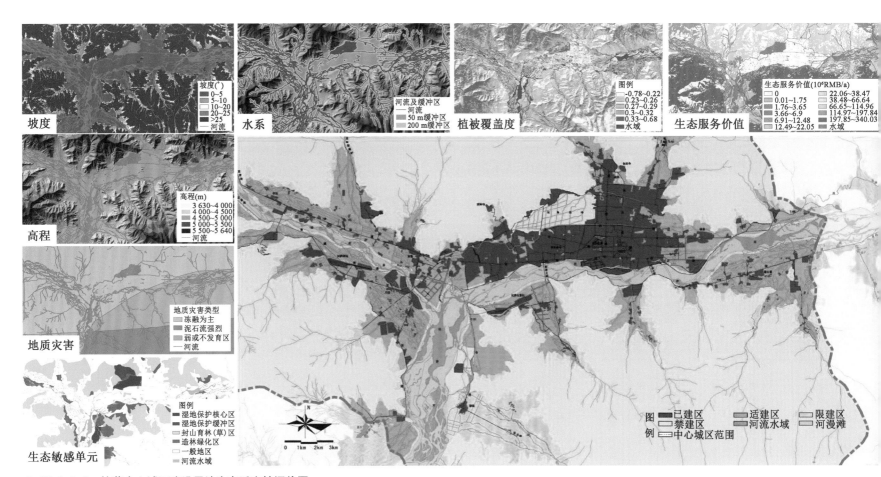

▲ 图 4-4-3　拉萨中心城区建设用地生态适宜性评价图

122

3. 生态安全格局分析

城市生态安全格局（ecological security pattern）是城市自然生命支持系统的关键性格局，也是城市及其居民持续地获得综合生态系统服务的基本保障。

生态安全格局分析根据城市具体情况，选择水安全格局、地质灾害安全格局、生物保护安全格局、文化遗产安全格局、游憩安全格局等中的几项进行综合分析。

（1）确定源，即过程的源，如生物的核心栖息地作为物种扩散和动物活动过程的源，文化遗产点作为乡土文化景观保护和体验的源，公园和风景名胜区作为游憩活动的源。主要通过资源的空间分布数据和适宜性分析来确定。

（2）判别空间联系。通过景观过程（包括自然过程，如水的流动；生物过程，如物种的空间运动；人文过程，如人的游憩体验等）的分析和模拟，来判别对这些过程的健康与安全具有关键意义的景观格局，包括缓冲区、源间连接、辐射道和战略点等，并根据各格局的拐点和作用，划分出低、中、高3种不同安全水平。

（3）提出优化策略。针对某一生态过程和安全格局的具体要求，提出空间格局和土地利用的调整策略与建议。

一般通过 MCR（minimum cumulative resistance，最小累积阻力）模型进行分析，构建生态安全格局。该模型考虑3个方面的因素，即源、距离和景观界面特征。基本公式如下：

$$MCR = f_{min} \sum_{j=n}^{i=m} (D_{ij} \times R_i)$$

其中：f 是一个未知的正函数，反映空间中任一点的最小阻力与其到所有源的距离和景观基面特征的正相关关系；D_{ij} 是物种从源 j 到空间某一点所穿越的某景观的基面 i 空间距离；R_i 是景观 i 对某物种运动的阻力。尽管函数 f 通常是未知的，但 $(D_{ij} \times R_i)$ 之累积值可以被认为是物种从源到空间某一点某一路径的相对易达性的衡量。其中从所有源到该点阻力的最小值被用来衡量该点的易达性。分析的技术实现手段主要是 ArcGIS 的 Cost Distance 分析工具。

4. 景观指数分析

景观指数是定量测度景观格局及其变化的主要分析方法，在生态规划中适用性较广。采用景观连接度指数、多样性指数、蔓延度指数、形状指数等，对研究区内现状生态斑块、廊道与网络进行分析与评价，从而对其中的关键区域与主要问题进行剖析。基于多情景分析提出可能的优化方案，再运用景观指数进行综合比较分析，确定研究区最优的生态规划方案，从而为城市生态规划中的景观分析定量化提供方法。景观指数分析可以借助软件实现，如较常用的 Fragstats，该软件是基于分类图像的空间格局分析程序，可以用于计算大量景观指数，接受分类格局图像。

表 4-4-5 景观指数计算方法

景观指数	计算方法	生态学意义
斑块数量（NP）	$NP=n$	景观中某一斑块类型的斑块总个数与景观的破碎度很好的正相关性，一般是 NP 大破碎度高，NP 小破碎度低

123

景观指数	计算方法	生态学意义
面积比例（PLAND）	$PLAND=\dfrac{\sum\limits_{i=1}^{n}a_{ij}}{A}\times100$	某一斑块类型的总面积占整个景观面积的百分比，用于度量景观的组分。值趋于 0 时，说明景观中此斑块类型变得十分稀少；等于 100 时，则整个景观只由一类斑块组成
周长（TE）	$TE=\sum\limits_{i=1}^{n}e_{ik}$	某一类型斑块的总边界长度，是景观类型破碎化程度的重要指标之一
面积－周长分维数（PAFRAC）	$PLAND=\dfrac{\dfrac{2}{n_{i}\sum\limits_{j=1}^{n}(\ln p_{ij}\ln a_{ij})-\sum\limits_{j=1}^{n}\ln p_{ij}\sum\limits_{j=1}^{n}\ln a_{ij}}}{(n_{i}\sum\limits_{j=1}^{n}\ln p_{ij}^{2})-(\sum\limits_{j=1}^{n}\ln p_{ij})^{2}}$	反映类型斑块的形状复杂程度。PAFRAC 越接近 1，类型景观斑块形状越简单；PAFRAC 越接近 2，则越复杂
景观形状指数（LSI）	$LSI=\dfrac{0.25E}{\sqrt{A}}$	反映整体景观的形状复杂程度。LSI 越接近 1，整体景观形状越简单；LSI 越大，则越复杂
多样性指数（SHDI）	$SHDI=-\sum\limits_{i=1}^{m}(P_{i}\ln P_{i})$	反映景观组分数量和比例的变化情况。由多个组分构成的景观中，当各组分比例相等时，多样性指数最高
均匀度（SHEI）	$SHEI=\dfrac{-\sum\limits_{i=1}^{m}(P_{i}\ln P_{i})}{\ln m}$	SHEI 值较小时，反映景观受到一种或几种优势斑块类型所支配；SHEI 趋于 1 时，说明景观中没有明显的优势类型且各斑块类型在景观中均匀分布
聚集度（CONTAG）	$CONTAG=\left[1+\dfrac{\sum\limits_{j=1}^{m}\sum\limits_{k=1}^{m}\left[(P_{i}\dfrac{g_{ig}}{\sum\limits_{k=1}^{m}g_{ik}})\ln(P_{i}\dfrac{g_{ig}}{\sum\limits_{k=1}^{m}g_{ik}})\right]}{2\ln m}\right]\times100$	描述景观里不同斑块类型的团聚程度或延展趋势。一般高值说明景观中的某种优势斑块类型形成了良好的连接性；反之则说明景观是具有多种要素的密集格局，景观的破碎化程度较高

五、经济性分析的技术方法

（一）产业发展的经济性分析方法

1. 波士顿矩阵分析

从产业的市场占有率和增长率两个角度判别未来产业的选择方向。在坐标图上，以纵轴表示产业增长率，横轴表示产业份额占有率，将坐标图划分为 4 个象限，依次为"小孩（？）""明星（★）""金牛（￥）""瘦狗（×）"。其目的在于通过产业所处不同象限的划分，使政府采取不同决策，以淘汰无发展前景的产业，保持"小孩""明星""金牛"产业的合理组合，实现产业资源分配结构的良性循环。对 4 种类型产业类别说明如下：

明星型产业——高增长、高份额（一般情况下应作为重点产业培养）；

金牛型产业——低增长、高份额（发展基础较好）；

小孩型产业——高增长、低份额（有较好发展势头，可择其善者而培育成为潜导产业）；

瘦狗类产业——低增长、低份额（应剔除）。

以江阴为例，均值选取：份额3.43%（按各类产业占比平均值计算）；18.29%（按增长平均值测算）。对特殊值，专用设备制造业份额为1.64%，年均增长率为15.95%，鉴于与其相关产业均为明星行业，同时其增长率与份额并非过低，所以不简单判断为瘦狗类型产业。

表4-5-1　江阴市制造业波士顿矩阵计算

行业名称	当前份额	2000—2009 年年均增长率	类型判断
食品制造业	0.06%	6.73%	×
饮料制造业	0.11%	—	?
纺织业	12.07%	12.96%	¥
纺织服装、鞋、帽制造业	4.65%	26.42%	★
皮革、毛皮、羽毛（绒）及其制品业	0.09%	−0.43%	×
木材加工及木、竹、藤、棕、草制品业	0.09%	23.44%	?
家具制造业	0.02%	25.39%	?
造纸及纸制品业	0.52%	12.29%	×
印刷业和记录媒介的复制	0.84%	15.44%	×
文教体育用品制造业	0.03%	−3.21%	×

续　表

行业名称	当前份额	2000—2009 年年均增长率	类型判断
石油加工、炼焦及核燃料加工业	0.83%	25.48%	?
化学原料及化学制品制造业	4.90%	15.92%	¥
医药制造业	0.22%	21.40%	?
化学纤维制造业	5.80%	19.59%	★
橡胶制品业	0.61%	36.19%	?
塑料制品业	1.58%	3.95%	×
非金属矿物制品业	0.64%	5.98%	×
黑色金属冶炼及压延加工业	30.62%	34.23%	★
有色金属冶炼及压延加工业	4.84%	36.39%	★
金属制品业	6.65%	22.50%	★
通用设备制造业	4.08%	20.54%	★
专用设备制造业	1.64%	15.95%	×-?
交通运输设备制造业	8.80%	34.57%	★
电气机械及器材制造业	4.95%	34.20%	★
通信设备、计算机及其他电子设备制造业	2.17%	35.50%	?
仪器仪表及文化、办公用机械制造业	0.15%	10.65%	×
工艺品及其他制造业	0.02%	1.79%	×
废弃资源和废旧材料回收加工业	0.01%	—	?

注：饮料制造业与废弃资源和废旧材料回收加工业是2009年新出现的行业门类，没有可比年份数据，同时总量很小，所以暂时按照"小孩型"成长型行业进行判断。

从波士顿矩阵的分析结果看，不具备区内比较优势的行业有：食品制造业，皮革、毛皮、羽毛（绒）及其制品业，造纸及纸制品业，印刷业和记录媒介的复制，文教体育用品制造业，塑料制品业，仪器仪表及文化、办公用机械制造业，工艺品及其他制造业8个行业。冶金行业及与其下游相关的装备制造业（包含金属制品业、通用设备制造业、交通运输设备制造业、电气机械及器材制造业等）是江阴市发展势头较好、规模相对较大的行业，超过了10年前江阴优势行业纺织与化工的发展势头。

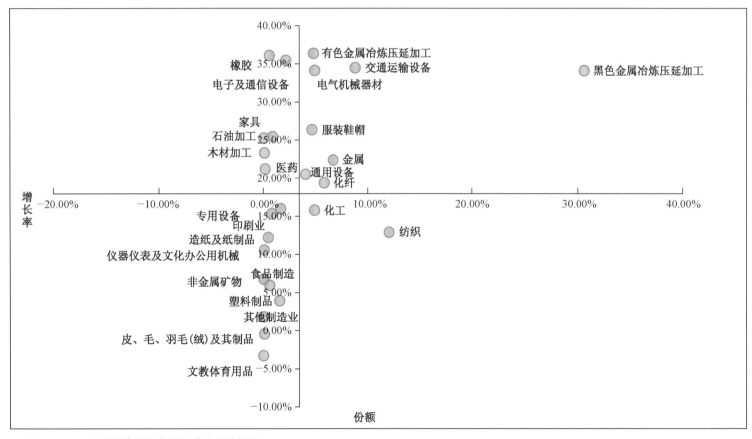

▲ 图4-5-1 江阴制造业波士顿矩阵分析结果图

126

2. 区位商分析

区位商又称专门化率，可衡量某一区域要素的空间分布情况，反映某一产业部门的专业化程度，以及某一区域在高层次区域的地位和作用等方面。区位商的计算公式为：

区位商 (LQ) =（某地区 A 行业增加值 / 该地区全部行业增加值）/(较大区域内 A 行业增加值 / 较大区域内全部行业增加值）

一般来说，如果区位商 >1，则表示该产业在该地区专业化程度较高，具备一定比较优势（一般只有区位商大于 1 的部门才能构成该地区的基础部门，对当地经济发展起主导作用）；

如果区位商 <1，则表示该产业在该地区专业化程度较低，存在比较劣势。

以江阴为例，在无锡和苏锡常两个层面对江阴工业行业的区位商进行计算。具备区际比较优势的行业有：纺织业，纺织服装、鞋、帽制造业，印刷业和记录媒介的复制，石油加工、炼焦及核燃料加工业，化学纤维制造业，黑色金属冶炼及压延加工业，金属制品业，交通运输设备制造业。

用同样方法对江阴主要的四大类产业进行分镇区位商分析，确定各主要发展产业门类的主要空间承载地。

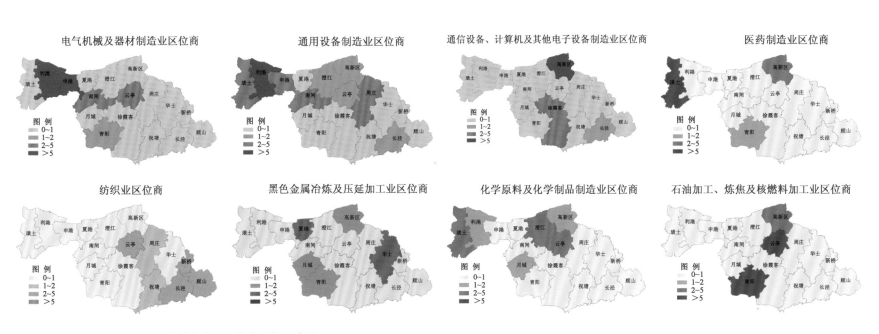

▲ 图 4-5-2　江阴分镇各产业区位商分析示意图

（二）空间布局优化的经济影响分析方法

1. 地价分析

《江阴市城市总体规划（1994—2010 年）》中进行了地价专题研究。通过对城市现状地价情况的典型调查和统计分析，得出了江阴现状地价的分布状况。经过进一步分析规划期内土地增值潜力和趋势，为旧城区的改造、近期建设发展方向和时序提供了依据。

表 4-5-2　江阴 1994 年版总规中房屋买卖价格调查表

市　县　乡（镇）路（街）段　巷　弄　号　楼	建筑面积：　　　　平方米
	其中：房屋建筑面积
地籍区　街坊　宗地号	楼层数：共　层，买卖层次：层
	房屋类型：
转让人　地址　电话	建筑材料：
承让人　地址　电话	房屋用途：
买卖时间　买卖方式	建筑物设备：
房屋用途：买卖前　买卖后	房屋标准造价：　　　元/平方米
房屋正常总交易价　　万元	房屋重置价格：　　　单价
房屋现值　　　　万元	耐用年限：　已使用年限：
房屋交易税费　　万元	房屋现值：　　　万元
土地总面积　　平方米	
出卖建筑物分摊土地面积	其他附属建筑物
平方米	标准造价：　　元/平方米
土地正常总交易价　　万元	重置总价格：
单位面积低价　　元/平方米	建筑物现值：　　万元

表 4-5-3　江阴 1994 年版总规中近期规划拆迁工厂一览表

厂名	地点	改造成	现状地价水平（元/平方米）	占地（平方米）	1993 年利税（万元）
江阴瓷厂	君山南侧	居住	380	1 876	31.2
五金板焊厂	君山南侧	居住	380	1 935	26.6
涤纶长丝厂	虹桥三村南	居住	870	38 800	−189
第二轧钢厂	虹桥三村南	居住	870	15 917	244
建筑构件厂	朝阳路东东横河北	居住	870	23 000	11.1
排灌机电修造厂	朝阳路东东横河北	居住	870	3 500	8
江阴钢厂	人民路、市一中东	三产	1 560	434 654	3 676
煤石公司仓库	锡澄运河边（杏春桥南）	绿化	1 560	13 699	1
江阴皮革厂	人民中路北	居住	2 380	1 371	21.4
新华布厂	人民中路高西	三产	2 380	12 581	−32.64
棉纺织厂	东横河北中山北路桥西	三产	2 380	147 377	−71.53
长江服装厂	人民中路南中部	三产	2 380	10 938	424

2. 工业效益评价

许多城市现状工业用地占较大比重。"退二进三"是老城区工业企业更新的主导趋势。但是"退二进三"是一个实现工业用地置换的渐进过程，并不是老城区所有工业都必须搬离，在不同的发展阶段需要采取不同的更新措施。需要在对工业企业现状进行充分调研的基础上，综合考虑产业发展、城市交通、生活居住等因素，对现状工业企业进行综合评价，包括污染状况、建筑质量情况、生产效益情况、周边环境影响等，确定工业分期调整的步骤。

建筑质量   污染状况   效益情况

▲ 图4-5-3 吴江盛泽城区工业企业要素分析图

吴江市城市总体规划中对盛泽城区工业布局调整采取了对工业企业进行效益评价的方法，从建筑质量、污染状况、经营状况等方面对旧城现状工业企业要素进行分析，作为用地置换时序安排的考虑因素。

综合考虑盛泽城区用地现状、未来整体布局以及企业发展要素评价，确定规划予以保留以及近、中、远期搬迁置换的企业布局。其中，规划保留的企业主要为近年来的新建企业，建筑质量较好，且位于老城改造核心区外围，环境污染和对居住生活干扰相对较小；规划近期重污染的印染类工业企业由旧城搬迁，保留纺织、机械设备、印刷、服装类等企业；规划中期将其他经营效益不佳、建筑质量较差、规模较小的企业搬离旧城，保留部分发展较好的大型工业企业；规划远期凭借城市经济持续发展带来的财力支撑，将旧城除保留外的其他企业全部搬迁。

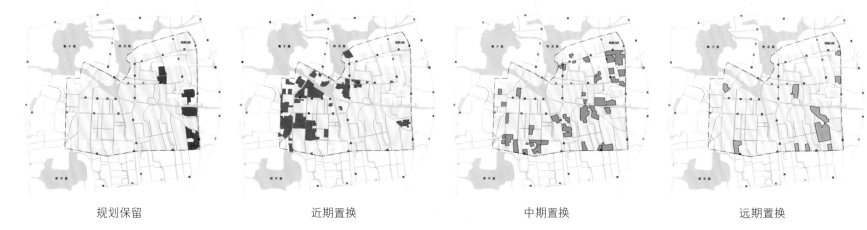

| 规划保留 | 近期置换 | 中期置换 | 远期置换 |

▲ 图 4-5-4 吴江盛泽城区分时序的工业企业调整图

（三）城镇化路径成本分析方法

1. 测算因素

农村人口市民化之后，政府需提供相应的社会保障、公共服务、基础服务以及就业培训等相关保障，满足居民更好生存与更好发展的需求。以江阴总规为例，规划对城镇化成本构成进行了测算。

（1）社会保障

政府的主要成本支出为管理成本，根据江阴社会保障财政投入测算，平均每人的管理成本为 560 元左右。对于住房保障面积，按照《江阴市城市低收入家庭住房保障规划》规定的享受廉租住房保障租赁补贴的面积标准"一人户 30 平方米，二人户 40 平方米，三人户 50 平方米，四人及四人以上户 65 平方米"，取三人户 50 平方米进行测算。

（2）公共服务设施

公共服务设施主要包括文化设施、教育设施、体育设施和卫生设施。进城进镇的人口增加了对公共服务设施的使用需求，政府需投资新建部分公共服务设施。中心城区、城镇人均公共服务设施用地标准主要参照《城市公共设施规划规范》（GB 50442—2008）。

（3）市政基础设施

市政基础设施主要包括道路交通、水、电、气等设施。中心城区、城镇人均道路交通面积，参照《城市用地分类与规划建设用地标准》（GBJ 137—90）。水、电、气等设施按照户进行配套，各项设施投入成本单价按照江阴市近几年主要建设项目成本进行综合测算。

（4）就业培训

大量农民进城进镇以及外来人口来江阴务工，应对其进行就业培训及相应劳动技能培训，以满足就业岗位的需要，保障进城人口的收入来源。根据江阴多年开展就业培训的投入情况，人均成本为 300 元左右，每户按照 2 个劳动力测算。

（5）土地

土地主要包括农用地和集体建设用地两部分。根据国家政策，本地农民进城进镇可以选择是否放弃自己的土地相关权益。如果农民仍然保留农用地及集体建设用地的使用权，带着土地等进城进镇，则土地资源仍然由农民进行管理，政府无额外的投入支出。如果农民放弃土地相关权益进城进镇，则根据《江阴市人民政府关于调整征地补偿标准和加强统一征地工作的通知》（澄政发〔2004〕10 号）及集体建设用地复垦、拆迁安置补偿标准进行相应补偿以及投入。如果农民放弃土地等相关权益进城进镇，政府对相应土地集中平整，重新进行合理调配，充分挖掘土地利用效益，进行市场挂牌出让，获得收益可补充相关投入。

对于外来人口，享受的相关土地权益不在江阴，城镇化过程中投入成本以及获得相关收益均不在本地产生，外来人口在土地方面成本及收益均不进行测算。

江阴市各种类型住房面积均价、农村居民户均相关指标及土地出让均价如表 4-5-4 ～表 4-5-6 所示。

表 4-5-4　江阴市各种类型住房面积均价

类型	商品住房	拆迁安置房		保障性住房
		中心城区	城镇	
标准（元/平方米）	5 000	2 500	2 200	2 000

注：按照江阴 2009 年市域住房统计数据综合测算。

表 4-5-6　江阴市土地出让均价（万元/亩）

类型	商业、住宅		工业	
	出让均价（2011）	测算标准	出让均价（2011）	测算标准
中心城区	238.7	240	27.5	30
城镇	181.8	180		

注：根据江阴市国土资源局网站公布 2011 年度土地出让公告数据测算集约土地出让价格标准。

表 4-5-5　江阴市农村居民户均相关指标

类型	户均人口（人）	户均劳动力（人）	户均宅基地（亩）	户均农用地（亩）	户均集体企业用地（亩）
标准	3	2	0.2	1.9	0.45

注：按照江阴 2009 年数据综合测算。

2. 测算标准

综合以上因素及各项数据，各项城镇化经济成本按以下标准进行测算。

表 4-5-7　不同农民群体城镇化经济成本测算标准

主要因素			单位	本地人口			外来人口	
				一般村		工业村		
				进中心城区	进城镇	就地转化	进中心城区	进城镇
社会保障	医疗保险		元/人·年	—	—	—	560	560
	养老保险		元/人·年	—	—	—		
	失业保险		元/人·年	—	—	—		
	住房保障		m²/户	—	—	—	50	50
公共服务设施	文化设施		元/m²	2 500	2 200	2 200	2 500	2 200
	教育设施		元/m²	2 500	2 200	2 200	2 500	2 200
	体育设施		元/m²	3 000	3 000	3 000	3 000	3 000
	卫生设施		元/m²	2 500	2 500	2 500	2 500	2 500
市政基础设施	道路交通		元/m²	1 200	500	—	1 200	500
	水		元/m²	80	50	—	80	50
	电		元/m²	150	130	—	150	130
	气		元/m²	30	30	—	30	30
就业	就业培训		元/人	300	300	300	300	300
土地①	农用地	土地补偿	元/亩	—	18 000	—	18 000	—	18 000
		安置补助	元/人	—	20 000	—	20 000	—	20 000
		青苗补偿	元/亩	—	1 800	—	1 800	—	1 800
	集体建设用地	宅基地复垦	元/m²	—	20	—	20	—	—
		宅基地收益补偿	元/户	—	14 400	—	14 400	—	14 400
		地上建筑物补偿	m²/户	—	250	—	250	—	—
		集体企业用地复垦	元/m²	—	20	—	20	—	20
		集体企业用地流转收益补偿	元/亩	—	12 000	—	12 000	—	12 000

① 第一列为保留农用地和集体建设用地，第二列为不保留。

从江阴的测算结果看，一般村的农民主要推进长期稳定从事二三产业的人口进城进镇，进城的投入成本略高于进镇的成本。外来人口进城进镇，主要以投入为主，进城的成本约为21.9 万元 / 户（7.3 万元 / 人）左右，进镇的成本约为 16.2 万元 / 户（5.4 万元 / 人）左右。

表 4-5-8　不同农民群体城镇化经济成本—收益测算

类型		本地人口					外来人口	
		一般村				工业村	进中心城区	进城镇
		进中心城区		进城镇		就地转化		
户均成本（万元/户）	社会保障	—	—	—	—	—	—	10.2	10.2
	公共设施	5.0	5.0	3.4	3.4	3.4	3.4	5.0	3.4
	市政基础设施	6.7	11.9	2.6	6.8	—	—	6.7	2.6
	就业	0.1	0.1	0.1	0.1	0.1	0.1	0.1	0.1
	土地	—	75.1	—	67.6	—	12.3	—	—
	合计	11.8	92.1	6.1	77.9	3.5	15.8	22	16.3
土地出让收益（万元/户）		—	110.9	—	84.8	—	58.5	—	—
总收益（万元/户）		−11.8	18.9	−6.1	7.0	−3.5	42.7	−22	−16.3

注：各类城镇化方式中第一列为保留农用地和集体建设用地测算成本，市政基础设施成本测算按照每户住宅面积 50 平方米（江阴市三人户廉租住房保障标准）计算，第二列为放弃农用地和集体建设用地测算成本，市政基础设施成本测算按照每户住宅面积 250 平方米（江阴市拆迁安置补偿最高标准）计算。计算土地收益时按照商业和住宅占 2/3、工业占 1/3 进行初步测算。

六、城镇开发边界划定的技术方法探讨

划定城镇开发边界是实现城乡空间管控的有效途径，目前具体划法还未达成统一，本书仅作为一种探讨。城市增长边界一般分为刚性和弹性两类。刚性城镇开发边界是针对非建设用地边界提出的，是城镇化与非城镇化地域的界线，是城镇规划的"底"，用以严格保护基本农田及生态环境，是保障生态安全或粮食安全等的不可开发边界。刚性城镇开发边界是城市发展所能达到的最终合理规模，原则上不能有任何逾越。弹性城镇开发边界具有引导城市发展，调控土地开发时序、开发强度和土地利用模式等功能，是城市规划的"图"，相比刚性城镇开发边界更加强调时序性；该边界可作为阶段性城市管理的依据，在规划期范围内是刚性的，不能突破其界线，在下一规划期范围内可依据发展背景变化而适当调整。

（一）城镇开发边界与已有规划边界的关系

1. 与城市规划中"四区"划定的关系

《城市规划编制办法》规定中心城区规划包括：划定禁建区、限建区、适建区和已建区，并制定空间管制措施。城镇刚性开发边界应当在禁建区和限建区中在对城市生态格局安全起控制性作用的因素整合的基础上划定，明确区分未来应保留和开发的区域，城镇弹性开发边界通过综合经济效益、土地需求的时空尺度控制、环境保护等要素确定适宜建设用地的发展时序，并识别限建区中哪些区域可以发展、何时发展及何种程度地发展，在城市建设用地突破适建区情况下满足城市用地需求，它代表未来一定时期内的建设用地扩展范围，具有时效性，随城市扩展进行调整，但开发边界不得进入禁建区。两

者都是在四区划定的基础上进行界定的，其空间位置关系如图4-6-1所示。

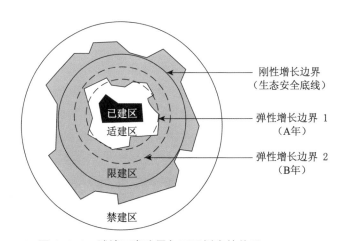

▲ 图4-6-1　城镇开发边界与四区划定的关系

2. 与土地利用规划的关系

与基本农田、永久基本农田相协调。永久基本农田一旦划定不得擅自更改，在保数量的同时也能够保质量，防止占优补劣。永久基本农田应当位于城镇刚性开发边界以外，以保障城市刚性开发边界以内的用地可依法使用。

为加强对城乡建设用地的空间管制，土地利用总体规划划定"三界"，分别为：城乡建设用地规模边界，按照规划确定的城乡建设用地面积指标，划定城、镇、村、工矿建设用地边界；城乡建设用地扩展边界，为适应城乡建设发展的不确定性，在城乡建设用地规模边界之外划定城、镇、村、工矿建设规划期内可选择布局的范围边界；禁止建设用地边界，为保护自然资源、生态、环境、景观等特殊需要，划定规划期内需要禁止各项建设与土地开发的空间范围边界。扩展边界与规模边

界可以重合，禁止建设用地边界必须在城乡建设用地规模边界之外。

城镇刚性开发边界的划定不应逾越土地利用总体规划的禁止建设用地边界，并在城乡建设用地扩展边界内与其他要素进行进一步协调，其划定的范围以外应当包括禁止建设区与部分限制建设区。城镇弹性开发边界的划定依据规划编制时限进行调整，与城乡建设用地扩展边界进行衔接、协调，并统筹考虑城乡建设用地规模边界，其划定的范围之内应当包括允许建设区及部分有条件建设区。

3. 与环保规划的关系

《生态保护红线划定技术指南》（环发〔2015〕56号）明确定义生态红线是指依法在重点生态功能区、生态环境敏感区和脆弱区等区域划定的严格管控边界，是国家和区域生态安全的底线，在任何规划中都不能逾越，所以应当与城镇刚性开发边界进行整合协调。

在某些地方层面，城镇开发边界划定还需与基本生态控制线相协调。基本生态控制线是为保障城市基本生态安全，维护生态系统的科学性、完整性和连续性，防止城市建设无序蔓延，在尊重城市自然生态系统和合理环境承载力的前提下，根据有关法律、法规，结合城市实际情况划定的生态保护范围界线。目前主要在广东省（广州市"三规合一"）、深圳市（深圳市基本生态控制线管理规定（2005））、武汉市、厦门市（"多规合一"）等地由地方政府主导划定与管理，与国家生态保护红线同属于永久性保护界线，应当与城镇刚性开发边界进行整合协调。

表 4-6-1 城镇开发边界与已有规划边界关系汇总表

弹性边界		刚性边界（警戒边界、特定边界）	
主体边界（预期边界）	成长边界（协调边界）		
线内	线内	线内	线外
允许建设区（国土）	有条件建设区（国土）	一般耕地（国土）	永久基本农田（国土）
部分适宜建设区（规划）		生态红线二级管控区（环保）	生态红线一级管控区（环保）
		部分限建区（规划、国土）	禁建区、部分限建区（规划、国土）

（二）城镇开发边界划定的方法

1. 刚性开发边界划定

刚性边界对应城市发展的生态底线，即对于保障区域生态系统的水文条件、水资源供给、水土保持、生物栖息地、生物廊道等基本服务功能，保障区域生态安全具有重要作用的生态空间范围。在具体操作上，可以以城镇开敞空间（如河流湖泊、郊野公园等）、农业用地（如基本农田、一般耕地）、环境敏感区（风景名胜区、森林公园、水源保护区等）、城市历史文化遗产保护区域以及住建、环保、国土、林业、水利等各部门其他既有的强制性保护范围为基础，结合生态适宜性分析、生态敏感性分析和景观格局分析所确定的不适宜建设、生态敏感性高或是关键景观格局要素（重要生态斑块和生态廊道），综合划定刚性开发边界。

2. 弹性开发边界划定

　　弹性边界针对城市建设用地发展提出，即城市在未来一定年限潜在发展的空间边界，用于引导城市空间发展，调控土地开发时序、开发强度和土地利用模式，具有阶段性，在规划期限内具有刚性。在具体操作上，应用传统方法预测某个时间节点（如现阶段普遍采用的 2020 年和 2030 年）城市的人口规模和建设用地需求，应用元胞自动机模型、最小累计阻力模型等

确定城市的空间拓展方向，结合建设用地需求规模和刚性开发边界，确定划入弹性开发边界的区域，形成弹性边界。

　　实际操作层面可以将反映权属的地籍图和反映地类的图以及地形图、卫片，还有各类明确的边界，统一坐标后叠加作为工作底图。由空间事权相关部门和土地产权利害关系方共同参与，进行城镇开发边界的划定，实现真正的公众参与，大众规划。

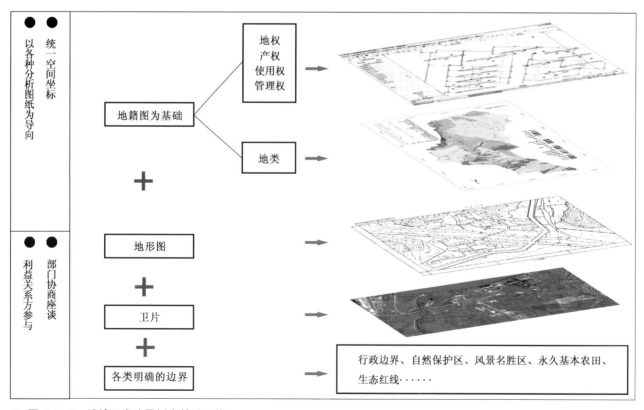

▲ 图 4-6-2　城镇开发边界划定基础工作

3. 部门衔接

充分与国土、环保等相关部门衔接，做好多规融合。在既有规划期限内的弹性边界尊重已有规划；在既有规划期限外的弹性边界对相关部门规划提出指导性建议。先划定城镇开发边界III，再划定城镇开发边界I，最后在城镇开发边界I之外扩展20%~25%的空间规模作为城镇开发边界II。

表 4-6-2　城镇开发边界划定适用方法与涉及部门汇总表

	涉及相关部门	分析方法
城镇开发边界I	国土（允许建设区） 灾害避让	城市增长射线群法 元胞自动机模型 情景分析法
城镇开发边界II	国土（有条件建设区、限制建设区） 环保（生态红线） 林业、灾害避让	生态适宜性评价 最小阻力模型 主成分分析法 聚类分析法 可建设优先权评价 马尔可夫模型
城镇开发边界III	国土（限制建设区、禁止建设区） 农业（永久性基本农田） 环保（生态红线） 林业、灾害避让	资源环境承载力评价 生态敏感性分析 景观安全格局分析 最小阻力模型 绿色基础设施评价模型 主成分分析法 聚类分析法 区域水文模型
城镇开发边界I内的绿地水系	园林、水利、灾害避让、邻避设施	生态敏感性分析 景观安全格局分析 最小阻力模型 绿色基础设施评价模型

（三）城镇开发边界的管理要求

1. 与"多规合一"结合，明确各区发展指引

划定城镇开发边界，要处理好与土地利用规划、环境保护规划等规划的关系，保护粮食安全和生态安全。对各区的开发建设、公共服务、基础设施、居住保障、环境质量、自然资源保护等提出明确要求，对应各部门管理职责，明确各地块权属，便于配套的利益分配转移机制的实施。

表 4-6-3　城镇开发边界相关概念涉及部门汇总表

一级类	二级类	管理部门
城市开发边界	绿地（包括防护绿地）	园林、住建
	水系	水利
	产业区块	发改、规划、国土
	增量用地	规划、住建、国土
	旧城更新：改变性质（退二进三、废弃地改造、居住改商业等），提高开发强度和效益（退二优二、提高容积率等）	规划、住建
镇开发边界	—	规划、住建
农村宅基地	—	规划、住建
区域性设施用地	交通、水利、电力等	交通、水利、供电等
其他建设用地	特殊用地、采矿用地、盐田、风景区	国土、住建
农林用地	一般耕地、草地、林地、园地	农林、国土
	永久基本农田	

续 表

一级类	二级类	管理部门
自然保留地	—	国土
水域	河湖、水库	水利
	海洋	海渔
旅游用地	—	旅游
灾害避让	—	地震、水利、国土
生态红线	自然保护区	环保
	风景名胜区	环保、住建
	森林公园	环保、林业
	湿地公园	环保、林业
	重要湿地	环保、林业
	生态公益林	环保、林业
	特殊物种保护区	环保、林业
	地质遗迹保护区	环保、国土
	饮用水源保护区	环保、水利
	重要水源涵养区	环保、水利
	洪水调蓄区	环保、水利
	清水通道维护区	环保、水利
	太湖重要保护区	环保、水利
	海洋特别保护区	环保、海渔
	重要渔业水域	环保、海渔

2. 建立实施评估和动态调整机制

　　城镇开发边界并不是为了限制城镇增长，而是为城镇未来的潜在发展留有空间。城镇增长边界也不是一条永续不变

的界线，而是具有一定的动态性和时效性，可按照程序进行有计划的调整。因此应构建城镇开发边界实施评估指标体系，定期评估实施情况，针对不同级别的调整需求制定不同的调整办法。

3. 与旧城有机更新工作相结合

　　未来的城镇开发活动将进一步限定在现有的土地存量上。因此，在划定城镇开发边界时，应重点关注内涵式增长，与旧城有机更新计划相协调，挖掘用地潜力，为城镇开发提供一定的用地保障，从而进一步提高城镇建成区的集约程度，促进城市空间的紧凑布局。

4. 完善实施保障机制

　　城镇开发边界能否实现管理的目的，政策工具对主体行为模式的有效控制与引导作用是关键。各地市要加快建立与城镇开发边界相适应的城市公共服务和基础设施投入机制，以城市公共服务和基础设施投入引导各类开发活动在城镇开发边界范围内。可以参考开发权转移、激励区划、性能区划、地理环境单元管理等方法，与城乡建设用地增减挂钩、生态控制线管理办法相结合，制定保障机制。通过完善与城镇开发权相关的财政转移支付制度和生态补偿制度、与城镇开发边界相关的税收制度等经济手段，以增加对限制在城镇开发边界以外地区的支持，从而引导城乡统筹建设。

5. 加强相关技术支撑研究

　　为提高城镇开发边界划定的科学性，应加大对划定技术方法的研究力度，充分利用地理信息数据资源，做好资源环境承载力评价、集约节约潜力评价、空间需求研究等相关专题研究。加快出台城镇开发边界和生态控制线等相关技术导则，结合城市总体规划修编工作，划定城镇开发边界。

七、大数据应用的技术方法

城市总体规划编制高度依赖涉及城市发展的各类数据。近年来，大数据不断涌现，我院也较早地开始探索实践，形成了一整套规划应用方法。

（一）区域格局与联系分析

1. 基于灯光数据的城市建成区规模分析

（1）数据来源

DMSP(Defense Meteorological Satellite Program) 是美国国防部的极轨卫星计划，搭载的 OLS 传感器所获得的夜间灯光遥感数据及应用，能够反映出地面目标的灯光强弱，数据分辨率为 1 千米，覆盖范围到全球。

（2）技术方法

通过收集研究区灯光遥感数据，按照不同研究区域对数据进行提取，得到研究区灯光影像分布图。对数据按照像元值大小进行分级设色，值越高的区域表明人类活动越强烈，通过高值区域聚集范围反映城市建成区绵延规模。

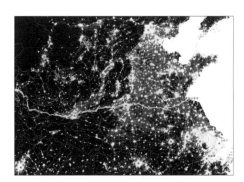

▲ 图 4-7-1 东陇海线灯光数据图

2. 基于流数据的城镇联系强度分析

（1）数据来源

城镇间的流数据包括人流、物流、信息流等多种形式，区域层面的城镇联系主要包括高铁班次、高铁 OD 数据、百度迁徙数据等，而市域层面则以城乡公交数据、手机信令数据为主。

（2）技术方法

采用高铁班次、高铁 OD、城乡公交、百度迁徙等数据，构建多个城镇之间的 OD 矩阵，明确各城镇两两之间的联系特征，并将实际流量在空间上进行表达。

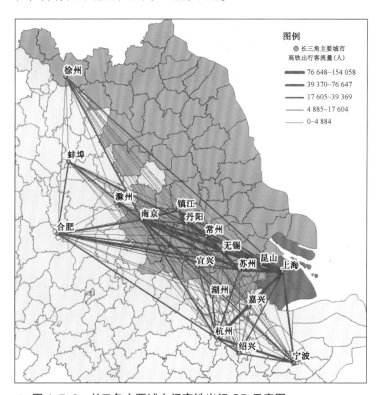

▲ 图 4-7-2 长三角主要城市间高铁出行 OD 示意图

在市域层面，可采用手机信令数据进行 OD 分析。提取手机用户停留超过一定时间作为有效停留点，筛选出行时间、距离较大的停留点作为居民的停留点，进而根据 OD 统计不同空间单元间人流信息，反映空间联系强度。以宜兴为例，统计各城镇出行总量，表明宜城街道出行量最高，与周边城镇联系也相对较强，联系强度排序依次为新街街道、芳桥街道、丁蜀镇、高塍镇。

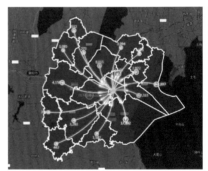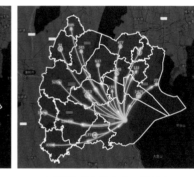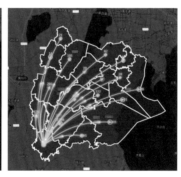

宜城街道 OD 分布（工作日）　　　新街街道 OD 分布（工作日）　　　丁蜀镇 OD 分布（工作日）　　　太华镇 OD 分布（工作日）

▲ 图 4-7-3　宜兴市基于手机信令数据的各镇间联系强度分析图

（二）城市空间形态与结构特征分析

1. 基于 POI 数据的城市建设分析评价

（1）数据来源

在地理信息系统中，每个 POI 包含四方面信息：名称、类别、经度纬度、地址名称。可以结合网络公开地图对 POI 数据进行提取。

（2）城市中心体系建设评价方法

通过 POI 核密度可视化分析方法对城市中心体系、公共服务设施进行分析和评估，能够较为准确地获取用地内实际设施数量及相关信息，直观反映各类设施的分布情况及优劣情况。

也可以通过各类相关数据模型叠加分析，发现各类设施的覆盖情况、集聚情况及与居住用地的匹配程度。以连云港市为例，通过公共服务、商业服务设施现状 POI 分布情况的分析，可以较好地对比现状与规划城市中心体系的差距所在。

（3）城市相似功能片区建设对比分析

在城市规划分析研究中，经常需要对不同城市间相似功能片区的建设进行对比分析，POI 的获取方式灵活，可自由划定范围进行数据抓取，并根据需求筛选数据点，适用于各类尺度、范围的城市分析研究。以临港城市建设为例，选取连云港、日照、青岛、宁波 4 个临港城市，从港城空间结构、临港产业发展等角度进行对比分析。

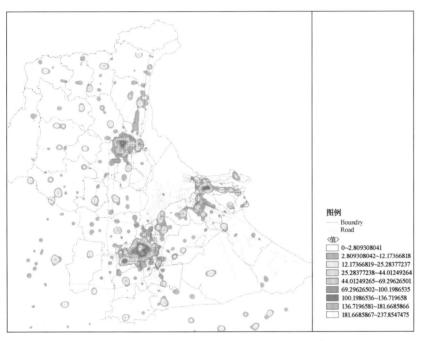

▲ 图 4-7-4　连云港市公共管理与服务设施分布密度图

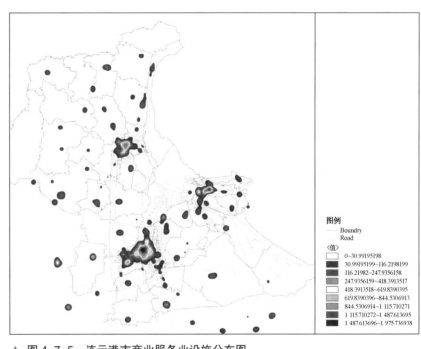

▲ 图 4-7-5　连云港市商业服务业设施分布图

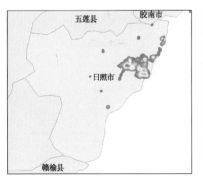

日照市商业服务设施空间分布密度

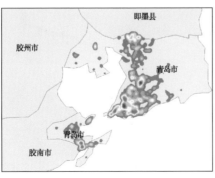

青岛市商业服务设施空间分布密度

连云港市商业服务设施空间分布密度

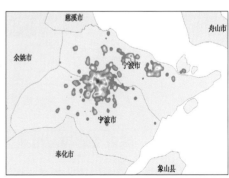

宁波市商业服务设施空间分布密度

▲ 图 4-7-6　临港城市空间结构比较图

141

2. 基于房价数据的城市空间结构分析

（1）数据来源

通过对各类房产交易网站数据的抓取，得到城市二手房和新房的房价信息列表，并将不同区域的房价信息与空间位置配准。

（2）分析方法

通过对房价信息点的空间插值分析，得出房价空间分布图。以宜兴市宜城街道为例，房价整体呈现东部和南部高，中部和北部低的态势。同时，进一步结合房价数据对老城区、新城居住用地发展速度进行判别，对公共服务设施、绿化环境等方面改造提供建议。

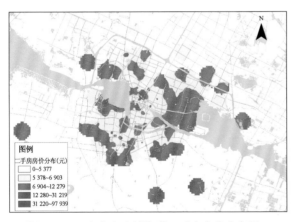

▲ 图4-7-7 宜兴市宜城街道二手房房价分布图

（三）城市交通流与用地关系分析

1. 城市公交与用地关系分析

（1）数据来源

分析主要采用城市公共交通线路、站点、公交刷卡数据及

公交调度数据，结合城市用地现状图进行分析。

（2）公交站点周边开发情况分析方法

研究采用站点影响区域内不同性质用地的用地优势度指数和用地均匀度指数作为量化指标。其中，用地优势度指数描述站点影响区内少数几类用地的控制程度和不同用地间的空间组织关系；用地均匀度指数表示站点影响区内各类用地间的均衡关系。根据这两个指标的分析，将公交站点划分为不同的类型，并提出相应规划对策。

以连云港市BRT为例，站点周边用地以居住用地和公共管理与公共服务用地为主，将站点分为居住型、公共型、商服型、交通型、产业型和混合型6类，针对BRT站点类型划分，对不同BRT站点周边地区未来城市开发提出相应的开发建议。

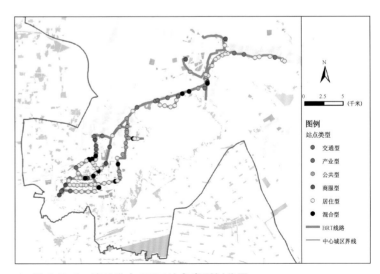

▲ 图4-7-8 连云港市BRT站点类型划分图

（3）职住平衡分析方法

根据公交刷卡信息提取城市居民每次上下车站点信息，同时按照通勤早晚高峰时间判断，提取居民早高峰、晚高峰刷卡频次较高的站点，分别作为居住地、就业地，进而分析城市不同片区职住平衡情况。

以连云港市 BRT 1 号线为例，通勤次数较多的线路为从海州区到连云区。海州区为连云港市老城区，居住小区相对密集，人口密度大；而连云区相对商业区域较为密集，公共服务用地比例较海州区高，就业密度高。连云港市 BRT 平均通勤距离 17.8 千米，通勤距离集中在 4 ～ 20 千米之间。

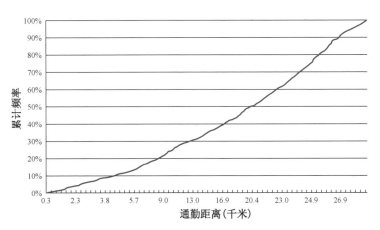

▲ 图 4-7-9　连云港市通勤距离累计频率函数图

2. 公交先导区划定方法

公交先导开发模式（Transit-oriented Development）是一种以绿色出行与用地集约利用为导向的城市开发模式。公交先导开发分为增量土地开发和存量土地更新两个方面，重在以公共交通引导用地增量优选、存量挖潜，达到职住相对平衡、

居民绿色低碳出行、城市空间有序开发和再开发的城市状态。

（1）数据来源

分析数据包括城市 BRT 站点、地铁站点、公交站点、自行车站点空间分布，BRT 站点、地铁站点、公交站点均可通过在线地图平台抓取，自行车站点可通过自行车刷卡数据库获得。

（2）技术方法

依据路网格局、地铁、公交走向和分布，结合 TOD 片区划分要素，确定 TOD 片区范围；综合地铁、BRT、常规公交、公共自行车 4 种公交方式，测算各个地块的公共交通服务水平；通过确定 4 种交通类型空间分布情况，进行地块公共交通服务水平测算。

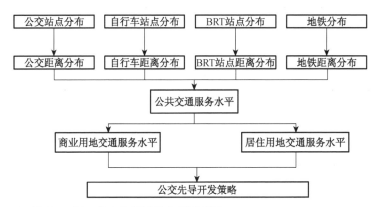

▲ 图 4-7-10　公交先导开发分析思路图

以连云港市为例，依据 TOD 片区划分步骤，划定连云港 TOD 片区，共计新浦片区、花果山片区、赣榆片区、国际产业园片区、连云片区 5 个片区，针对不同片区，提出有针对性的规划策略，实现集约节约用地。

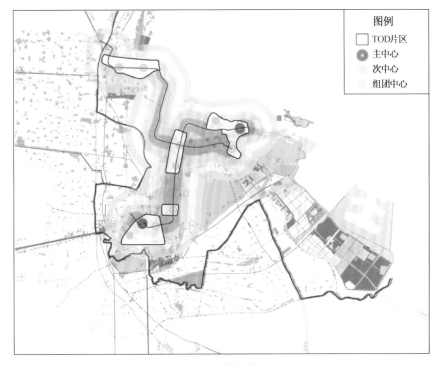

▲ 图 4-7-11　连云港公交先导区划定及等级体系

（四）城市宜居性与活力评价

1. 城市公共服务设施供给评价

（1）数据来源

分析采用城市用地现状图与手机信令作为主要分析数据。城市用地现状图用于提取居住小区、公共服务设施及道路信息，手机信令用于测算各地块人口数量。

（2）技术方法

使用公共服务潜能模型对城市各类公共服务设施进行评价，具体方法为：以各类公共服务设施为设施点，以居住用地为居民点，依托现状道路路网构建潜能模型，测算居民点到设施点的可达性，在此基础上，划分步行5分钟、10分钟、15分钟、30分钟圈层，评价公共服务设施空间覆盖情况，筛选出公共服务设施服务较差的居民点。以此评价结果为依据，优化调整设施空间布局，引导用地供给，匹配公共服务设施需求。

以常熟中小学供给评价为例，通过潜能模型计算，现状小学已能有效覆盖各类居住用地，大多数的居住地块位于10分钟步行圈层内，而梅李片区和新港片区有所缺失。

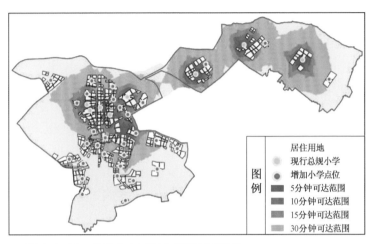

▲ 图 4-7-12　常熟中心城区小学服务可达性

现状中学布局覆盖率低于小学，仅有一半左右的居住地块位于 10 分钟步行圈层内，老城区覆盖率较好，但是周边地区的中学服务水平不高，其中古里片区、梅李片区、新港片区中学不足。

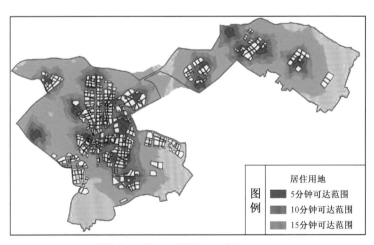

▲ 图 4-7-13　常熟中心城区中学服务可达性

2. 基于多源数据的宜居城市空间评价

（1）评价指标体系构建与数据来源

宜居城市空间评价包括两大部分：一是对宜居城市空间客观实体的评价。通过建立评价指标体系，定量评价宜居城市空间的优劣程度。二是对宜居城市空间主观认知的评价。依托世界卫生组织的 4 个基本理念系统建构评价体系，主要包括空间舒适性、生活舒适性、设施便利性、出行便利性、环境健康性、社区安全性 6 个方面。

表 4-7-1　宜居城市空间指标体系与主要数据来源

层面	指标	数据来源
空间舒适性	公园绿地可达性	用地现状图
	建筑空间尺度（容积率表达）	在线地图平台的建筑与层高提取
生活舒适性	设施多样性	在线地图平台 POI 提取
	慢行系统	自行车点提取
设施便利性	商业设施	用地现状图结合 POI 问卷调查
	教育设施	
	医疗设施	
	文化设施	
	体育设施	
	福利设施	
出行便利性	公共交通线路数量	公共交通刷卡数据
	到达市中心公交便利程度	公共交通刷卡数据

145

续　表

层面	指标	数据来源
环境健康性	空气质量（PM2.5）	空气质量检测点数据 PM2.5
	环境卫生（邻避设施）	用地现状图
	周围噪声（道路噪声）	用地现状图
社区安全性 空间舒适性	社区安全治安	犯罪率
	紧急避难场所	用地现状图
	公园绿地可达性	结合抗震防灾现状评价

（2）评价技术方法

首先，收集地图、设施分布状况、自行车租借点、公交线路、空气质量现状数据等，建立多源数据库。其次，根据评价目标需求进行评价单元格网的划分，确定评价单元，对各项指标采用不同方法进行分类评估，确定评价方法。最后，选择多因子叠加评价模型，分析宜居城市空间评价的空间差异、空间结构及其变化。

以宜兴中心城区为例，采用宜居城市空间评价体系，对宜兴中心城区内的各项指标进行分项评价，并通过空间叠置方法形成中心城区宜居城市空间综合评价结果。在城市宜居空间评价基础上，重点对评分较低区域提出相应空间改造策略，提升城市空间品质。

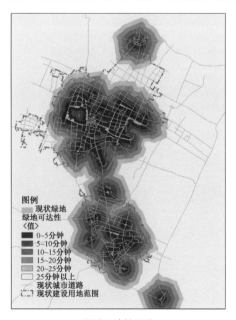

绿地可达性评价　　　　　　地块容积率现状　　　　　　设施多样性评价

▲ 图4-7-14　宜兴中心城区宜居城市空间分项评价内容（a）

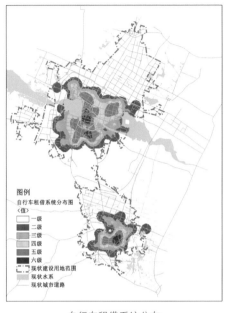

自行车租借系统分布

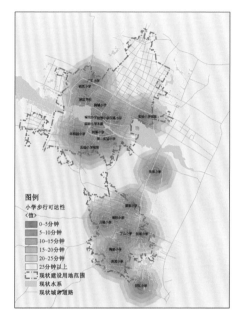

商业设施密度

小学可达性

初中可达性

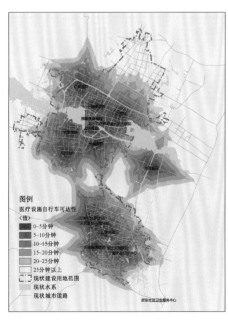

医疗设施可达性

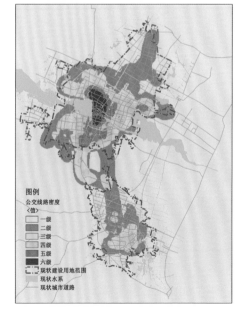

公交线网密度

▲ 图 4-7-14 宜兴中心城区宜居城市空间分项评价内容（b）

147

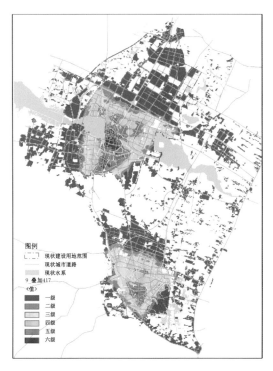

▲ 图 4-7-15　宜兴中心城区宜居城市空间评价综合评分图

3. 城市社区活力中心提取及生活圈划定

（1）数据来源

分析主要采用公共自行车刷卡数据，可通过城市自行车管理中心或公共自行车运营企业获取。

（2）技术方法

"生活圈"实质上是居民通勤、购物等日常行为在空间上的反映。针对不同城市生活圈范围，配置学校、医院等不同类别、等级的公共服务设施。

以宜兴中心城区社区生活圈划定为例。首先，按照两两站点间公共自行车刷卡作为联系强度，生成站点间连线，对所有站点进行吸引等级划分。其次，采用 GIS 位置分配模型，以居住小区地块作为服务需求点，将各自行车租借点作为服务提供点，配置最短路径的合理公共服务设施集聚点。最后，在提取社区级活力中心的基础上，划定城市社区生活圈范围。

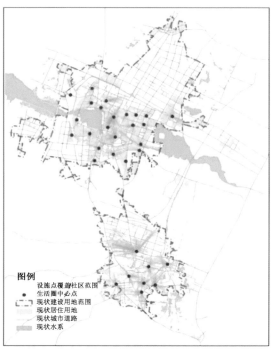

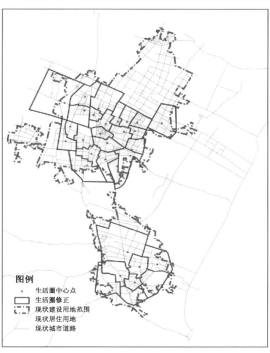

▲ 图 4-7-16　宜兴中心城区"10 分钟生活圈"中心提取与生活圈划定图

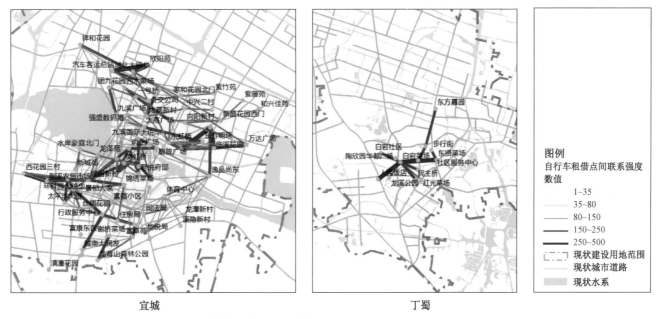

▲ 图 4-7-17　宜兴中心城区自行车租借点间联系强度分析图

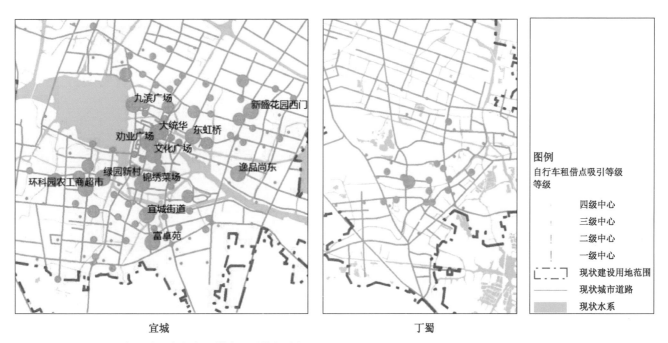

▲ 图 4-7-18　宜兴中心城区自行车租借点吸引等级分析图

（五）城市建成环境与生态影响分析

1. 城市土地利用对空气质量影响定量评价

（1）数据来源

城市基本地理信息数据库来源于项目收集，包括城市用地现状、道路交通现状、地形、水系、人口等数据，空气质量数据来源于城市大气污染物监测站点监测数据。

（2）技术方法

通过土地利用回归模型研究监测站点 PM2.5 浓度与其周边用地的关系，识别 PM2.5 空间分布，建立城市用地与空气污染之间的回归方程。以研究区监测站点 PM2.5 浓度监测数据的年均值作为因变量，以土地利用、道路交通、自然条件作为自变量建立多元线性回归方程。

以连云港市为例，将监测站点的 PM2.5 浓度作为因变量，以土地利用、道路交通、自然条件作为自变量，建立多元线性

回归方程。在获取空气质量与城市土地利用关系后，对连云港城区进行均匀布点计算，模拟连云港市区 PM2.5 浓度分布。可以看出，连云港市区 PM2.5 呈现从海州到连云高值连续分布的趋势，其中海州区 PM2.5 浓度最高，呈现聚集趋势。

2. RS 和 GIS 支持下的宏观层面通风廊道分析

（1）数据来源

分析数据主要包括城市土地利用、地形图、TM 影像图以及温度、风向等相关气象数据，可通过项目收集和网络公开数据获取。

（2）技术方法

综合考虑城市热环境、开敞空间、非建设用地、道路、建筑高度等因子，采用遥感数据、用地数据、建筑物数据等，结合评价指标体系对不同因子进行空间量化评价，计算得到城市通风廊道适宜性分析结果，划定城市不同等级通风廊道，并对城市通风廊道规划提出空间指引。

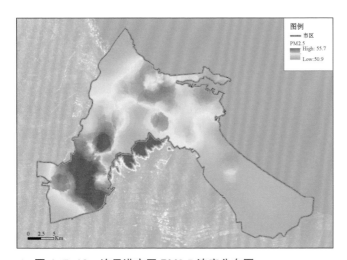

▲ 图 4-7-19　连云港市区 PM2.5 浓度分布图

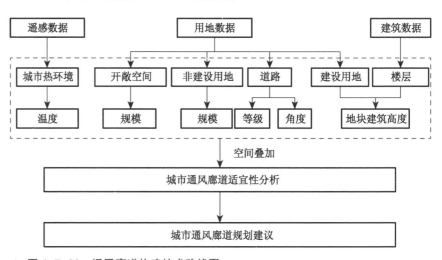

▲ 图 4-7-20　通风廊道构建技术路线图

▲ 图 4-7-21　分项风廊道构建适宜度分析图

以宜兴中心城区为例，借助 GIS 分析平台对不同因子进行叠加分析，对不同下垫面进行通风适宜性评价，得到宜兴中心城区通风廊道空间定量研究结果。以通风适宜性评价结果为依据，构建宜兴城区风廊道体系，划定 2 条一级风道与 5 条二级风道，针对一级风道、二级风道提出相应规划建议，改善城市通风环境。

▲ 图 4-7-22　风廊道划定建议

八、多规协调的技术方法

（一）技术基础

1. 坐标体系

目前江苏各城市国土部门的规划成果和作业平台以西安80坐标系为主，规划建设和测绘部门的规划成果和作业平台以城市独立坐标系为主。由于不同坐标系的地图投影形变不同，空间落位有差异，在空间比对和融合过程中亟须统一工作坐标系。考虑到各相关部门既有成果和工作方式的延续问题，分近远期统一坐标体系。

近期应建立地方坐标系和西安80坐标系的转换路径。各部门可保持既有规划成果和工作方式的延续性，分别在原有的坐标体系中完成相应工作。在空间比对阶段，统一为一个坐标体系，将其他坐标体系中的成果内容转换过来。介于从全省统筹的角度考虑，建议选择以西安80坐标系作为近期统一坐标体系，有利于不同城市的空间拼合。

远期可按照测绘法的要求，将逐步建立全国统一的大地坐标系统。将规划、国土、测绘等既有工作成果向国家大地坐标系准确转换，各项新增工作全部在2000国家大地坐标系基础上完成。未来多规合一工作平台应该将各类规划的空间数据统一在国家大地坐标系上。多规合一工作完成后，后续各类规划调整工作及延伸基础测绘资料也应全部统一至国家大地坐标系。

2. 空间数据格式

目前城乡规划部门的矢量数据和工作平台主要依托AutoCAD平台；国土部门的矢量数据和工作平台主要依托ArcGIS平台。

AutoCAD平台的优点是作图方便，便于对图纸的多次修改和要素的复制粘贴，运行速度快，可视化效果好；缺点是图元容纳属性数据有限，空间比对分析功能薄弱，多图元数据统计操作不方便。

ArcGIS平台的优点是能够容纳大量的属性数据，同时开展各种空间比对分析和便捷的统计操作；缺点是对图元的修改操作不够方便，程序运行和界面设计不适应大量的作图需求。

因此基于多规合一的工作需求，一方面发挥各自平台的长处，另一方面适应长期以来各部门形成习惯的工作成果和工作方式，建立两种数据格式的转换途径。优选AutoCAD平台开展图纸绘制工作，而空间分析工作则逐步将空间数据统一到ArcGIS平台。

3. 用地分类

城乡规划的现状和规划用地分类标准采用《城市用地分类与规划建设用地标准》（GB50137—2011），国土部门现状采用《土地利用现状分类标准》（GB/T21010—2007），土地利用总体规划用地分类标准采用《县级土地利用总体规划编制规程》（TD/T1024—2010）。

《城市用地分类与规划建设用地标准》（GB50137—2011）包括城乡用地分类、城市建设用地分类两部分。城乡用地共分为2大类、9中类、14小类；城市建设用地共分为8大类、35中类、42小类。

《土地利用现状分类标准》（GB/T21010—2007）采用一级、二级2个层次的分类体系，共分为12个一级类、57个二级类。其中一级类包括：耕地、园地、林地、草地、商服用地、工矿仓储用地、住宅用地、公共管理与公共服务用地、特殊用地、交通运输用地、水域及水利设施用地、其他土地。

《县级土地利用总体规划编制规程》(TD/T1024—2010)采用一级、二级、三级3个层次分类体系,共分为3个一级类、10个二级类、25个三级类。其中一级类包括:农用地、建设用地、其他土地。

在对城乡规划部门、国土部门针对现状、规划的一系列分类标准进行梳理的基础上,形成一个统一用地分类标准的初步方案,即两段七级分类体系:第一段(一至三级)采用数字编码(如1—11—111),更贴近国土部门表达方式,确保城乡规划和国土部门在第一级基本统一为建设用地、农用地、其他用地三大类用地;第二段(四至七级)采用"字母+数字编码"方式,从用地细分的具体用途出发,基本采用《城市用地分类与规划建设用地标准》(GB50137—2011)中城市建设用地的分类,做一定的优化、调整和细分新增。

考虑到既有工作方式和成果的延续性,近期形成国土规划、现状和城乡规划的用地分类对照表,在统一建设用地、农用地、其他用地三大类用地概念的基础上,继续采用既有标准;远期应以上述相关标准为基础形成符合城市自身特点的两规统一的用地分类标准。

4. 数据深度

基于上述"多规合一"合的层面界定在县(市、区)层面的原因,各类规划成果、数据采用情况如下:

国民经济和社会发展规划采用经批准的县(市)的"十三五"规划(纲要)和年度建设项目计划,主要是相关目标、指标数据;城市总体规划采用经批准的县城、县级市总体规划,主要是相关空间数据及图纸;土地利用总体规划采用经批准的以县(市)级行政区为单元的土地利用总体规划,主要是相关空间数据及图纸;生态红线区域保护规划采用经批准的县(市)生态红线区域保护规划,主要是相关指标、空间数据及图纸。

(二)基本思路

1. 合的内容

(1)合目标

近期目标以国民经济与社会发展规划为主,统一经济发展、居民生活、环境保护等方面的指标。

远期根据城市发展趋势和特点,确定相关发展目标和指标。不同类型的城市在指标项设立及指标值确定方面,可因地制宜,体现差异和特色。

对刚性、约束性指标,力求做到多规的绝对一致;对弹性、引导性指标,可在趋势上保持统一,具体指标内涵和设定值根据各相关规划的相应要求有所调整。

(2)合空间

合现状:建立规划、国土两部门相统一的用地现状,特别是在建设用地、农用地、其他用地层面统一三大类用地的规模和空间边界。

合规模:以两规统一的现状为基础确定两规吻合的建设用地总规模,并且在三大类用地的空间分布上保持一致。

建设用地的具体使用属性确定和布局优化方面,未来以城乡规划深化为主;农用地及其他用地的具体使用属性和布局深化,以土地利用总体规划为主。

(3)合管控

生态红线区域规划中,采用分类分级管控措施,按照15种不同类型区域,划分为一级管控区、二级管控区进行分级管理。

土地利用总体规划中,按照允许建设区、有条件建设区、限制建设区、禁止建设区 4 类进行用地管制。

城市总体规划中，明确要求提出禁建区、限建区、适建区范围，一般还会增加已建区，统称"四区划定"。

针对同一空间在不同规划体系中有不同分类、不同管控措施的应进行统一，从多规合一角度，采用"两线""四区"的管控区域划分。

两线，即生态控制线、开发边界，两线保持重合。生态控制线范围内即为开发建设行为受限或禁止的区域，着重生态保护和农业生产功能；开发边界范围内即为允许城乡建设空间拓展的范围。

四区，即禁建区、限建区、有条件建设区、适建区。基本统一土地利用总体规划和城市总体规划的管控概念。通常，禁建区、限建区构成生态控制线范围；适建区、有条件建设区构成开发边界范围。

2. 合的深度

目标方面主要是保持近期（五年规划）指标体系方面的一致，在中远期的发展目标方面可暂不作要求，因各相关规划的规划期限和目标年度不同，可以近期目标为基础提出合理的远期目标。

空间方面主要是保持建设用地、农用地、其他用地的总规模和空间分布的一致，在 3 个一级类用地的具体用途方面可以暂不作统一的要求，各相关规划可各自开展深化工作。

（三）目标的融合

1. 期限协调

规划期限协调的意义并不在于期限本身，而在于引导制定不同时期的发展目标。因此允许各规划的期限有所不同，但在"多规合一"时，应以几个规划中期限最近的作为"规划近

期"，以期限最远的作为"规划远期"。

2. 目标的统一

（1）经济目标

一般以国民经济与社会发展规划为准。如城市总体规划期限大于国民经济与社会发展规划，则近期目标参考国民经济与社会发展规划，远期目标参考城市总体规划。

（2）社会目标

综合考虑国民经济与社会发展规划和城市总体规划确定目标。期限不一致时，近期参考国民经济与社会发展规划，远期参考城市总体规划。

（3）空间目标

综合考虑土地利用总体规划和城市总体规划确定目标。

在土地利用规划期限内，建设用地规模不得超过土地利用规划；超过土地利用规划期限，当城乡规划建设用地规模小于土地利用总体规划建设用地规模时，可以土地利用总体规划建设用地规模作为远景控制要求；当城乡规划建设用地规模大于土地利用总体规划建设用地规模时，可综合考虑生态保护要求、生态容量约束、土地利用总体规划期限后延建设用地指标调整的可行性等因素，确定适宜的建设用地规模控制要求。

（4）环境目标

综合考虑土地利用总体规划、城市总体规划、生态红线规划确定目标。

一般而言，涉及生态保护的参考生态红线规划，涉及农田保护的参考土地利用总体规划，涉及城市内部环境建设的参考城市总体规划。

3. 发展指标的融合

（1）指标体系

各个规划、各个地区指标体系差异显著，"多规合一"的目的不在于构建一个适用于所有地区标准的指标体系，但至少应包括经济、社会、环境、空间四大方面，具体指标的选取则应遵循两条基本原则：①体现传统的规划目标导向，取交集，至少有2个规划共同采用且具有明确指向的指标，如GDP、人均GDP等，各类规划的专项指标不必纳入该体系；②应当充分体现"多规合一"的特点，如常住人口规模、建设用地规模、基本农田保护面积等指标。

（2）指标分类

规划指标分为两类：一是约束性指标，在规划期末必须达到的最低门槛或不可突破的指标，如建设用地规模、人均建设用地、基本农田保护面积、水面率等；二是引导性指标，具有一定的指导意义但不具有强制性，如GDP总量等。

表 4-8-1　多规合一指标体系

一级指标	二级指标
经济建设	GDP总量、人均GDP、产业结构等
社会发展	常住人口规模、城镇化率等
建设空间	建设用地规模、人均建设用地等
生态环境	生态红线一级管控区面积、基本农田保护面积、水面率、森林覆盖率、城市绿化覆盖率、单位GDP能耗等

（四）空间边界与空间分区

1. 空间边界与空间分区的类型与关系

（1）空间边界的类型

开发边界与生态控制线：开发边界与生态控制线为同一边界，在空间上可以是多条封闭界线，是城乡建设空间与生态保护空间的分割界线，开发边界以外不允许开展新的城乡建设活动。此界线原则上不受规划期限的影响，具有较强的刚性。

建设用地规模边界：一定的规划期限内，在建设用地规模目标控制下允许建设的所有连片及独立的建设用地边界，是落实一定时期内城乡各项建设活动的合法边界。此边界具有一定的弹性，一方面随着规划期限的后延，可能会进一步拓展，另一方面结合发展的实际需求，经过法定的程序，其形态可能会有所调整，但无论是向外的拓展还是形态的调整，均不得突破开发边界。

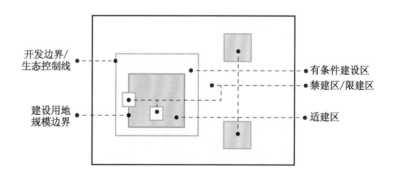

▲ 图 4-8-1　"三线四区"的空间示意图

（2）空间分区的类型

适建区：一定规划期限内符合城乡发展需要、适合城乡建设的允许建设区域，包括规划期内各类建设用地，是规划确定的城乡建设用地指标落实到空间上的用地。

有条件建设区：是指为适应城乡发展的不确定性，在建设用地规模边界之外、开发边界之内划定的规划期内可能用于建设用地布局调整的区域。

禁建区：实行最严格的管控措施，严禁一切与生态环境保护无关的开发建设活动，包括但不限于生态红线一级管控区、重要水体、海洋保护区等。

限建区：基于生态环境保护、农业生产等要求，需要限制开发建设活动的区域，包括生态红线二级管控区、基本农田保护区及其他需要进行限制开发的区域。

分区类型	一般范围
适建区	规划期内保留的现状建设用地 符合城乡发展规模限制、适合城乡建设、对生态环境等需要保护控制的空间无重大影响的区域
有条件建设区	符合各类保护与开发限制基础上、经法定程序可用于建设用地布局调整的区域

表 4-8-2 "四区"包含的一般空间区域

分区类型	一般范围
禁建区	风景名胜区核心景区 森林公园中划定的生态保护区 湿地公园内的湿地保育区和恢复重建区 饮用水水源保护区的一级保护区 湿地内的野生生物繁殖区及栖息地等生物多样性富集区 国家级、省级生态公益林中的天然林 对区域生态及城乡环境具有重要意义的水体 海洋保护区 地震断裂带、山洪等地质灾害影响不适宜建设区域 其他需要禁止开发的区域
限建区	风景名胜区核心景区以外的区域 森林公园中划定的生态保护区以外的区域 湿地公园内湿地保育区和恢复重建区以外的区域 饮用水水源二级保护区和准保护区 重要湿地内生物多样性富集区以外的区域 清水通道维护区 国家级、省级生态公益林中的非天然林 特殊物种保护区 基本农田保护区 一般水体 海洋功能区划的农渔业区、保留区、特殊利用区 其他需要限制开发的区域

（3）空间边界与空间分区的关系

开发边界以内为适建区和有条件建设区，生态控制线以内为禁建区和限建区。四区之间互不重叠。建设用地规模边界与开发边界可以重叠，但前者不得超出后者的范围。

2. 管控要求与调整原则

总体上，有相关法律、法规规定的应按照相关法律法规的管控要求执行，没有规定的可按照表中原则执行。

表 4-8-3 "三线"管控要求及调整原则

分区类型	管控要求	动态调整原则
开发边界生态控制线	一切城乡建设活动，不得突破开发边界	经法定程序批准确定后，原则上不得进行动态调整
建设用地规模边界	规划期内一切城乡建设活动不得突破建设用地规模边界	规划期内如城乡建设确需调整该边界的，在不突破建设用地规模的前提下，可以按照法定程序对建设用地规模边界进行适当调整，但不得突破开发边界。规划期限变化的，可根据新的建设用地规模及城乡发展实际情况进行调整，但不得突破开发边界

表 4-8-4 "四区"管控要求及调整原则

分区类型	管控要求	动态调整原则
禁建区	禁止一切与生态环境保护无关的开发建设行为；现有的与生态环境保护无关的建设用地应逐步腾退；涉及生态红线保护的严格按照相关管控要求执行	在不出现相关空间要素变动的情况下，原则上禁建区范围不得变动、缩小
限建区	限制与生态环境保护无关的开发建设行为；现有建设用地禁止改建、扩建，有条件的应逐步腾退；涉及生态红线、基本农田保护的严格按照相关管控要求执行	在禁建区未出现变化、基本农田保护区域未调整的情况下，原则上不得调整
适建区	按照城乡规划管控要求进行开发建设活动。非经法定程序不得变更土地用途，也不得突破该区域进行城乡建设活动	规划期内，在不突破规划建设用地规模控制指标的前提下，经法定程序可以进行调整；规划期限调整的，可根据新的建设用地规模进行调整；均不得突破开发边界
有条件建设区	作为城乡建设备用空间，非经法定程序不得开展城乡建设活动	规划期内，在不突破规划建设用地规模控制指标的前提下，经法定程序区内土地可以用于规划建设用地的布局调整；规划期限调整的，经法定程序可以调整为适建区

3. 图斑梳理与协调

"四区"的划定是重点，"三线"在"四区"划定基础上整合而成。"四区"的划定主要通过基本图斑的梳理及矛盾图斑的协调两个部分完成。通过图斑梳理，形成初步方案；在初步方案基础上，对矛盾图斑进行协调，进而形成"多规融合"的"四区"划定方案。

（1）基本图斑梳理—初步方案

按照"底线原则、生态优先、规模控制、适度弹性"的原则及顺序，将各个规划的相应图斑按照"四区"涉及的一般性范围划入禁建区、限建区、适建区和有条件建设区，作为"四区"划定的初步方案。

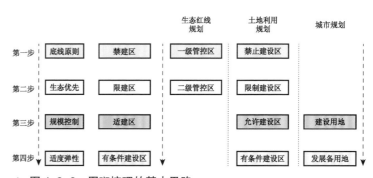

▲ 图 4-8-2 图斑梳理的基本思路

图斑的梳理过程也是一个空间数字化的过程，应按照协调过的土地分类标准，以城市总体规划的深度建立起各类图斑的空间数据库。对各类规划本身的图、文一致性进行校核，重点是各类保护范围边界、实际面积与保护目标数据之间的对应关系。应明确图斑本身边界，消除各个规划因为制图差异产生的误差。重点关注规划建设空间与生态空间的重叠情况。

157

（2）矛盾图斑协调—融合方案

不同规划之间空间图斑的冲突协调是多规融合的关键，应根据城市发展阶段、生态环境本底条件分类引导，不同城市应当有所区别。保护优先：应当保证生态红线一级管控区等高度敏感区域不被侵占。分类引导：A型—Ⅰ类城市，可适度向建设空间倾斜，保障合理的发展诉求；B型—Ⅱ类城市、B型—Ⅲ类城市，应优先保证生态保护空间，特别是B型—Ⅲ类城市应将严守生态底线置于绝对优先位置。

（3）"三线"的划定

在"四区"划定的基础上，在空间数据库平台合并适建区和有条件建设区，图斑的边界即为开发边界及生态控制线，适建区所对应的图斑边界即为建设用地规模边界。

表4-8-5　冲突图斑与边界分类处理原则

分类	A型			B型		
	Ⅰ类城市	Ⅱ类城市	Ⅲ类城市	Ⅰ类城市	Ⅱ类城市	Ⅲ类城市
建设用地与生态红线一级管控区冲突	严守一级管控区边界，调整各类规划涉及的建设用地边界，现状已建成的逐步腾退					
建设用地与生态红线二级管控区冲突	现状冲突区域视情况腾退；基本保证规划建设用地增量及空间布局；优先保证区域生态空间总量调整空间布局	现状适度保留；压缩规划建设用地增量，调整空间布局；保生态红线	现状建设用地基本保留；基本无增量空间；保生态空间	现状冲突区域视情况腾退；保建设用地增量，空间布局可优化调整；保管控区域总量调整空间布局	现状基本腾退；严控建设用地增量；保生态红线	现状基本腾退；建设用地无增量；保生态红线
建设用地与基本农田保护区冲突	基本保证规划建设用地增量及空间布局；优先保基本农田总量调整空间布局	压缩规划建设用地增量，调整空间布局；适度调整基本农田	严控建设用地增量，调整空间布局；适度调整基本农田	保建设用地增量，空间布局可优化调整；保基本农田总量调整空间布局	适度保留建设用地需求，调整空间布局；适度调整基本农田	建设用地基本无增量，调整建设用地空间布局；保基本农田

5 | 第五章
地级市城市总体规划代表案例解析

一、拉萨市城市总体规划（2009—2020）

拉萨位于西藏高原的中部、喜马拉雅山脉北侧，海拔3 650米，是中国西藏自治区的首府，西藏的政治、经济、文化和宗教中心，拥有1 300多年历史。同时，拉萨也是藏传佛教圣地，拥有举世闻名的布达拉宫、大昭寺、罗布林卡等世界文化遗产，独特的自然条件和悠久的传统文化赋予了拉萨特殊的魅力，成为世人向往的圣地。

拉萨市下辖城关区、堆龙德庆县等1区7县，总面积约3万平方千米，占全区的2.5%。2013年，全市人口57.6万，完成地区生产总值304.9亿元，比上年增长12.4%，总财力达到132亿元，经济社会呈现出健康、快速发展的良好态势。

（一）规划背景

根据江苏省委、省政府和西藏自治区党委、政府以及拉萨市委、市政府达成的共识，将拉萨市城市总体规划修编作为"十一五"期间江苏对口支援拉萨的重要项目，2007年3月住房和城乡建设部批准拉萨市开展城市总体规划修编工作，2007年5月规划编制工作全面启动，于2008年5月完成规划成果。

（二）规划理念与目标

1. 保障生态，建设生态拉萨

本次总体规划深入贯彻落实科学发展观，针对拉萨较为脆弱的高原生态环境，立足保护国家生态安全屏障的要求，优先确立了保障生态的规划理念。同时，全面落实了节能减排要求，优化能源结构，全面协调人口、资源和环境的关系，建设生态拉萨。

2. 保护文化，建设人文拉萨

拉萨作为藏传佛教圣地，文化地位崇高，文物古迹众多，传统文化独特而深厚，规划坚持物质文化与非物质文化并重，保护传承底蕴深厚、特色鲜明的藏族优秀传统文化，并协调好保护与永续利用的关系，建设人文拉萨。

3. 保持特色，建设特色拉萨

保持拉萨独一无二的城市特色、人文风情和历史文化，通过分析不同群体行为特征，构筑特色空间体系，强化自然与人文相交融、传统与现代相辉映的高原城市特色，建设特色拉萨。

4. 健康发展，建设现代拉萨

利用良好的发展条件，推进特色产业发展，加快区域中心城市建设，提升自我发展能力，加强拉萨对西藏自治区的带动作用。

（三）规划重点与创新

1. 开创性地综合运用先进技术方法，重视生态约束条件分析

在国内城市总体规划编制中开创性地综合运用遥感与GIS技术、生态足迹模型、环境容量分析等当前生态规划研究中较为先进的技术手段和方法，对资源、环境承载能力进行定量分析。

（1）引入生态足迹模型科学测算生态承载力

规划立足保护国家生态安全屏障的要求，针对拉萨脆弱敏感的特殊生态环境，以"优先保护生态环境资源、科学强化生态环境建设、营造优美生态环境景观"为目标，引入生态足迹模型对资源和环境承载能力加以科学测算，确定规划期末市域总人口控制在70万人以内，中心城市人口规模控制在45万人以内，并保持以第三产业为主的产业结构。

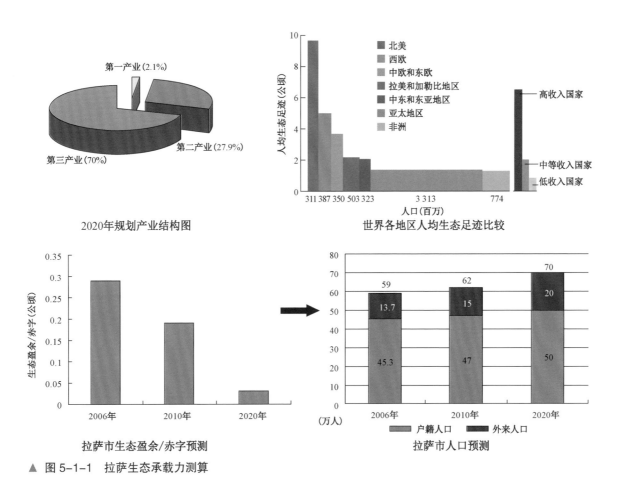

▲ 图 5-1-1　拉萨生态承载力测算

（2）运用遥感和 GIS 技术划分市域生态功能区

　　规划运用遥感与 GIS 技术，通过对地形地貌、水土流失敏感性、土壤冻融敏感性、自然保护区和重要湿地等因子的量化分析，将全市域划分为生态功能保护与禁止开发地区、生态功能维护与限制开发地区、生态功能协调与引导开发地区三类生态功能区，制定了相应的空间管制措施，并结合生态功能区划确定了"旅游带动、强化中心、区域统筹、特色取胜"的城镇化战略，优化市域城镇和产业布局。

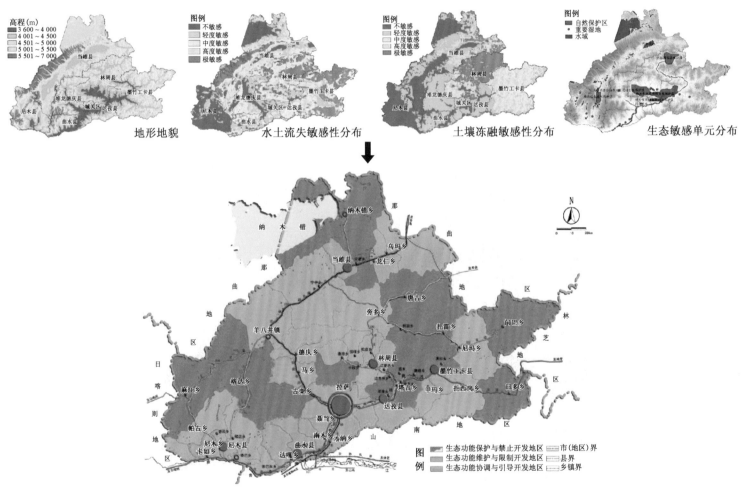

▲ 图 5-1-2　利用遥感与 GIS 进行生态功能区划分

2. 强化城市设计手段，有效加强历史文化保护

（1）科学分析建筑高度控制

规划引入城市设计方法，采用 GIS 技术和三维图像分析技术模拟分析全城建筑高度控制要求，通过视廊和视野的叠加控制，划分不同的建筑高度分区，保证景观点和观景点均形成良好的观赏效果，更好地保护拉萨城区历史文化特色。

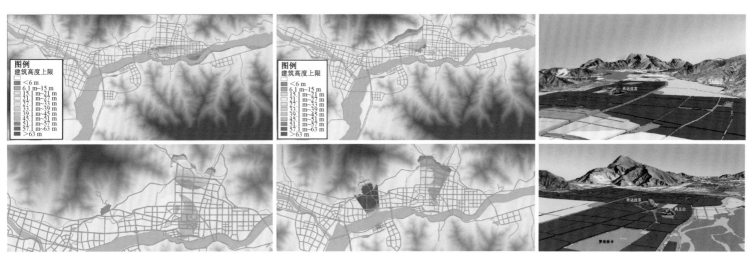

▲ 图 5-1-3　建筑高度控制分析图

▲ 图 5-1-4　中心城区空间景观规划图

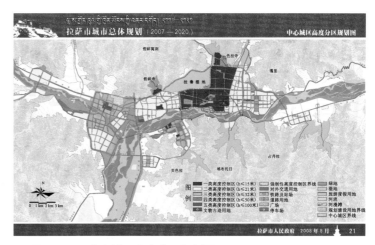

▲ 图 5-1-5　中心城区高度分区规划图

（2）构筑有利于历史文化保护的城市空间结构

① 加快推进新区建设，合理疏解旧城功能

规划综合比较了中外著名历史文化名城空间发展战略的利弊得失，从有利于历史文化保护的角度出发，确立了"加快推进新区建设，合理疏解旧城功能"的空间发展策略，合理疏解行政办公、批发市场、大专院校、居住等不适合在旧城区内发展或现状过于密集的功能，保持并强化文化娱乐、旅游服务、宗教活动、特色居住等传统功能。

 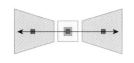

模式一：以古城为中心圈层式蔓延　模式二：以古城为中心轴向拓展

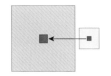

模式三：保护古城建设新城

▲ 图 5-1-6　古城城市空间发展的 3 种模式

② "一城三区"的城市空间结构

运用 GIS 技术对中心城区进行生态适宜性评价，确定了"东延西扩南跨"的城市发展方向，形成了"一城三区"的城市空间结构，构建了"青山拥南北，碧水贯东西，绿脉系名城，林卡缀家园"的城市绿地系统。

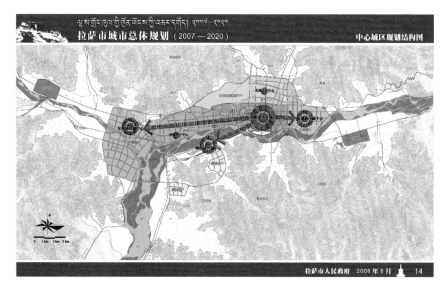

▲ 图 5-1-7　中心城区规划结构图

▲ 图 5-1-8　中心城区绿地系统规划图

（3）构建完整的历史文化保护体系

以拉萨古城和布达拉宫、大昭寺、罗布林卡等世界文化遗产为重点，建立了"市域、历史城区、历史文化街区、世界文化遗产、文物古迹"完整的保护体系，并有序组织文化空间。

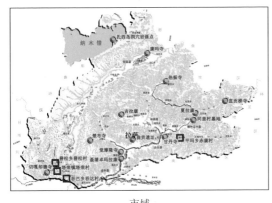

市域

历史城区

世界文化遗产

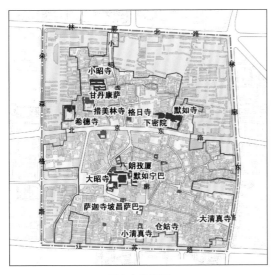

历史文化街区

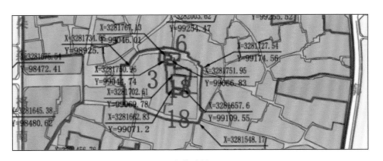

文物古迹

▲ 图5-1-9　历史文化保护体系

3. 与综合交通规划同步编制，充分发挥交通引导作用

（1）全面突出交通引导发展的理念

以构建中国西南部地区的国家级综合交通枢纽为目标，构筑便捷的对外交通体系，与拉萨的对外开放和国际性旅游城市发展定位相适应，提高区域中心城市的地位和作用，促进经济社会的跨越式发展。

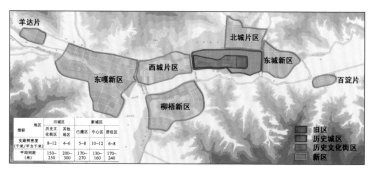

▲ 图 5-1-11　中心城区交通分区图

（3）贯彻公交优先理念，完善慢行交通体系

以公交走廊引导城市集约开发，形成覆盖全城的三级公交线网，落实公交枢纽、场站等设施用地，方便与其他交通方式的换乘，并和土地开发形成良性互动。

▲ 图 5-1-10　拉萨在西藏自治区的区位图

（2）提出交通分区概念

结合拉萨现状布局和河谷地带特点，将中心城区划分为历史文化街区、历史城区、旧城区、新区等不同的交通分区。针对不同的分区制定差异化的交通发展策略和路网密度要求，并在规划中加以具体落实，构筑符合拉萨特色需求的节约型综合交通体系。

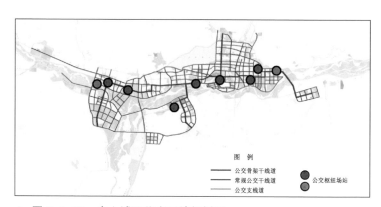

▲ 图 5-1-12　中心城区公交系统规划图

针对拉萨的特点，从分区引导、路网结构、断面优化、安全宜人、无障碍通行等方面完善慢行交通体系。

166

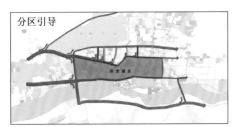

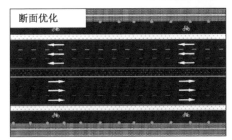

▲ 图 5-1-13　中心城区慢行交通体系规划图

（4）首次在城市总体规划中制定并贯彻停车调控政策

制定了分区、分类、分时、分价的停车调控政策，并首次在城市总体规划中加以贯彻落实。公共停车设施，历史文化街区不提供，历史城区少量提供，旧城区适量提供，新区足量提供；建筑物停车设施配建标准，历史城区低，旧城区适度，新区较高；历史城区停车收费高于其他区域，减少历史城区的交通压力；路内停车收费高于路外停车，调控停车泊位的合理使用；高峰时间停车收费高于平峰时间，调控机动车使用时间分布；旅游车辆停车收费低于其他车辆，调控停车设施资源分配。

4. 分析不同群体行为特征，构筑特色空间体系

规划分析了藏族居民、其他民族居民以及外来游客等不同群体在城市中开展的就业通勤、购物休闲、宗教节庆、旅游观光等不同活动的行为特征，与城市功能结构有机结合，构建类型丰富、特色鲜明、方便市民、促进旅游的广场体系，包括纪念性广场、民俗风情广场、市政广场、游憩观赏广场、交通集散广场、出入口标志性广场；塑造展示地区风情和民族风情的特色街道，包括特色商品街、地方风情街、特色餐饮娱乐街、新区景观路，共同形成彰显城市个性的特色空间体系。

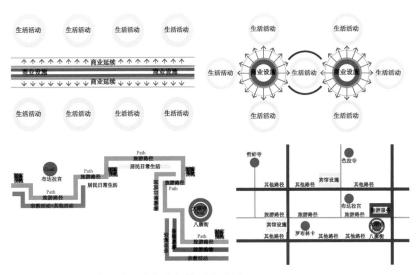

▲ 图 5-1-14　中心城区特色空间体系构建图

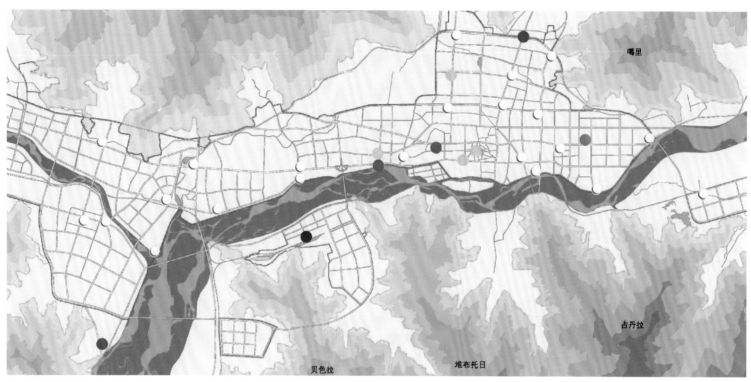

▲ 图 5-1-15　中心城区主要广场规划图

表 5-1-1　拉萨城市广场规划一览表

名　称	性　质	民俗、节庆活动	旅游活动	面积（hm²）
布达拉宫广场 *	纪念性广场	酥油灯节、驱鬼节、转经	观赏	15.2
大昭寺广场 *	民俗风情广场	藏历新年、酥油灯节、燃灯节、转经	观赏、购物	0.7
罗布林卡广场	民俗风情广场	雪顿节	观赏	1.3
青（川）藏公路纪念碑广场 *	纪念性广场	—	观赏	0.7
人民广场	市政广场	—	—	2
北城广场	民俗风情广场	—	观赏、购物	1
拉萨河北广场	游憩观赏广场	—	—	2
火车站广场 *	交通集散广场	—	集散、观赏	12.4
新城中心广场	游憩观赏广场	—	—	2
朵森格广场	民俗风情广场	转经	观赏	—
药王山广场	游憩观赏广场	转经	观赏	
康昂广场	游憩观赏广场	—	—	—
娘热广场	游憩观赏广场	—	—	—

续 表

名 称	性 质	民俗、节庆活动	旅游活动	面积（hm²）
扎基广场	游憩观赏广场	—	观赏	—
夺底广场	游憩观赏广场	—	—	—
藏热广场	游憩观赏广场	—	—	—
当热广场	游憩观赏广场	—	—	—
林廓广场	游憩观赏广场	—	—	—
藏热大桥广场	游憩观赏广场	—	—	—
东城中心广场	游憩观赏广场	—	—	—
东一路广场	游憩观赏广场	—	—	—
纳金广场	游憩观赏广场	—	—	—
哲蚌路广场	游憩观赏广场	—	—	—
北岸广场	游憩观赏广场	—	观赏、购物	—
流沙河广场	游憩观赏广场	—	—	—
拉青广场	游憩观赏广场	—	—	—
堆龙河广场	游憩观赏广场	—	—	—
玻玛广场	游憩观赏广场	—	—	—
东嘎广场	游憩观赏广场	—	—	—
百淀广场	游憩观赏广场	—	—	—
拉贡广场	出入口标志性广场	—	—	—
北门广场	出入口标志性广场	—	—	—
川藏广场	出入口标志性广场	—	—	—
青藏广场	出入口标志性广场	—	—	—

5. 以经济性分析提高规划的可实施性

通过对现状地籍、土地使用性质、开发强度等情况的深入调查分析，在保护文化、保护特色的前提下，区分不同地段，因地制宜地采用提升使用功能、提高开发强度、改善交通条件、完善设施配套、美化环境景观等措施改善经营性用地的经济性，校核建筑高度控制的可行性，增强规划的操作性，实现经济、社会、环境效益的统一。

6. 广泛了解各族群众关注的问题，开展拉萨历史上首次规划公示活动

针对各族群众尤其是藏族群众关注的生态保护、历史文化保护、宗教活动、生活条件改善等问题，以及外来游客关注的城市特色保持、交通便捷、服务设施配套、安全保障等问题，先后组织了近20场不同主题的座谈会，发放了2 000多份调查问卷，走访了区、市两级政府部门、学校、本地居民、外来人口，选择境内外游客进行了面谈，组织开展了拉萨历史上首次规划公示活动，全面了解社会各界对规划编制的建议，并分别在规划方案和成果中予以相应落实。

二、绵竹市城市总体规划（2008—2020）

绵竹市地处四川盆地西北部，成都平原经济区最发达的成德绵经济带西翼，是四川省历史文化名城，距成都83千米，下辖20镇1乡，市域总面积1 245平方千米。2007年全市总人口51.4万，实现地区生产总值142.5亿元。2008年"5·12"地震中，绵竹受灾严重。震后绵竹市在社会各界以及江苏等沿海发达省份对口援建下，经济社会发展逐渐步入正轨，2013年年末人口恢复到50.4万人，全市完成地区生产总值为186.0亿元，比上年增长10.2%。

（一）规划背景

"5·12"地震中绵竹市域绝大部分处于地震烈度8度区以上，山区最大烈度达到11度，导致市域内60%的城镇住房、70%的农村住房倒塌或严重损坏，60%的教育、医疗建筑受损，文物古迹、文体设施也一定程度被破坏，道路桥梁、市政管线损毁严重，机械加工、食品加工、磷钛化工三大支柱产业重创，受灾程度仅次于汶川和青川。

震后，中央确定绵竹市为江苏省对口支援城市。江苏省委、省政府高度重视，安排部署全省20个市县分别承担了绵竹21个镇乡的对口援助工作。江苏省住建厅按照江苏省委、省政府的部署，迅速全面启动灾后重建城乡规划编制工作，我院负责编制绵竹市城市总体规划。

（二）规划主要特点

1. 针对救灾暴露问题，完善抗震防灾体系

（1）确定市域综合防灾分区

绵竹震前没有明确的防灾分区，防灾指挥中心设在中心城区，震后初期由于通讯不畅，无法快速、准确地了解山区的灾情，增加了救援、指挥工作的难度。规划综合城镇空间布局、行政区划边界、防灾减灾管理等因素，以城区和重点镇为核心，划设防灾分区，分级建立防灾指挥中心。分区防灾指挥中心在市防

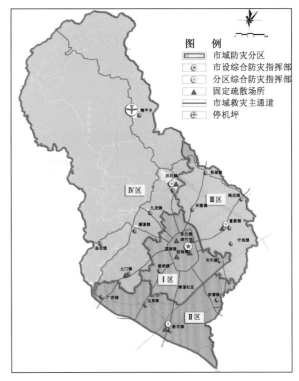

▲ 图 5-2-1　市域综合防灾分区图

灾指挥中心指导下，负责本分区的上传下达、组织救援等工作。

（2）合理布局市域疏散场所

从震后初期的临时安置来看，公园、广场等避难疏散场所较少、分布不均，且缺乏必要的防灾设备和应急避难设施。规划结合各分区城镇人口，按规范规定的人均指标和服务半径要求，合理确定各分区固定、紧急疏散场所的规模和数量，并从疏散场地选址安全性、基本设施配套、疏散通道要求和标识系统等方面做出要求。

（3）完善中心城区疏散体系

震后城区疏散通道由于几条主干路上跨铁路的桥梁损坏而无法通行；救灾物资集中于一处，集散困难；灾后群众大量过度集中于体育中心和绵竹公园，由于场地容量和配套设施不完善，带来了安全和卫生隐患。鉴于此，规划将体育中心的部分设施分解到城南布局，在城西北规划公园作为固定疏散场所，使固定疏散场所均衡分布，并结合学校、广场等布局紧急疏散场所。结合外环路及其沿路开敞空间，构筑"一环多点"的物资集散体系。

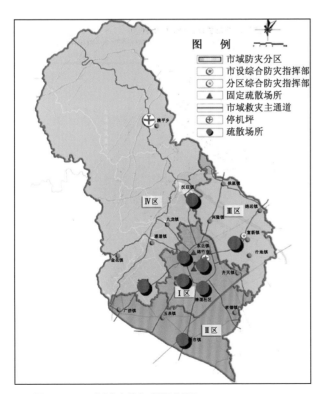

▲ 图 5-2-2　市域疏散场所规划图

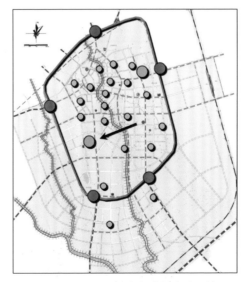

▲ 图 5-2-3　"一环多点"的物资集散体系图

规划还通过交通生成吸引预测方法和 GIS 支持下的成本栅格最短路径方法，校核、反馈疏散场所与通道布局，增强规划合理性。

▲ 图 5-2-4 交通生成吸引方法（时间成本距离评价）

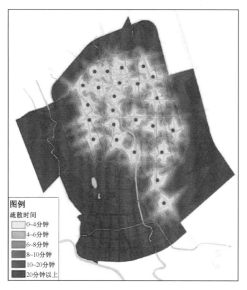

▲ 图 5-2-5 GIS 支持下的成本栅格最短路径

（4）保证生命线工程安全

规划除了要求各类工程设施严格按照抗震要求设防外，还提出供水系统设置"备用水源"、供电系统设置"多电源"、供电通讯线路尽可能架空敷设等要求，确保生命线工程在灾时正常运转和灾后快速修复。

2. 针对灾后重建特点，突出援助项目落实

生活和生产恢复，是震后一段时间内需要重点关注的问题。

（1）生活恢复是根本

规划在摸清震后实际和群众需求的基础上，优先落实与正

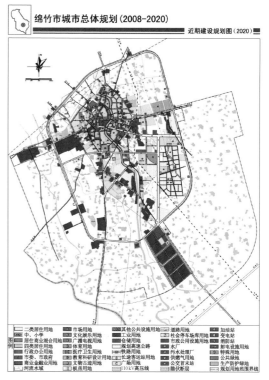

▲ 图 5-2-6 近期建设规划图

常生活密切相关的住房、市政基础设施、公共服务设施的空间选址和建设计划，建立先期启动的项目库，保证对口援助项目落地。

（2）产业恢复是关键

规划立足原有产业基础，借助江苏对口援助，以"集聚发展"为原则，结合重点城镇，形成"一区四园"的总体布局，近期重点建设江苏援助的江苏工业园、无锡汉旺工业园。同时，规划要求加快旅游业的恢复，提出建设沿山农业生态示范园，依托三次产业的恢复，促进地方的经济发展和社会稳定。

（3）科学选址是前提

项目选址以近期可行、远期合理为前提。

一是确保选址安全，在市域层面根据地震断裂带分布位置、地质灾害分布密度、资源环境保护、生态安全、基本农田保护等要求，划定禁止建设区域；并针对可能面临的自然、地质、工业污染等次生灾害类型，提出应对措施，确保建设项目选址安全。

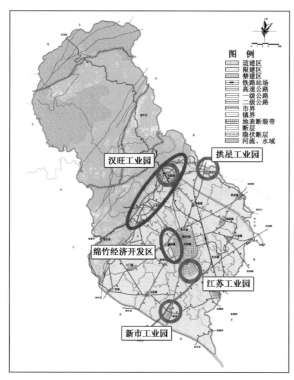

▲ 图 5-2-7　工业园区总体布局规划图

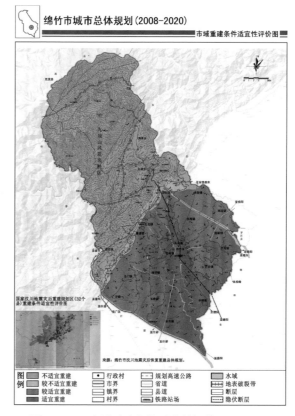

▲ 图 5-2-8　市域重建条件适宜性评价图

二是相对集中、节省投资。即新建的住房、学校、医院等设施相对集中布局，使公共设施能够就近服务，同时尽量利用现状道路、管线等设施，减少先期投资。

三是解决好永久性建设与临时板房区的矛盾。根据安置计划，确定板房拆除时序和永久性建设安排。同时，规划提出灾毁资源的利用措施，最大限度节约重建资金、节省建材运输时间、减少对生态环境的破坏。

3. 抓住灾后重建机遇，优化城乡空间布局

大量公共资源投入是此次灾后重建的特点。国家投入、对口支援、社会捐助使灾区在今后两年内会进行大量的恢复性建设，加强统筹，用好资源，使灾后重建成为地方跨越式发展的机遇。

（1）完善市域空间布局

市域结合人口重新分布、交通优化、公共服务配套，构筑新的城镇等级体系；结合社会主义新农村建设，因地制宜，适度集中，保持特色，进行村庄布点规划。

（2）优化中心城区布局结构

中心城区以德天铁路外迁为契机，对城市的功能分区和用地布局进行相应的调整优化，形成"东居西工"的总体布局。

逐步疏解旧城的行政办公职能，加强商业休闲服务功能；新建的商务、文体休闲、行政办公等服务设施向城东新区集中；依托城南居住区级公共服务中心的建设，带动城市向南发展。同时，结合震损建筑的拆除，在老城区见缝插绿，改善居住环境。

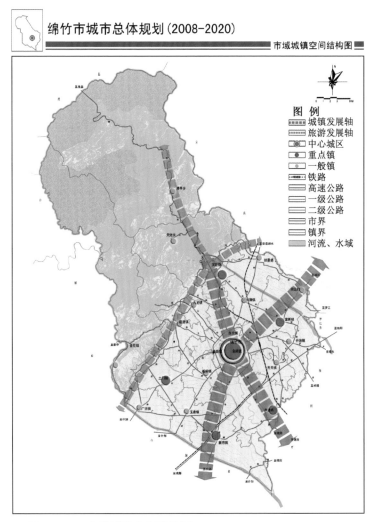

▲ 图 5-2-9 市域城镇空间结构图

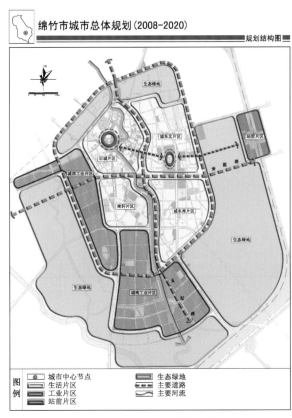

▲ 图5-2-10 中心城区空间规划结构图

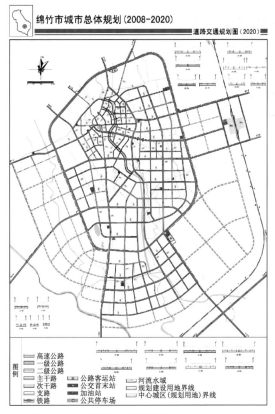

▲ 图5-2-11 道路交通规划图

（3）强化交通网络建设

规划建议成兰铁路在城区东侧选线，与成绵高速和改线的德天铁路共用走廊，既为向西发展留有余地，又避免交通走廊过多分割用地。同时，规划改造城区异型道路交叉口，以方格网构筑城市道路基本框架，加强新老城区联系，构筑"六横四纵"的主干路体系。另外，通过加密次干路和支路网络，提高城市道路的救灾疏散能力。

（4）加强文化保护，塑造城市特色

规划延续原有城镇文脉格局，划出各类文物古迹、历史地段等的保护范围，并提出相应的保护措施和建设控制要求。规划突出马尾河滨水风光带建设，分段提出滨水空间的建设控制要求。同时，选择现状泉眼、震损建筑遗址和重要节点空间等构筑城市广场体系，形成具有休闲功能和纪念意义的公共开敞空间。

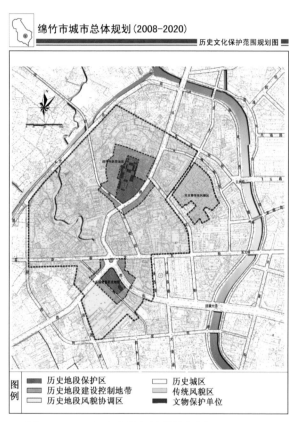

▲ 图 5-2-12　历史文化保护范围规划图

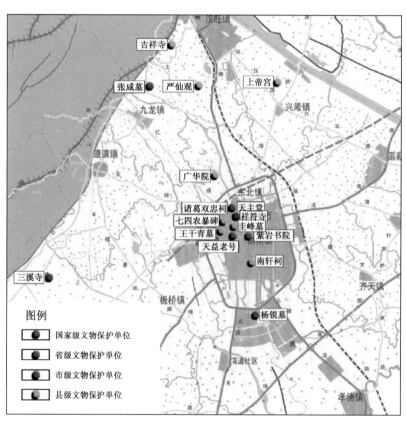

▲ 图 5-2-13　重点文物分布图

三、南通市城市总体规划（2011—2020）

南通，地处长江三角洲北翼，东抵黄海，南望长江，与上海、苏州隔江相望，西、北与泰州、盐城接壤。地理位置优越，处于沿海经济带与长江经济带 T 形结构交汇点，集"黄金海岸"与"黄金水道"优势于一身，是中国首批对外开放的 14 个沿海城市之一，也是中国近代工业的发源地之一。全市总面积 8 001 平方千米，下辖四区三市两县。进入新世纪以来，南通发展加速，并保持较快的发展势头。2014 年年末，全市常住总人口 729.8 万人，其中城镇人口 446.3 万人，城镇化率 61.1%。全年完成地区生产总值达到 5 652.7 亿元。

（一）规划背景

2009 年，国务院常务会议讨论并通过《江苏省沿海地区发展规划》，2010 年《长江三角洲地区区域规划》出台，标志着南通同时跻身国家长三角一体化发展和江苏沿海开发两大战略，在更高层次、更高起点上为推进南通沿海开发和全面跨越创造了历史性的机遇。同时，随着南通社会经济的快速发展，加之区域交通条件的变化、产业结构调整、行政区划调整和上海经济圈的辐射影响，南通城市发展的内部、外部动力发生重大变化，迫切需要修编城市总体规划，以适应新时期城市发展的需求。

（二）规划思路与主要内容

规划建立了"问题"导向和"目标"导向的编制思路，制定了从战略到布局的总体框架，对于涉及城市发展的重大问题，通过专题研究解决。

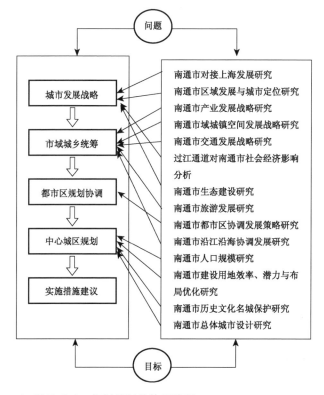

▲ 图 5-3-1　规划编制总体思路图

（三）规划特色与创新

1. 突出区域协调的空间发展思路

在重组中的长三角区域空间格局中，规划重点研究了在"一体两翼"（沪甬通）和"成长三角"（沪苏通）架构中的通沪关系，提出了"接轨上海、融入苏南、崛起苏中和连通苏北"的协调发展思路。

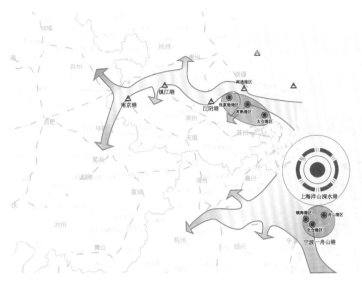

▲ 图 5-3-2 "一体两翼"空间格局

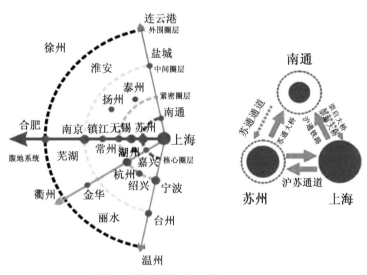

▲ 图 5-3-3 "成长三角"（沪苏通）架构

市域层面，贯彻落实国家沿海开发战略，深入推进江海联动、港城联动、跨江联动；加快开发沿海深水港口，统筹利用沿江和沿海岸线资源，集聚发展沿江、沿海特色产业带，构筑现代化的交通体系，提升城市发展水平；加快城乡统筹步伐，推进城市基础设施和公共服务设施向农村延伸，缩小城乡二元差距。

▲ 图 5-3-4 南通在江苏省的区域地位和作用

2. 将都市区规划理念引入法定规划

　　根据南通的实际情况（以中心城区为核心的都市区正在形成），规划将都市区的理念引入法定规划，突破行政区划的束缚，从产业、空间、功能、交通和基础设施等方面对中心城区与周边地区进行统一协调，促进都市区一体化发展，更好地发挥都市区的整体集聚和扩散功能，增强南通在区域发展中的综合竞争力。

　　在规划编制内容上，将都市区研究与城市总体规划进行了有效的结合，细化和深化了规划区层次的规划，对于特大城市的总体规划编制起到了有效的补充和完善。

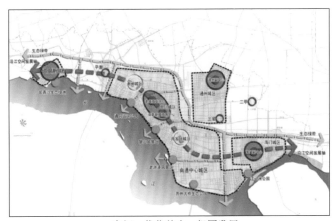

空间：优化整合，组团发展

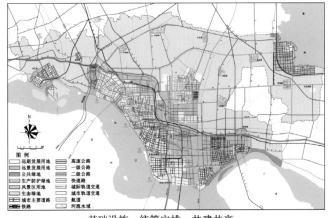

基础设施：统筹安排，共建共享

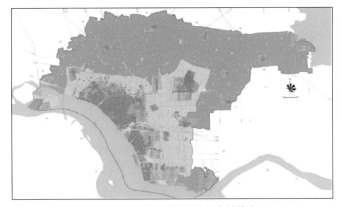

将都市区研究与城市总体规划进行有效结合

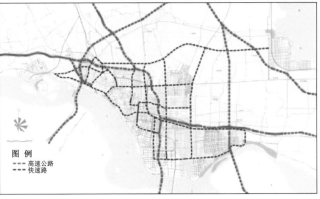

交通：走廊预控，交通一体

▲ 图 5-3-5　将都市区规划理念引入法定规划

3. 以城市功能提升优化城市空间形态

南通中心城区的格局是在清末张謇"一城三镇"的基础上展开的，其城乡互动、区域发展的思想对当前中国城镇化道路也有重要借鉴作用。

规划完善了城市公共服务设施配套，构建三级公共服务中心体系，提升城市功能。在分析中心城区历史成因、功能区之间的相互作用关系等多种因素的基础上，提出"四轴四区五带"的带状加组团城市空间结构。

通过景观风貌分区、空间景观视廊、空间景观节点的构建以及高度分区控制来彰显江海城市特色。以交通分区引导城市功能布局，以城市交通走廊引导城市用地布局，以枢纽建设促进市中心体系形成。定性和定量分析结合，明确城市客流、车流走廊布局，并与城市骨干公交和快速路系统相结合。

▲ 图 5-3-6　中心城区空间结构规划图

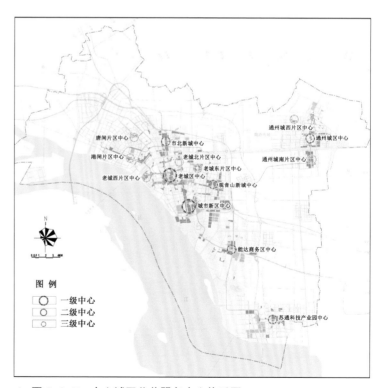

▲ 图 5-3-7　中心城区公共服务中心体系图

城市空间发展框架为"一带、两心、三轴、五廊、多节点"
"一带"：长江，强化滨水空间建设，以大尺度的生态景观绿化为特色
"三心"：老城区中心、城市新区中心、通州城区中心
"三轴"：生长之轴、魅力之轴、时空之轴
"五廊"：九圩港、通吕运河、狼山风景区、老洪港风景区、新江海河开放空间廊道
"多节点"：若干城市成长点成景观节点

▲ 图 5-3-8　空间景观结构图

▢ 轨道交通线路
▢ A1 公交优先发展区(公交走廊核心区)　　　■ 公交与小汽车平衡发展区(工业集中区)
■ 公交优先发展区(交通枢纽区)　　　　　　▢ C 小汽车自由发展区(高档住宅区)
▢ 公交优先发展区(公交优先其他区域)　　　▢ D1 小汽车限制发展区(濠河及周边区域)
▢ B1 公交与小汽车平衡发展区(居住及公共设施用地区域)　▢ D2 小汽车限制发展区(狼山、老洪港风景区)

▲ 图 5-3-9　交通分区图

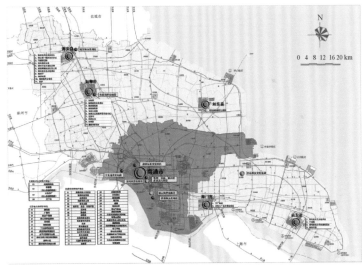

市域历史文化资源保护规划图

中心城区历史文化名城保护规划图

▲ 图 5-3-10　历史文化资源保护图

4. 高度重视城市历史文化保护和城市特色个性的塑造

突出国家历史文化名城以及"中国近代第一城"历史文化脉络，保护优秀历史文化遗存，改善历史城区环境设施，提升城市环境品质。

发展文化产业和旅游业，促进历史文化保护走可持续发展的道路，探索积极保护与合理利用的适当方式。

5. 坚持生态优先，打造宜居城市

加强城市生态系统研究，开展城市生态系统评价，提出优化、控制、发展的对策。规划利用南通自然山水、江河水系、沿江岸线、人文历史建构沿海生态功能区、沿江生态功能区和中部平原生态功能区，并相应提出了市域生态隔离带建设、生态防护林建设、城镇绿地建设、自然保护区建设、沿海滩涂保护、长江岸线保护的具体规划要求。

中心城区重点打造"二环、四廊、四心、多点"的城市绿地系统，全力打造长三角地区适宜人居的生态城市。提高城市绿化覆盖率、人均公共绿地面积和城市绿地的服务水平，实现居民出行 500 米见绿地。

▲ 图 5-3-11　中心城区绿地系统规划图

6. 探索城市总体规划与城市综合交通规划同步编制

规划是江苏省首部与城市综合交通规划同步编制的总体规划，系统总结了城市总体规划和综合交通规划同步编制的工作流程和反馈机制，充分发挥了交通对城市发展的引导和调控作用，在城市功能定位、空间结构、用地布局、中心体系构建等方面，充分体现了两个规划的双向互动、相互反馈、相互提高。

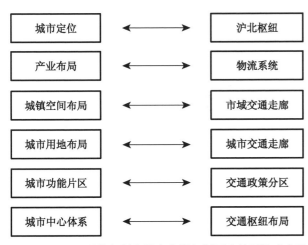

▲ 图 5-3-12　总体规划和综合交通规划同步编制技术方法

7. 新技术运用

（1）基于元胞自动机（CA）的土地集约利用和空间布局选择分析

通过分析 20 年来南通市建设用地及其使用效率的变化趋势，揭示主要经济社会发展要素对土地利用效率的影响及其作用机制，提出建设用地潜力及其空间分布；利用情景分析与元胞自动机模拟（Cellular Automaton）相结合，模拟建设用地扩展趋势，明确建设用地布局优化方向，为空间布局和土地集约利用提供依据。

 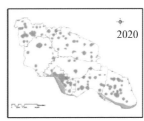

情景1：本元胞的状态以及领域元胞的状态决定

 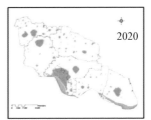

情景2：元胞距离交通干道的距离，和距离最近建设用地元胞的距离决定，选择70%的转换界线

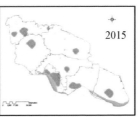 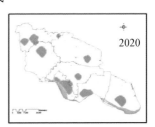

情景3：元胞距离交通干道的距离，和距离最近建设用地元胞的距离决定

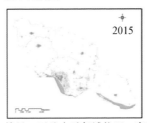 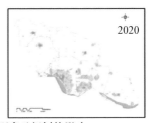

情景4：元胞在受邻域状况、空间距离及规划的影响

▲ 图 5-3-13　基于元胞自动机（CA）的土地集约利用和空间布局选择分析

（2）采用数理分析模型 (Getis-Ord General G) 进行模拟，为土地集约利用和空间布局选择提供科学依据

采用全局空间自相关以及局部空间自相关分析方法，对南通自 1987 年以来的建设用地扩展进行空间分析，为城镇空间战略选择提供依据。

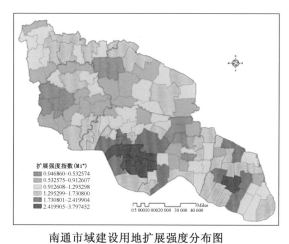

南通市域建设用地扩展强度分布图

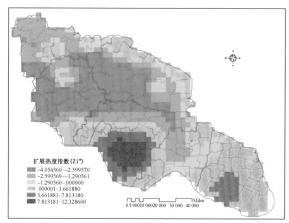

南通市域建设用地扩展热点与冷点区

▲ 图 5-3-14　数理分析模型分析建设用地扩展特征

6

第六章

县级城市总体规划代表案例解析

一、吴江市城市总体规划 （2006—2020）

"上有天堂，下有苏杭，苏杭中间是吴江。"吴江市东邻上海，西濒太湖，南连浙江，北依苏州，地处以上海为龙头的长三角的腹地，面积1176平方千米。2008年末全市户籍总人口为795254人，辖9个镇和1个国家级经济开发区、1个省级经济开发区。

2010年，全年实现地区生产总值1003亿元，人均GDP超过1.8万美元。在第十届全国县域经济基本竞争力百强县排名中，吴江市勇夺第二名。2012年9月，吴江市撤市设区，以"吴江区"的身份整体并入苏州市中心城区。

（一）规划背景

"十五"期间，吴江以"两个率先"为目标，大力实施"外向带动、科教兴市、城镇化和可持续发展"四大战略，坚持科学发展、加快发展、率先发展。经过五年的快速发展，吴江市的经济社会发展水平达到了较高的平台。

但是在经济社会发展取得较大成就的同时，仍然存在着一些深层次的矛盾和问题，"两头在外"的产业发展模式在

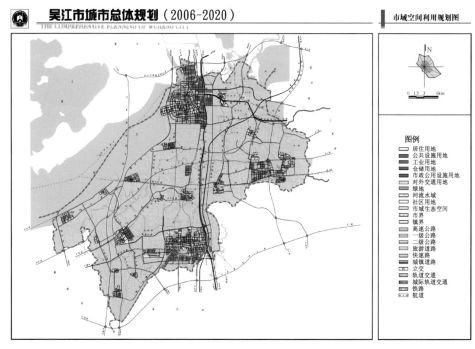

▲ 图 6-1-1　市域空间利用规划图

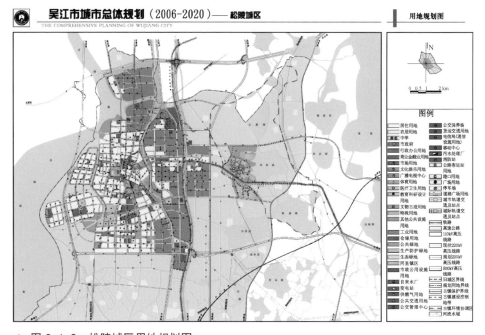

▲ 图 6-1-2　松陵城区用地规划图

186

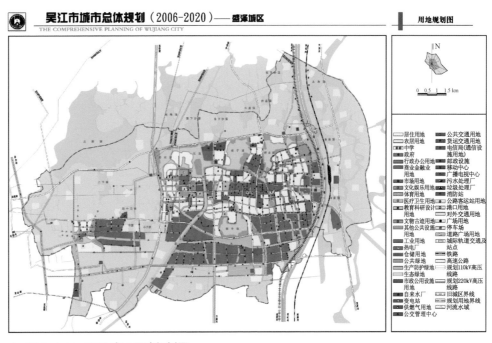

▲ 图 6-1-3 盛泽城区用地规划图

当时资源日趋紧张的大背景下，使吴江市在与周边地区日趋激烈的竞争中处于劣势；社会事业发展水平相对滞后，城镇化落后于工业化，基础设施配套不尽完善，还不能满足人民群众日益增长的多元化需要。这些问题与矛盾制约着吴江市经济社会的持续快速发展，也是在《吴江市城市总体规划（2006—2020）》修编中要着力加以解决的问题。

（二）构思与特点

1. 以问题为导向的总体思路

针对吴江快速发展中出现的资源短缺、生态安全性下降、地域特色逐步迷失、历史文化保护压力加大等问题，提出了"自下而上找问题，自上而下找出路，市域空间全覆盖"的总体思路，重点解决吴江经济社会发展转型中的资源、环境矛盾，提升吴江以人文和资源为核心的综合竞争力，强调城市发展效率，体现社会公平，保障城市安全。

2. 突出区域协调，重在空间落实

针对吴江地处江苏、浙江、上海两省一市交界处的特点，强化了区域协调研究，明确了吴江与上海、苏州、嘉兴、湖州等城市在产业、交通、基础设施、环太湖岸线保护与利用、水乡古镇

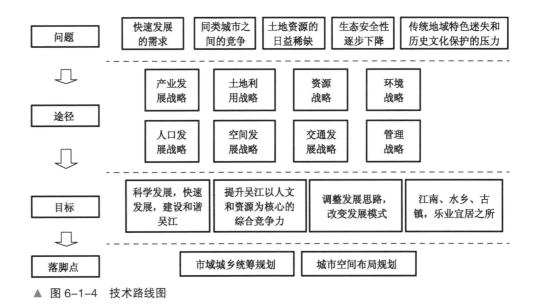

▲ 图 6-1-4 技术路线图

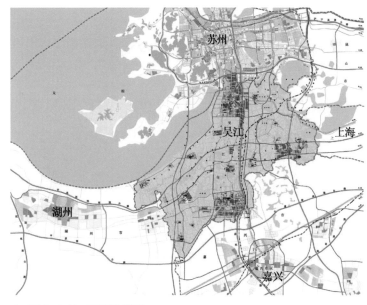

▲ 图 6-1-5　区域协调图

旅游等方面协调发展的内容，并将协调内容在空间上予以具体落实。

3. 针对产业集群特点，突出集聚发展思路

针对吴江外资导向和产业集群发展特征，分析与周边地区错位发展、竞争发展和错层发展的可能，提出了"产业集聚、空间收缩""重点空间错位发展"等一系列符合吴江发展的产业政策，通过空间政策制定引导优势产业集聚发展，为城市发展战略的制定提供产业支撑。

4. 强化土地利用效率和潜力评价

基于 RS 和 GIS 技术，通过系统模拟方法，科学评价了吴江市域用地潜力及其空间分布，为城镇空间布局和土地集约利用提供了科学依据。

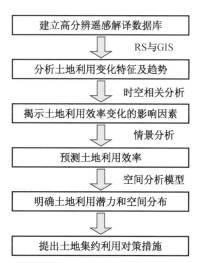

▲ 图 6-1-6　土地利用效率分析技术思路图

表 6-1-1　2020 年吴江市建设用地集约潜力空间分布表（平方千米）

片区名称	片区内部构成	工业用地潜力	城镇居住用地潜力	农村居民点潜力	合计
临苏外向型经济区	松陵城区	7.5	1.3	5.8	14.6
	同里镇				
	苑坪社区				
临沪综合经济区	原芦墟镇	10.3	1.6	6.7	18.6
	原黎里镇				
临湖综合经济区	七都镇	4.8	0.9	4.3	10
	横扇镇				
临浙民营经济区	盛泽城区	27.9	4	12.6	44.5
	平望镇				
	震泽镇				
	桃源镇				

5. 加强旅游资源整合与地域文化特色研究

系统梳理了吴江丰富的旅游资源，秉承旅游开发与资源保护和文化传承相结合的原则，提出应重视古镇周边及古运河沿岸文化遗产的保护，将江南水乡的地域特征纳入保护体系，重点发展古镇、水乡、运河和丝绸四大文化特色旅游，深化了对吴江水网地区景观与文化特色的研究与挖掘。

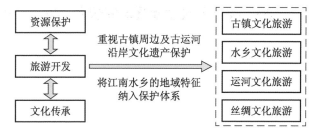

▲ 图 6-1-7 旅游资源整合与地域文化特色挖掘思路框图

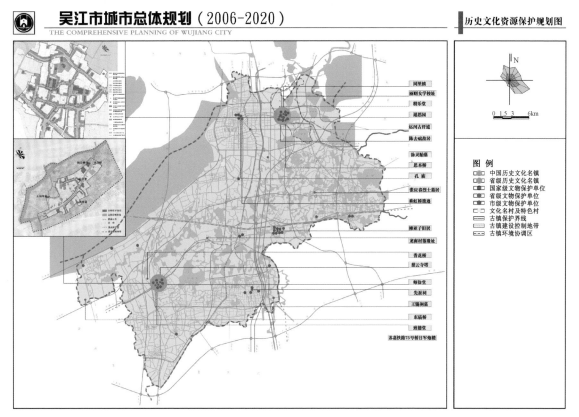

▲ 图 6-1-8 历史文化资源保护规划图

189

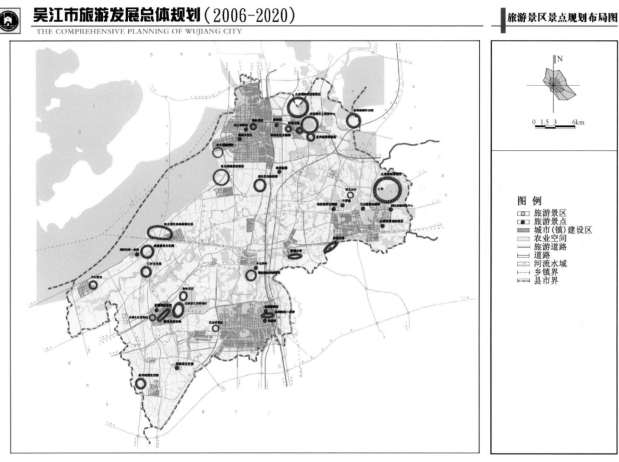

吴江市旅游发展总体规划（2006-2020）
THE COMPREHENSIVE PLANNING OF WUJIANG CITY

旅游景区景点规划布局图

图 例
▢ 旅游景区
● 旅游景点
▨ 城市(镇)建设区
▢ 农业空间
— 旅游道路
▢ 道路
▢ 河流水域
▢ 乡镇界
▢ 县市界

▲ 图6-1-9　旅游景区景点规划布局图

6. 综合开展生态限制性因素评价

　　基于吴江面临的资源短缺、生态环境压力加剧等问题，规划深入研究了吴江市域的生态环境限制性因素，以环境容量为基础研究了吴江城市发展规模、城镇发展空间，明确了生态环境建设的重点内容，划定了需要重点保护的湖泊、饮用水源地等重要的生态保护空间，为市域空间发展战略制定提供了重要依据。

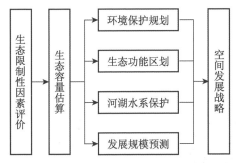

▲ 图6-1-10 生态限制性因素评价技术思路图

7. 以片区为基础，统筹城乡发展

在资源环境压力下，研究认为吴江正在从"小城镇、大战略"的发展思路向"集聚发展、科学发展"的方向转变，基于吴江城市功能提升要求，将市域划分为4个片区，实施差异化的发展策略。

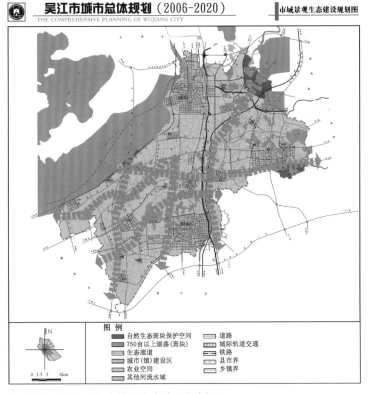

▲ 图6-1-11 市域景观生态建设规划图

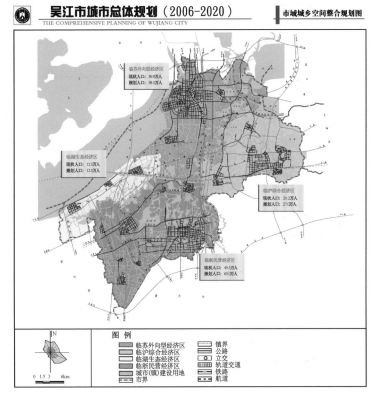

▲ 图6-1-12 市域城乡空间整合规划图

8. 以需求预测为导向的交通发展战略研究

　　从运输的方式、分布及发生量的角度对城市的交通需求做了深入的分析和预测，提出了促进区域交通基础设施统筹发展、积极建设城际轨道交通、推动内河航道改造升级、加强区域交通对接、构建区域一体化的综合交通发展战略。强调交通枢纽建设，重视公路、水路、轨道交通的衔接，并以片区为基础提出了分片区不同的交通分区和发展策略。

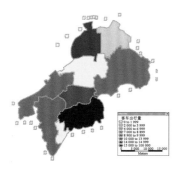

▲ 图 6-1-13　市域客车发车量分布

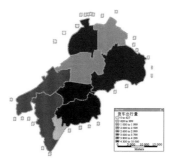

▲ 图 6-1-14　市域货车发车量分布

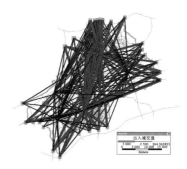

▲ 图 6-1-15　市域出入境交通分布

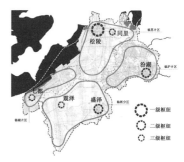

▲ 图 6-1-16　市域综合交通枢纽分布

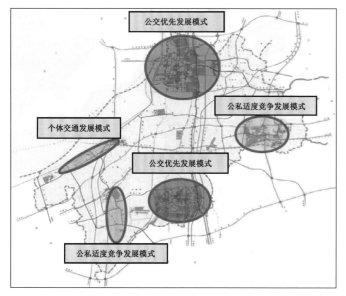

▲ 图 6-1-17　市域分片区交通指引图

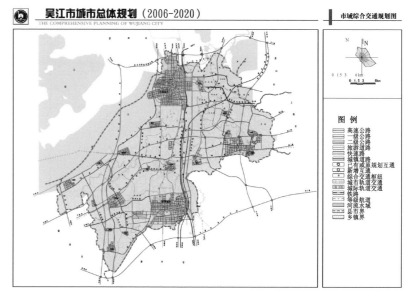

▲ 图 6-1-18　市域综合交通规划图

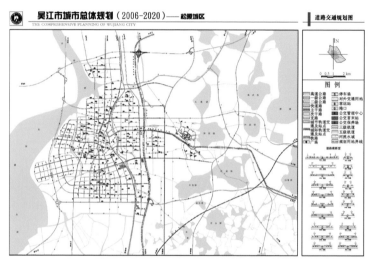

▲ 图 6-1-19　松陵城区道路交通规划图

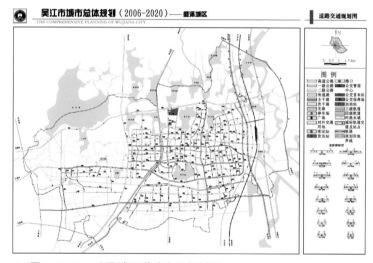

▲ 图 6-1-20　盛泽城区道路交通规划图

9. 目标导向与分类指导相结合的旧城更新研究

　　面对盛泽旧城的功能性衰退，从城市整体格局角度对其发展目标与定位进行了科学的分析和研究，确定了以产业调整、

功能提升为基础的整体更新策略；并以此为依据，有效地指导了居住、工业、专业市场区等各类设施的更新调整，美化了旧城环境，焕发了旧城活力。

规划保留

近期置换

中期置换

远期置换

▲ 图 6-1-21　盛泽城区分时序的工业企业置换图

10. 突出管理创新研究，强化公共政策指引

对"一市双城"、片区管理等进行了深入研究，提出了区镇合一、乡镇联盟、统筹市域空间规划管理等改革措施，强化县（市）域层面的城乡统筹规划、建设和管理，积极指导基础设施共建和资源集约利用。此外，通过相应的政策指引将管理创新进行具体落实，强化了总体规划的公共政策属性。

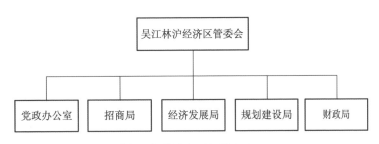

▲ 图 6-1-22 "区镇合一"措施在吴江的实践

▲ 图 6-1-23 吴江市域 QUICKBIRD 影像

（三）规划创新与特色

1. 新技术的综合运用

运用遥感与 GIS 技术，建立了土地利用分时段、分区域遥感解译数据库。一方面，摸清了吴江市目前土地资源的存量及各类用地的构成情况，建立了以片区为基础、市域空间使用效率为主要指标的空间分类体系；另一方面，以遥感影像为依据，从区域性生态安全的角度对水系进行系统的梳理，科学划定了重要湖泊、河流等生态保护空间；同时，以不同时段遥感数据为依据，结合经济社会发展的阶段性特征，分析了市域用地扩展的特征、规律和动力机制，为市域空间战略及空间管制措施的制定提供了科学支撑。

▲ 图 6-1-24 5 个时相的吴江 TM 影像图对比

2."四区划定"的探索和落实

　　《吴江市城市总体规划（2006—2020）》是新的规划编制办法颁布后江苏省第一个编制完成的城市总体规划，其成果对新办法提及的部分"盲区"进行了开创性的研究，重点明确了"四区划定"的依据，以资源环境保护、生态安全、基本农田保护等为基础，并结合相关规划划定了禁建区；按照集聚、集约、集中发展的要求，划定了适建区，细化了限建区的发展要求，并且在本次总体规划的基础上，总结制定了有关"四区划定"的实施细则，为今后类似规划的编制提供了有益的参考。

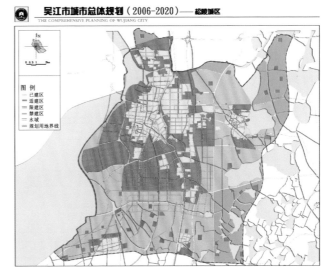

▲ 图 6-1-26　松陵城区建设控制规划图

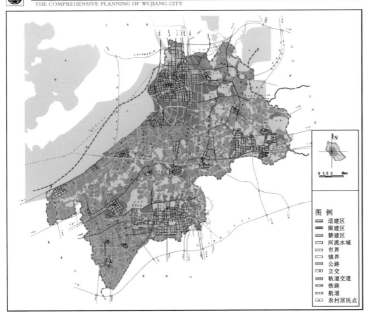

▲ 图 6-1-25　市域空间管制规划图

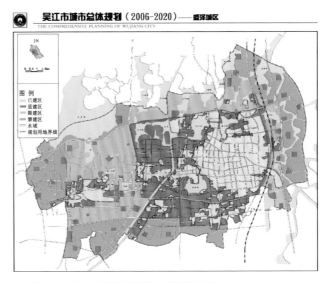

▲ 图 6-1-27　盛泽城区建设控制规划图

3. 公众参与机制的深化

规划在公众参与机制方面的深化重点体现在：从参与的过程来看，在以往公示的基础上增加了编前调研和沟通的环节；从参与的主体来看，不仅包括市政府机关相关工作人员、乡镇，也包括普通市民、村民及暂住人口；从调研的内容来看，调查问卷包括城市建设、综合环境、居住就业、耕地与征地、社会保障等市民最为关心的问题。调研的结果基本反映了吴江民众的诉求，规划采纳了相关合理性意见，增强了规划的科学性和执行力，充分反映了城市总体规划的公共政策属性。

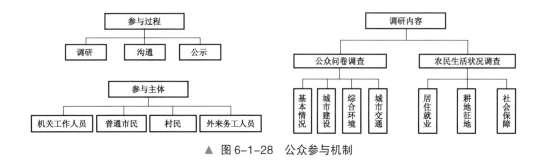

▲ 图 6-1-28　公众参与机制

总体规划编制完成之后，吴江市各项规划建设在总体规划的指导下快速有序地进行，城市建设的框架已经拉开，城市结构和形态不断优化，城市面貌日新月异。

二、昆山市城市总体规划（2009—2030）

昆山位于长三角核心地带，东接上海，西依苏州，是江苏省东大门。市域面积 927.68 平方千米，其中水域面积占 23.1%，是典型的 "江南水乡"。2008 年末，全市常住总人口 164.46 万人，其中外来人口 95.42 万人，城镇化水平 84.54%。

在多年的经济发展过程中，昆山始终走在中国县级城市发展水平的最前列，成为举国瞩目的百强县市。2010 年全市地区生产总值达到 2 100.28 亿元，成为国内首个 GDP 总量超过 2 000 亿元的县级市。

（一）规划背景

改革开放 30 年来，昆山通过几次成功的产业转型，探索出了独具特色的 "昆山之路"，成为 "苏南模式" 的一个典型。

展望下一步发展，为顺应长三角转型发展趋势，昆山要在 "率先发展、科学发展、和谐发展" 的道路上再创辉煌，适时对城市总体规划进行修编势在必行。

（二）规划思路与主要内容

规划重点加强现状成绩与不足的分析，科学建立目标与战略的框架体系，针对性地提出 8 个方面的空间支撑和政策保障。

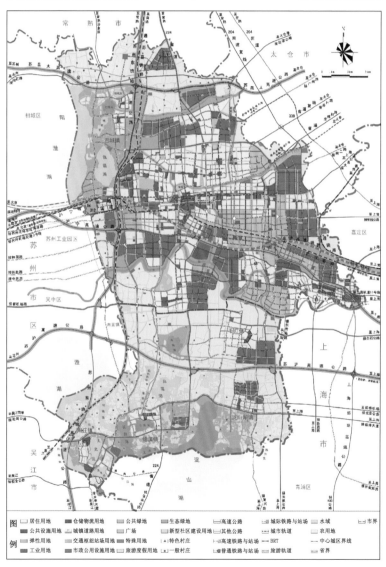

▲ 图 6-2-1　市域用地规划图

具体来说，规划针对"市域发展主体多、中心城区服务功能弱、交通引导弱和资源代价高"等主要问题，按照"高位发展、健康发展、全面发展"的总体要求，以问题和目标为导向，提出了"大城市、现代化、可持续"的总体目标，并通过"交通引导、资源约束、统筹发展"的规划理念，"三个促进、三个引导"的发展策略，"四个转变、四个拓展"的主体内容，保障规划目标的实现。

三个促进、三个引导

- 结构调整促进用地效率提升
- 生态约束促进人居环境改善
- 节能减排促进低碳城市建设
- 区域统筹引导市域空间优化
- 公交优先引导城市布局调整
- 风貌保护引导地方特色塑造

▲ 图6-2-4　规划策略

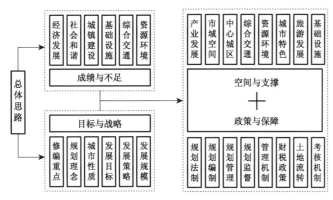

▲ 图6-2-2　规划总体思路

四个转变、四个拓展

- 市域空间：由分散蔓延向紧凑集聚转变
- 中心城区：由乡镇连接向功能强化转变
- 综合交通：由支撑需求向引导发展转变
- 资源环境：由被动适应向主动约束转变
- 产业发展：由工业极化向双轮驱动转变
- 城市特色：由全面提升向特色彰显转变
- 旅游发展：由古镇观光向休闲度假转变
- 市政设施：由保障供给向集约高效转变

▲ 图6-2-5　规划主要内容

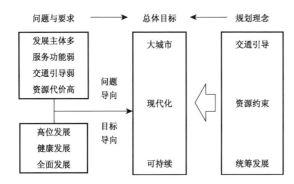

▲ 图6-2-3　规划技术路线图

（三）规划理念的落实

1. 交通引导

以轨道交通引导城镇空间集聚，开启了"县级城市"利用轨道交通作为市域公交方式的先河；以公共交通引导功能布局优化；以交通枢纽引导城市用地开发和服务业发展；以货运区位引导工业用地集聚；以特色交通引导旅游资源开发；以分区差别化政策调控交通需求。

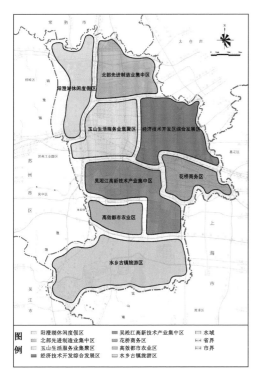

▲ 图6-2-6　市域产业布局规划图

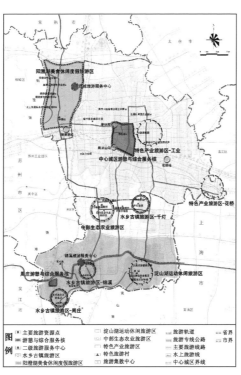

▲ 图6-2-7　市域旅游规划图

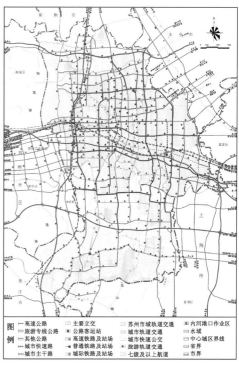

▲ 图6-2-8　市域综合交通规划图

▲ 图6-2-9　市域公共交通规划图

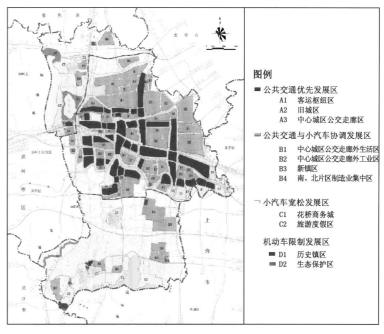

▲ 图6-2-10　市域交通分区规划图

2. 资源约束

　　以土地约束促进产业结构升级，以地均产出控制产业用地规模，并作为项目批准的条件；以环境约束保障宜居环境建设，通过排放目标约束，加快淘汰高污染企业；以能源约束推进节能减排进程，逐步淘汰化学制造等落后产能。

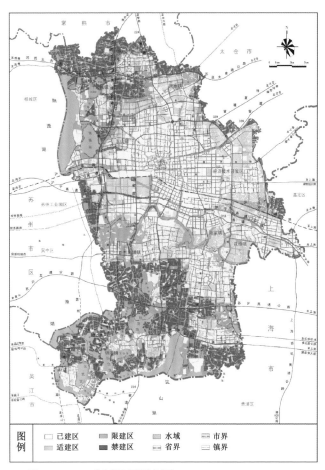

▲ 图 6-2-11　市域四区划定图

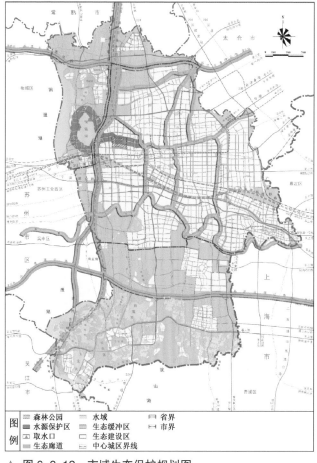

▲ 图 6-2-12　市域生态保护规划图

3. 统筹发展

主要包括"统筹区域发展、统筹城乡发展、统筹经济社会发展、统筹昆山发展和对外开放",并以城乡统筹为平台,整合

八方面内容具体落实:统筹城乡规划、统筹城乡产业发展、统筹城乡公共服务、统筹城乡基础设施、统筹城乡就业、统筹城乡资源配置、统筹城乡社会保障、统筹城乡管理体制。

▲ 图 6-2-13　市域基础设施规划图

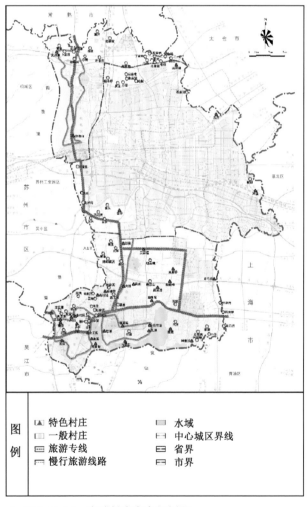

▲ 图 6-2-14　市域村庄布点规划图

（四）目标构建的措施

1. 提升大城市功能方面

以交通枢纽促进城市用地开发和服务业发展，以公共交通走廊引导居住用地开发，以货运交通引导工业用地布局，加强用地混合，优化中心城市布局。

建立与城市规模相适应的公共服务设施体系，建设"一主两副、一特两新"的城市中心，形成"一城三区"的总体布局。

协调与上海的关系，在不断提高大众消费服务水平的同时，提出特色消费服务上海、高端消费依托上海，并通过水系、特色街道和广场体系的构建，凸显城市特色。

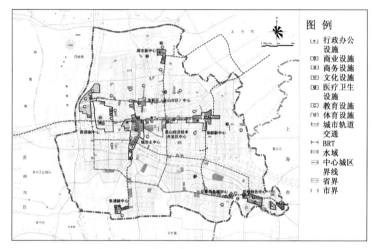

▲ 图 6-2-16　中心城区公共设施规划图

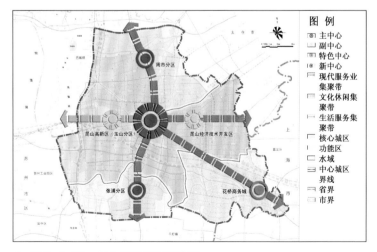

▲ 图 6-2-15　中心城区规划结构图

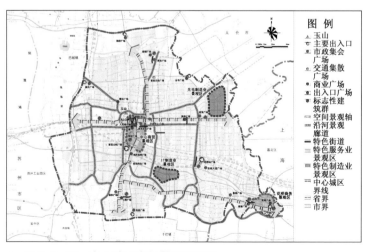

▲ 图 6-2-17　中心城区空间景观规划图

2. 提高现代化水平方面

立足昆山当前实际，借鉴新加坡、日本等发达国家和中国香港及台湾地区的现代化经验，选取控制性指标，确定现代化指标值，并在各个方面细化落实。

3. 开创可持续道路方面

从"产业生态、能源生态、交通生态、生活生态、工程生态、规划生态"等方面提出了具体的要求和措施，实现城市低碳发展。

▲ 图 6-2-18　中心城区用地规划图

203

（五）规划特色与创新

1. 规划技术创新

（1）交通与用地一体化分析（TRANUS 模型）

在国内首次以全市域为研究对象，并重点针对整个中心城市，采用交通与用地一体化分析模型，按照模型建立、模型校核、模型应用的路径，对规划方案进行评价、优化。

以高峰小时轨道交通客流强度要求，优化轨道交通线位及两侧用地性质，选择合适的公交型制。通过优化"瓶颈路段交通流"的源点、终点所在区域的用地性质，有效降低瓶颈断面饱和度。

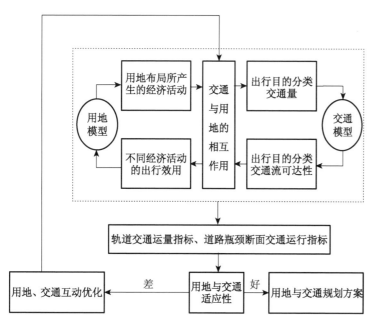

▲ 图 6-2-19　交通与用地一体化分析技术思路图

（2）基于 RS 及 GIS 的降低热岛效应分析

运用"基于 RS 及 GIS 的降低热岛效应分析"手段，分析地表亮温与建设密度、植被覆盖度之间的相关性，通过优化建设密度分区及绿地布局，使居民出门步行 5 分钟便可到达不小于 0.2 公顷的绿地，降低热岛效应。

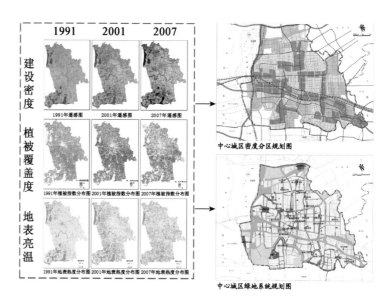

▲ 图 6-2-20　热岛效应分析图

（3）碳氧平衡分析

规划运用了"碳氧平衡分析技术"，通过优化调整"城市规模、产业结构、用地布局、交通方式、能源结构、能源效率"等要素，降低碳排放和氧消耗，提高碳固定和氧释放，实现低碳发展。即在实现同一经济总量的前提下，进行不同发展路径的方案比选，选择低碳富氧的方案。

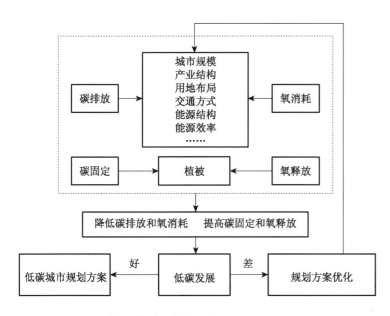

▲ 图 6-2-21 碳氧平衡分析技术思路图

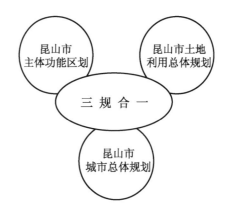

▲ 图 6-2-22 规划整合创新——"三规合一"示意图

4. 组织方法创新

规划开展了"前期概念方案征集、公众意愿调查、重点问题调研、市民企业代表座谈、外来农民工调查和规划草案公示"等工作，全过程公众参与，实现了组织方法创新。

2. 实施政策创新

规划加强与片区相适应的管理机制、考核机制、土地流转等相关政策的研究，具体提出"根据统筹发展要求，实施分区域考核；根据创新发展要求，实施分行业考核；根据率先发展要求，实施分进度考核；根据转型发展要求，实施分约束性和引导性考核；根据群众满意要求，实施定量与定性相结合考核"等政策，实现了政策创新。

3. 规划整合创新

将昆山市主体功能区划、土地利用总体规划统一整合纳入昆山市城市总体规划，做到了"三规合一"，实现了规划整合创新。

205

三、江阴市城市总体规划（2011—2030）

江阴位于长三角中心地带，地处苏锡常"金三角"几何形中心，素有"江尾海头"、"江海门户"之称，是苏南地区重要的县级城市。

市域面积 987.53 平方千米，2010 年底，江阴市域常住人口 187.33 万人，其中户籍人口 120.71 万人，外来人口 66.62 万人，城镇化水平 83.5%。

改革开放以来，依托本土民营经济，江阴获得了迅猛发展，经济总量持续提升，2010 年完成 GDP 总量 2 000.92 亿元，已成为长江三角洲地区最重要的制造业基地之一和全国上市公司最多的县级城市。

（一）规划背景

2010 年江阴以全国万分之一的土地，创造了两百分之一的 GDP。江阴拥有中国 500 强企业总部 9 个，上市公司 32 家，荣膺"华夏 A 股第一县"，具有较强的创新基础和投融资能力。

展望未来，国际、国内、区域等外部环境的变化，为江阴未来的发展带来了新的机遇；江阴同时也面临着自身产业结构偏重、资源瓶颈凸显、产出效率不高、区域竞争加剧等问题与挑战。

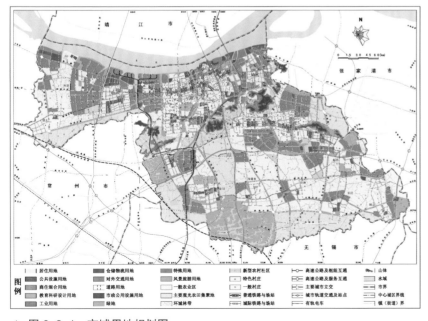

▲ 图 6-3-1　市域用地规划图

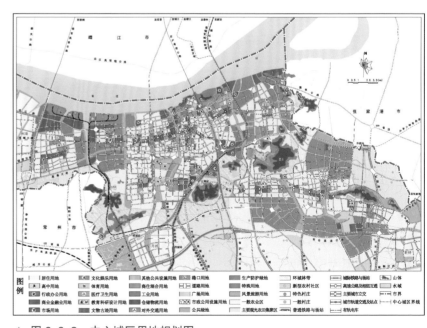

▲ 图 6-3-2　中心城区用地规划图

（二）规划思路

规划针对江阴当时发展面临的问题与挑战，比照现代化目标，以转型发展为主线，以理念转变为根本，通过能级提升和产业、交通、空间三个方面转型，实现江阴的现代化。

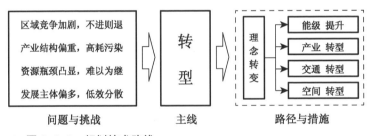

▲ 图 6-3-3　规划技术路线

（三）理念转变

实现由城市优先、城乡分割发展向城乡统筹、城乡一体发展的转变；实现由高消耗、高能耗、重视数量指标、放任机动化发展向低消耗、低能耗、重视发展质量、集约机动化发展的转变；实现传统城镇化向新型城镇化的转变。

新型城镇化在江阴的落实路径主要包括以下几个方面：

首先，在优先推进城镇化的过程中，明确优先的对象、内容、条件，保障城镇化健康发展；其次，是区域特色差异化，尊重城乡在功能、空间、文化、政策等方面的差异，形成主动协作、互补的新型城乡关系；第三，关注城乡资源的集约高效利用和城镇化发展质量提升，实现发展模式集约化。

在此基础上，从城乡规划、基础设施、公共服务、就业社保、管理体制等方面统筹城乡，实现城乡发展一体化。

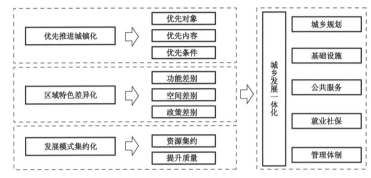

▲ 图 6-3-4　新型城镇化在江阴的落实路径

（四）具体落实

1. 能级提升：从优秀到卓越，建设区域新兴中心城市

规划在分析江阴与周边城市优劣势条件的基础上，预设了江阴未来发展的两种不同情景。认为江阴应该发挥自身优势，担当起一定区域范围内的增长核心。基于此，规划提出江阴建设长江下游滨江新兴中心城市的总体目标，并通过放大产业基

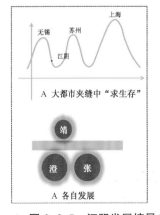
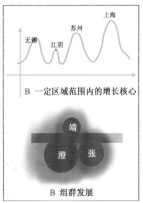

▲ 图 6-3-5　江阴发展情景分析

础、港口条件和人才集聚等优势，完善城市功能，提升城市能级，培育对澄张靖城市组群和苏中、苏北乃至更大范围的服务能力和影响力。

2. 产业转型：从高耗到高效，构建环境友好的产业体系

从结构优化上，规划要求降低高能耗、高污染行业的比重，促进冶金、纺织向下游产业延伸，降低污染；提高高端装备制造业的比重，培育物联网及生物医药等先进新兴产业，实现市域产业类型优化。

从空间上，规划将工业发展重心转向沿江两个开发区，西部临港地区重点对各主体各自为政、无序发展的现状进行整合，以"片层式"功能布局对原有团块布局进行优化；东部高新区以产业升级为重点；中部核心城区以发展服务业为主；南部生态水网地区以发展现代农业为主。

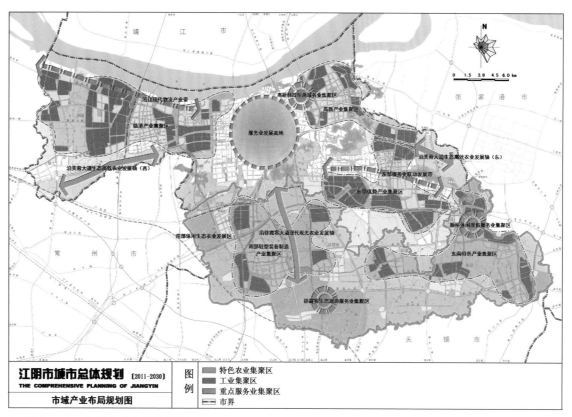

▲ 图6-3-6　市域产业布局规划图

3. 交通转型：从均质到集约，构建轨道主导的交通体系

规划以轨道交通发展为契机，以前瞻视角整合区域层面的各项交通计划，重点统筹协调区域机场、港口、高铁站、城际站等交通枢纽与城镇空间发展关系，以集约式交通体系建设引导城镇空间的紧凑发展。规划构建"三网合一、功能互补"的轨道交通系统。

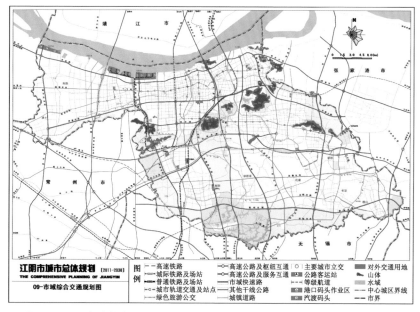

▲ 图 6-3-7　市域综合交通规划图

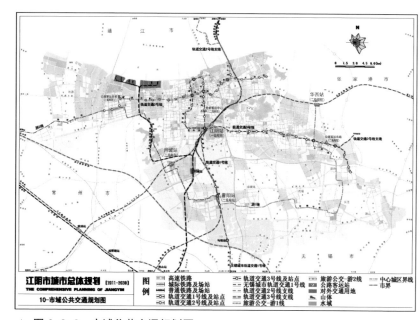

▲ 图 6-3-8　市域公共交通规划图

4. 空间转型：从蔓延到集聚，构建疏密有致的空间体系

基于区域轨道交通和城市群发展的基本特征，规划首次尝试在澄张靖锡常虞六市层面运用 TOD 理念预测区域城市空间发展趋势。

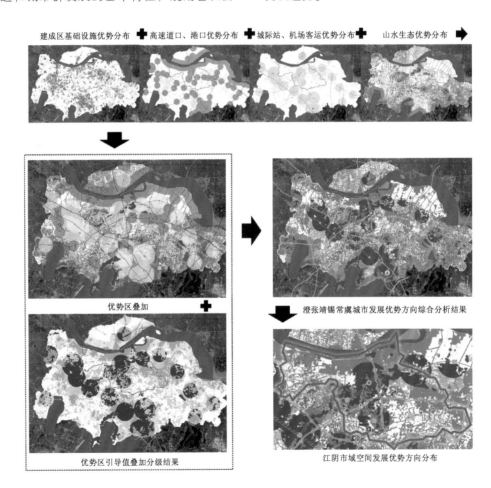

建成区基础设施优势分布 ➕ 高速道口、港口优势分布 ➕ 城际站、机场客运优势分布 ➕ 山水生态优势分布 ➡

优势区叠加 ➕

优势区引导值叠加分级结果

澄张靖锡常虞城市发展优势方向综合分析结果

江阴市域空间发展优势方向分布

▲ 图 6-3-9　区域城市空间发展趋势分析

在区域统筹视角下，创新性地提出了在区域层面构建"H"形的生态共保空间，与长江及泛太湖生态空间建立网络联系，加强区域协调建立生态保护框架的构想。

▲ 图 6-3-10 区域 "H" 形生态共保空间

市域层面体现"紧凑型城镇、开敞型区域"的思路，从自主发展、均质发展向整合发展和差别发展转变，形成北部沿江集聚片区和南部生态开敞片区。

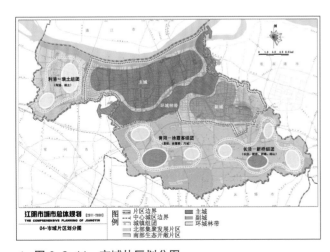

▲ 图 6-3-11 市域片区划分图

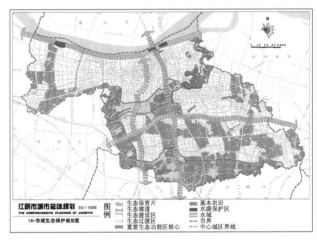

▲ 图 6-3-12 市域生态保护规划图

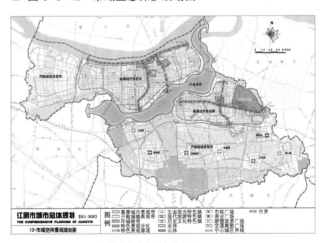

▲ 图 6-3-13 市域空间景观规划图

中心城区层面，规划将周庄、华士等各自为政、连片发展的经济强镇整合纳入，提升为副城，以自然山体形成的环城林带为过渡，形成"主副双城"的结构。近期以长江、锡澄运河公共活动带的建设，塑造滨江花园城市特色。

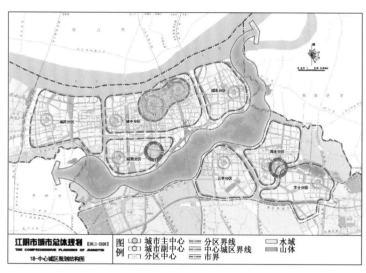

▲ 图 6-3-14　中心城区规划结构图

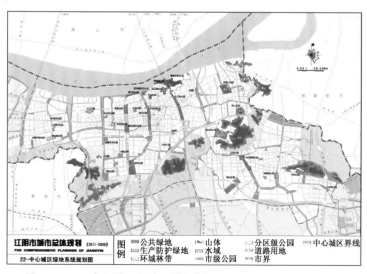

▲ 图 6-3-15　中心城区绿地系统规划图

（五）规划创新

1. 规划全过程的 GIS 分析技术系统整合方法

　　基于市域全覆盖的空间信息数据库，多层次、多角度地运用了空间分析技术，主要包括市域城镇建设用地容积率和建筑密度分析、市域综合生态位分析、市域村庄耕作时空范围分析、市域村庄公共服务空间覆盖水平分析、城市轨道规划方案下 TOD 模式的人口分布模拟、重点调整地区企业发展类型评价等。同时，根据规划实施管理的需要，形成市域全覆盖的总体规划成果空间信息数据，与地方城乡规划管理信息平台有效衔接。

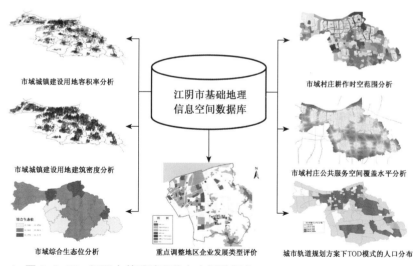

▲ 图 6-3-16　江阴市基础地理信息空间数据库

2. 转型背景下的工业发展与布局优化研究方法

　　首次在县（市）域层面，综合运用"效益—能耗—污染"评价模型，集成区位熵分析、波士顿矩阵分析、环境容量分析、

产出效益分析、工业用地适宜性评价分析等多种定量手段，作为江阴市域主导产业选择及空间拓展可能性分析的依据。规划

深化"效益—能耗—污染"模型在企业评价层面的运用，围绕江阴高新区转型升级，提出工业用地转型发展的具体方案。

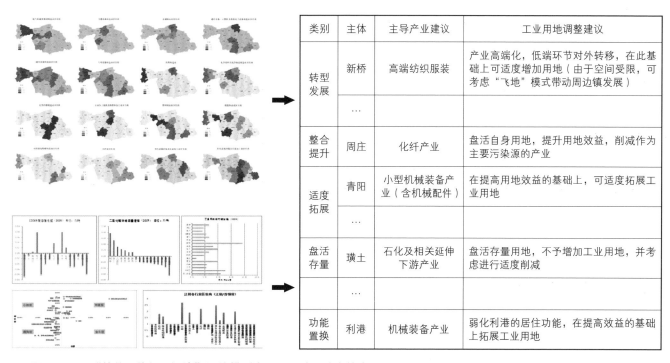

类别	主体	主导产业建议	工业用地调整建议
转型发展	新桥	高端纺织服装	产业高端化，低端环节对外转移，在此基础上可适度增加用地（由于空间受限，可考虑"飞地"模式带动周边镇发展）
	...		
整合提升	周庄	化纤产业	盘活自身用地，提升用地效益，削减作为主要污染源的产业
适度拓展	青阳	小型机械装备产业（含机械配件）	在提高用地效益的基础上，可适度拓展工业用地
	...		
盘活存量	璜土	石化及相关延伸下游产业	盘活存量用地，不予增加工业用地，并考虑进行适度削减
	...		
功能置换	利港	机械装备产业	弱化利港的居住功能，在提高效益的基础上拓展工业用地

▲ 图 6-3-17 "效益—能耗—污染"评价模型在工业用地评价中的应用

3. 交通、土地互动的多情景分析技术应用

首次在城市总体规划层面设计了可普用的交通与土地利用一体化分析技术路线，构建了交通体系、土地利用规划方案多情景分析平台，在土地利用、交通模式以及交通设施供应之间的要素关联设计、停车换乘在模型中的表达、地区吸引性系数设置等技术细节方面进行了创新。

规划提出了交通与土地利用规划方案多情景比较的思路与方法。具体针对延续现状蔓延发展与以轨道交通为主导的TOD发展两种情景，对规划期内城市成长过程进行了动态模拟分析，获得了不同情景下城市人口、居住用地、商业用地的规模总量等量化数据，为城市总体规划的多方案比选及优化提供了量化支撑。

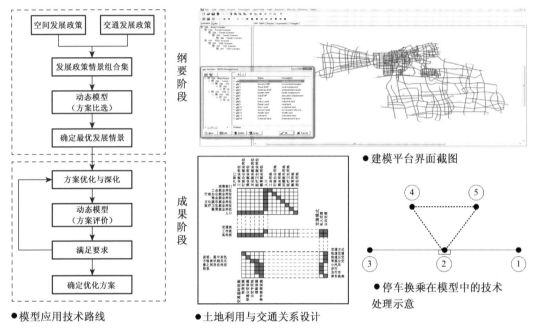

▲ 图6-3-18 交通与土地利用规划方案多情景比较技术路线

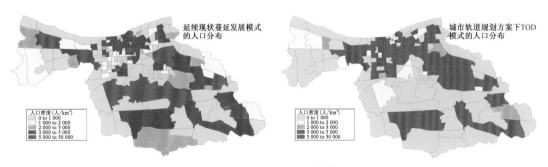

▲ 图6-3-19 人口分布多情景分析

4. 新型城镇化指引下的差别化政策引导

　　根据本地农民、外来务工人员的发展诉求及人才缺乏的现状，差别化设计符合江阴发展特点的城镇化路径，实现江阴人口转移与结构转型同步推进。首次在城市总体规划阶段，从人的生存与发展角度，定量核算不同路径城镇化成本，为政府差别化引导城镇化进程提供支撑。

同时，规划根据村庄空间区位和自身发展潜力以及未来发展条件，针对性地提出不同村庄的差别化规划建设引导。

本轮江阴市城市总体规划，以转型发展为主线，在理念转变的基础上，通过"一个提升，三个转型"予以具体落实。在规划方法、技术应用、实施政策三大方面实现了四项创新。

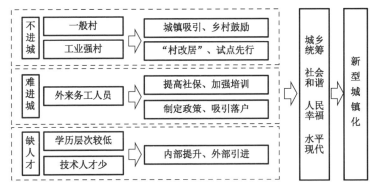

▲ 图 6-3-20　差别化城镇化路径

类型		本地					外地	
		一般村			工业村		外来务工人员	
		进中心城区	进城镇		就地转化		进中心城区	进城镇
户均成本（万元/户）	社会保障	—	—	—	—	—	—	10.2	10.2
	公共设施	5	5	3.4	3.4	3.4	3.4	5	3.4
	市政基础设施	6.7	11.9	2.6	6.8	—	—	6.7	2.6
	工业	0.1	0.1	0.1	0.1	0.1	0.1	0.1	0.1
	土地	—	75.1	—	67.6	—	12.3	—	—
	合计	11.8	92.1	6	77.9	3.5	15.8	21.9	16.2
土地出让收益（万元/户）		—	110.9	—	84.8	—	58.5	—	—
总收益（万元/户）		−11.8	18.9	−6	7	−3.5	42.7	−21.9	−16.2

▲ 图 6-3-21　不同路径城镇化成本定量核算

四、蒙城县城市总体规划
（2012—2030）

蒙城县位于安徽省淮北平原中南部，隶属亳州市，地处皖北十六县市地理中心位置，总面积 2 091 平方千米。蒙城是著名思想家庄子的故里，道家文化圣地，省级历史文化名城。2015 年末，下辖 2 个街道、13 个镇、2 个乡，设有 1 个省级经济开发区，户籍总人口 139.5 万人。2016 年，蒙城县实现地区生产总值（GDP）235 亿元，比 2015 年增长 8.9%，发展态势良好。

（一）规划背景

蒙城现状发展存在四大主要问题。

1. 经济基础薄弱，总量不高。

2011 年，全县 GDP139 亿元，在亳州市处于下游水平，人均 GDP10 556 元，仅为安徽省平均水平的 1/2，全国平均水平的 1/3，属于典型的欠发达地区。

2. 区域竞争激烈，不进则退。

2010 年蒙城县在安徽省 61 个县（市）综合排名中位列第 14 位，处于中上游水平。但在皖北地区 16 个县市中位居第 5，经济总量在亳州市也处于下游水平位居第 3，优势并不突出，在区域竞争激烈的背景下，随时有被赶超、不进则退的压力。

3. 城镇发展滞后，带动不强。

2011 年底，蒙城县域户籍人口 132.4 万人，常住人口 94.3 万人，外出人口多达 38.42 万人（占户籍人口比例达 29%），全县城镇化水平仅为 35%，远远低于 48% 的全国平均水平。中心城区长期以圈层式的蔓延发展为主，自身的集聚能力不足，没有起到带动县域经济发展的作用，而乡镇发展普遍乏力，规模偏小，职能分工不明确，普遍缺乏特色。

4. 资源保护不力，特色不显。

蒙城作为省级历史文化名城，是先哲庄子故里，是驰名中外的道家文化圣地。但境内万佛塔、文庙、庄子祠等历史文化资源并没有得到充分的保护和挖掘，历史城区整体风貌正经受着较大冲击，城区河道污染严重，部分被填埋，城市特色正逐渐消失，周边环境亟待整治。

（二）规划思路

本轮总规的核心任务是：如何通过科学合理、可操作性强的城市规划助推蒙城在皖北地区"率先突破、率先赶超、率先崛起"？规划重点围绕城市"跨越发展"和"特色发展"两条主线，分别从战略层面及操作层面给予支撑和落实，并由此形成总体规划技术路线。通过人口、产业、空间、交通、资源五大支撑，实现蒙城跨越式发展；通过打造人文古邑、生态水城，实现蒙城特色发展。

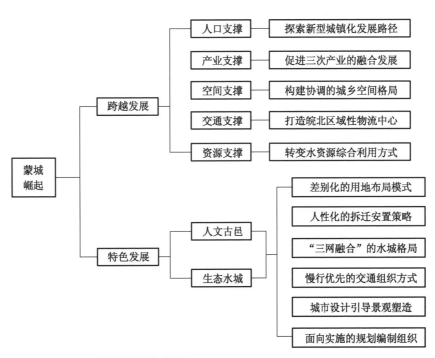

▲ 图 6-4-1 总体规划技术路线图

（三）规划亮点：五大支撑实现"跨越发展"

1. 人口支撑：探索新型城镇化发展路径

　　由于本地就业机会少，蒙城现状外出人口较多，城镇化发展动力不强，城乡空间呈点状均质分布，中心城区及重点镇发展缓慢，对周边地区带动较弱。为此规划提出"中心集聚、做大城区；交通引导、分片发展"的城镇化战略，通过强化中心城区的公共服务能力，创造高品质的城市环境，吸引人口向城区集聚，提升城镇化发展质量。

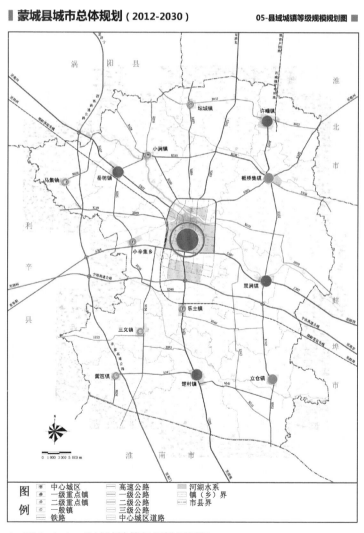

▲ 图 6-4-2 县域城镇等级规模规划图

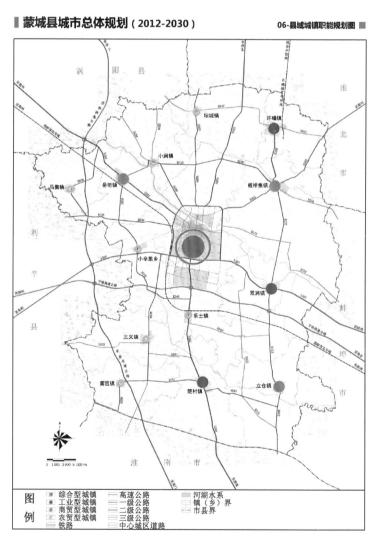

▲ 图 6-4-3 县域城镇职能规划图

2. 产业支撑：促进三次产业的融合发展

规划坚持三次产业共生互动，引导新型工业化、信息化、城镇化、农业现代化同步发展。蒙城作为农业大县，重点建设一批高效设施农业示范区，大力发展生态农业和休闲农业；通过统筹全县工业布局，大力发展道口经济，加快形成产业集群；围绕中心城区，重点加强生产性服务业和生活性服务业的互动发展，努力将旅游业和文化产业相结合，提升城市综合竞争力。

3. 空间支撑：构建协调的城乡空间格局

规划提出"东联长三角，南接沿江带"的区域协调战略，重点加强与沿海、沿江发达城市的联系，在此基础上确定了县域"一心、两轴、一环、两片"的空间结构。中心城区按照"交通引导、轴线生长、特色塑造、生态隔离"的原则，明确了"南进、西拓、东优、北育"的发展方向，最终形成"一心、两轴、双廊、七区"的空间布局结构，重点是"疏解老城，建设新区"。

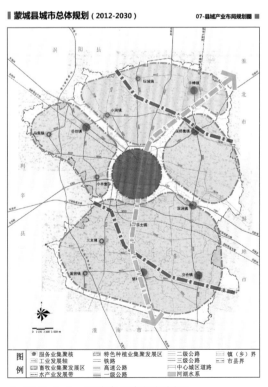

▲ 图6-4-4 县域产业布局规划图

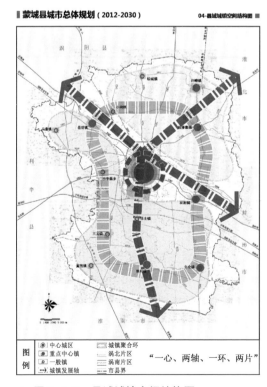

▲ 图6-4-5 县域城镇空间结构图

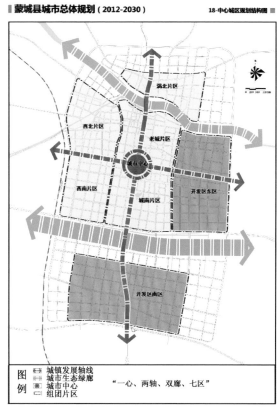

▲ 图6-4-6　中心城区规划结构图

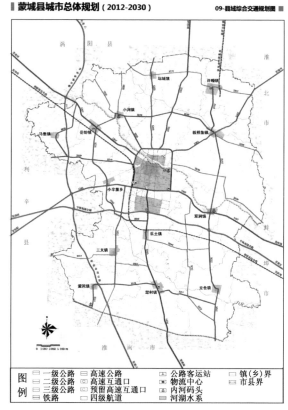

▲ 图6-4-7　县域综合交通规划图

4. 交通支撑：打造皖北区域性物流中心

规划构建融入区域发展的综合交通运输网络，对"郑蚌客运专线"等轨道交通廊道进行合理选线和预控，通过"借力走廊、培育节点"，促进蒙城与周边核心城市的联系。县域内部进一步强化"环路＋放射"的交通网络，加强中心城区与各乡镇以及各乡镇之间的便捷联系。充分利用地处皖北16县市地理中心的交通区位优势，打造区域性物流中心。

5. 资源支撑：改变水资源综合利用方式

蒙城属于水质型缺水地区，规划提出"开源节流"的方针。一方面"引淮入亳"，增加蒙城县水资源总量；另一方面开展雨水资源化利用，结合再生水回用、节水技术，满足蒙城社会经济可持续发展需要。规划积极落实"海绵城市"的建设理念，通过高标准建设梦蝶湖公园、逍遥公园、鲲鹏公园等"海绵体"，最大限度实现雨水的积存、渗透、净化。

（四）规划创新：六大创新实现"特色发展"

1. 差别化的用地布局模式

规划对"老城区"和"新城区"采取了差异化的布局模式，新区改变老城随处沿街一层皮的商业布局模式，结合社区中心以及生活性街道集中设置，既方便居民使用，又提升城市景观。

中小学选择沿城市的次干路布局，保证了学生出行安全，同时考虑早晚接送车流较大，分别在学校周边设置停车场。

2. 人性化的拆迁安置策略

对新区中的农村居民安置房的选址布局，优先选择靠近老城区，不仅保障了拆迁居民的利益，也容易使新区快速形成人气，发挥土地资源价值，并且解决部分居民的就业问题。同时，结合各自行政村范围多点布局安置房，避免了大规模同质化的住区形成。

3. "三网融合"的水城格局

规划利用涡河上下游的水位高差，引水入城，对城市水系进行整体梳理，老城区恢复部分护城河水系，打造环历史城区绿廊；新城区对原有干涸狭窄的水沟进行拓宽串联，构建"河路平行"的双棋盘格局，创造皖北独一无二的城市水系景观。依托城市"水网、绿网、路网"的"三网融合"，构建均衡网络化的绿地系统，塑造"皖北水乡"的独特魅力。

▲ 图6-4-8 "三网融合"的水城格局

4. 慢行优先的交通组织方式

规划按照"外畅内达、集约高效"的交通发展目标，强化支路网建设，在城市新区采取"高密度、小街坊"的道路网布局模式，避免出现过大居住用地地块；同时通过控制合适的道路红线宽度，创造宜人的街道尺度。此外，积极构建城市公交线网布局，加强慢行交通、休闲步道建设，推广公共自行车租赁系统。

▲ 图6-4-9 "高密度、小街坊"的道路网布局及慢行交通建设

221

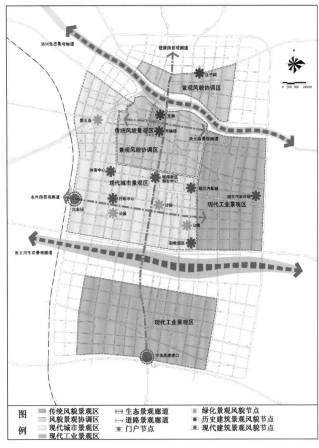

▲ 图 6-4-10　中心城区空间景观规划图

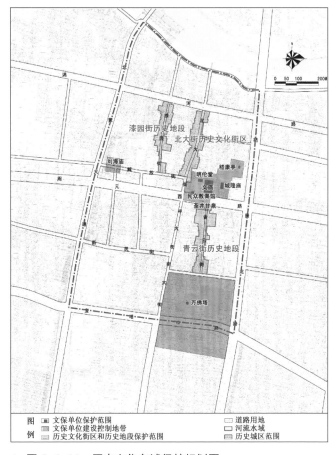

▲ 图 6-4-11　历史文化名城保护规划图

5. 城市设计引导的景观塑造

围绕"庄子故里，逍遥蒙城"的城市形象定位，规划强化总体城市设计以及空间景观研究，挖掘利用自然生态及历史人文资源，塑造蒙城"人文古邑，生态水城"的整体特色。老城区重点保护历史空间格局和传统风貌，加强视廊分析，保障万佛塔的视线通廊；新城区重点针对中心区以及城市门户节点，塑造城市形象。

6. 面向实施的规划编制组织

为了强化本次总体规划的可操作性，在总体规划编制的同时，加强对城市重点地区的详细规划研究，通过"自上而下"和"自下而上"的相互反馈，增加规划的科学性和合理性，有效指导了城市的开发建设。规划注重编制的全过程公众参与，充分调动各部门的积极性和主动性。

第七章

7 开发区总体规划代表案例解析

一、江阴临港新城总体规划（2011—2030）

江阴临港新城为江苏省省级经济开发区，位于2011年版江阴城市总体规划确定的主城西部，是江阴市域西翼产业重镇。东距江阴市中心6千米；西部边缘与常州新区接壤，距常州市中心2千米，距沪宁高速常州出口1千米；北临长江，拥有江阴市一半左右的沿江岸线；南部与常州市西郊接壤，地域总面积204.11平方千米（包括长江水域面积约22平方千米）。临港新城下辖"两街、两镇、一办"：夏港街道、申港街道、利港镇、璜土镇、港口办事处，发展主体较多。

（一）规划背景

2012年，临港新城实现GDP近520亿元。业务总收入在全省104家省级开发区中排名第一，并超过省内2/3的国家级开发区。

临港新城港口发展表现突出，拥有万吨以上泊位41个，开辟国内外航线46条，拥有国家一类开放口岸及B型保税物流中心。货物吞吐量居全国内河港口第四位，以冶金、装备制造、新能源、化工新材料为代表的产业集群也已初步形成。

然而，在快速发展的同时，临港新城也面临着众多问题和挑战。如经济大而不强、土地产出效益偏低、产业集群没有稳定成型等问题，亟待转型升级；建设用地因多主体惯性发展呈现出"纵向并列"的结构关系，与理想的临港地区平行于岸线层层推进的"片层式"布局模式不符合；内部完整的道路分级系统没有成型，客货运不分，造成了过境交通、疏港交通、货运交通对生活区的严重干扰和分割。

因此，亟须系统研究临港新城发展，探索临港新城由一般开发区向现代化港口新城发展的路径。

（二）总体思路

规划针对临港新城面临的"开发区转型"、"多主体整合"以及"港口新城建设"3个当务之急，以"产业选择、空间整合、交通构建"为重点，通过若干举措，实现临港新城从"一般开发区"向"现代化港口新城"的转变。

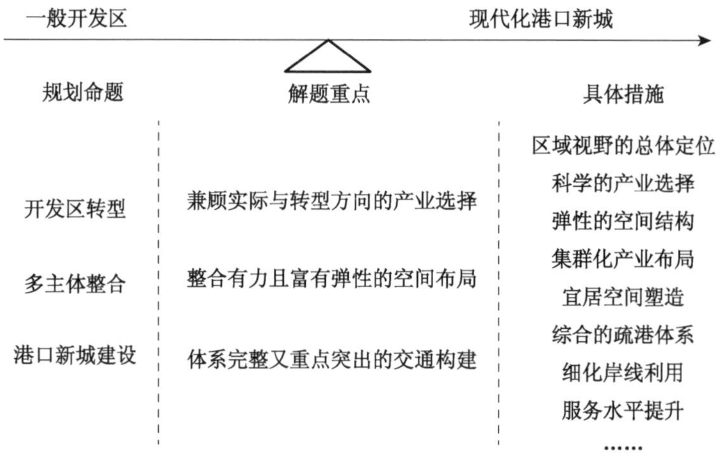

▲ 图7-1-1 总体思路

（三）规划创新

1. 兼顾实际与转型方向的产业选择

规划分析了临港新城在江阴整体发展中的角色分工，充分考虑临港新城的发展实际和资源环境禀赋，提出以港口发展为核心，实现"现代化港口物流、集群化临港产业、宜居宜业居住新城"的发展目标。

规划首次在开发区规划中构建"竞争力—环境—政策"综合产业选择模型。引入了基于现状竞争力、生态环境影响和政策导向为因子的产业评价与选择定量模型，支撑产业选择。

同时，创新性地采用精确到企业的定量转型引导方法。首次在开发区规划中采用"效益—能耗—污染"模型，对临近生活空间的重点地区现状企业逐个进行定量评价，并综合用地适应性等条件，对企业转型方向和工业空间调整做出明确指引。

2. 整合有力且富有弹性的空间布局

规划针对临港新城多主体分散发展的现实，采用片层整合的理念，对空间进行整合，形成发展合力。改变现有的"纵向并列结构"为"横向片层结构"，优化港口与腹地的关系，重点增强东西向交通联系，强化整体性。

同时以弹性布局的理念，形成四位一体，又各有发展空间的规划结构。在用地构成上，体现鲜明的临港开发区特征，承担起江阴市未来工业发展主战场的角色。产业布局上，打破主体各自为政的布局形态，以产业链分工为导向，运用板块化、园区化、集群化的布局理念，兼顾产业布局的整合与弹性，并对开发时序做出具体引导。

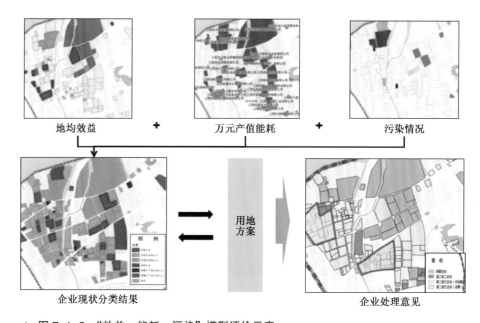

▲ 图 7-1-2 "效益—能耗—污染"模型评价示意

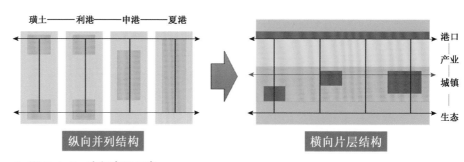

▲ 图 7-1-3 空间布局示意

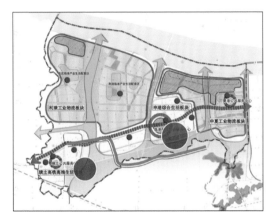

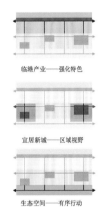

临港产业——强化特色

宜居新城——区域视野

生态空间——有序行动

▲ 图 7-1-4 空间布局结构

3. 体系完整又重点突出的交通构建

规划针对临港工业区过境交通、货运交通及疏港交通混杂的特征，在扎实的交通调查基础上，通过翔实的运量及承载力预测，构建科学的交通体系，引导交通出行。首先对现状进行全面深入的综合交通调研，通过对交通干线、交叉口、主要出入口及过境流量等的分析，发现交通堵点和瓶颈，掌握了区内交通流真实、全面的特征，以数据支撑规划判断与决策。

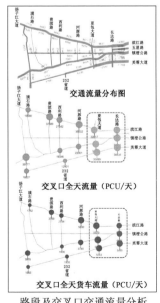

交通流量分布图

交叉口全天流量（PCU/天）

交叉口全天货车流量（PCU/天）

路段及交叉口交通流量分析

出入口全天货车流量（PCU/天）

出入口全天客流量（PCU/天）

对外出入口客货流量分析

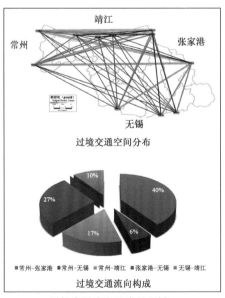

过境交通空间分布

过境交通流向构成

■ 常州-张家港　■ 常州-无锡　■ 常州-靖江　■ 张家港-无锡　■ 无锡-靖江

过境交通流向及流量分析

▲ 图 7-1-5 全面深入的交通调研

在此基础上，分客运、货运和港口运输 3 个方面进行交通预测。提出了"总量适宜、体系完善、衔接有序、减少干扰"的总体目标，并合理设定各类交通方式的结构目标。从客运体系和货运体系两方面进行系统构建，分别从枢纽和走廊两种要素着手，提出不同的交通组织和引导措施，并划定货运交通限制区域。在设施构建和行为引导两方面，从源头上结构性地化解货运交通对生活区的干扰问题。

通过"中扩腹地、西融常州、东进主城"的策略，实现区域交通的密切对接和协调。在内部形成了铁路、轨道交通、高速公路、快速路、主次支路等共同组成的综合路网系统。

规划以水陆一体规划的理念，通过港口吞吐能力测算及对应的堆场面积测算等深入研究，深化了港区的泊位布置、疏港线路组织、堆场布局及周边功能的同步优化，充分发挥岸线资源效益。

货车限时通行区域
货车持证通行区域

▲ 图 7-1-6 交通组织

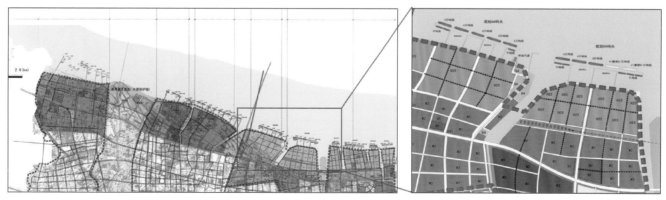

▲ 图 7-1-7 水陆一体规划

二、苏州工业园区总体规划（2012—2030）

苏州工业园区（以下简称"园区"）隶属江苏省苏州市，位于苏州东部，行政区划面积 278 平方公里，中新合作区 80 平方公里，是中国和新加坡两国政府间的重要合作项目，是全国首个开展开放创新综合试验区域。1994 年 2 月经国务院批准设立，同年 5 月实施启动，下辖 4 个街道，常住人口约 80.78 万。

园区历经 20 多年的发展，在经济、规划、建设、社会、文化、生态等各领域都发生了翻天覆地的变化，打造了中国对外开放和国际合作的成功范例，书写了坚持和实践科学发展的精彩篇章，也成为苏南现代化示范区的先行军，并连续多年名列"中国城市最具竞争力开发区"排序榜首，综合发展指数位居国家级开发区第二位，在国家级高新区排名居全省第一位。

（一）规划背景

园区成立至今已经取得了令世界瞩目的成就，在经济发展、社会发展、生态建设、环境保护等方面，走在了全国的前列。

但是，随着全球经济形势的变化，经济全球化不断深入，各国经济和资源跨国流动的规模不断扩张，尤其是金融危机后，欧美发达国家纷纷实施"再工业化"战略，对园区的发展造成较大的冲击。同时，创新型国家的建设、低碳可持续发展的道路逐渐成为共识，对园区的发展方式提出了挑战，要求园区积极创新发展路径，引领区域率先基本实现现代化，成为区域创新发展的示范标杆，在长三角地区承担更多高端服务功能。

另一方面，园区在高位运行的同时，现状比较优势正在弱化，要素成本迅速上升，面临"中等收入陷阱"危险，资源耗竭明显，社会发展滞后经济发展、创新受多重束缚，制约经济社会高效发展。

因此，在国内外发展形势不断变化的情况下，园区 06 版总体规划实施面临的发展环境、条件、对象出现了重大变化，在应对这些新形势、新变化、新挑战的过程中，06 版规划逐渐暴露出诸多不适应性，无法全面、准确、科学地引导园区建设发展，亟须新一轮总体规划引领园区发展。

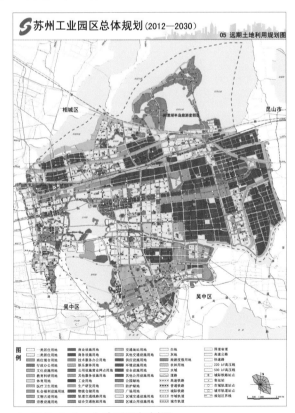

▲ 图 7-2-1　土地利用规划图

（二）总体思路

面对园区发展的宏观形势和时代赋予的使命，规划提出将园区与世界先进地区对比找差距，针对持续发展的要求寻不足，着眼于推动实现"园区向城区转变、由国内领先迈向国际先进、由二产主导走向三产融合、由加工制造升级为创新智造"的发展目标，通过低碳引领、效率优先和协调发展等策略，以创新驱动、功能优化、存量挖潜、交通引导和整合协调为路径，引导园区发展方式转型和发展能级提升，将园区建设为国际领先的高科技园区，国家开放创新试验区，江苏东部国际商务中心，苏州现代化生态宜居城区。

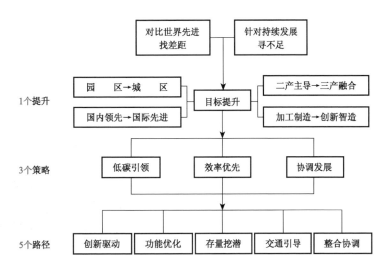

▲ 图 7-2-2　规划技术路线图

（三）理念创新

1. 低碳引领

面对园区有限的土地资源增量、资源环境容量和严格的能耗控制要求，规划注重多路径提升发展效率，以资源约束引导产业结构升级，以生态约束引导宜居环境打造，以能源约束引导节能减排落实，以发展方式转型推动低碳生态发展。

229

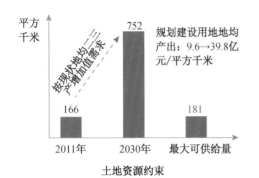
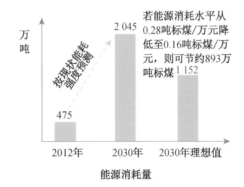
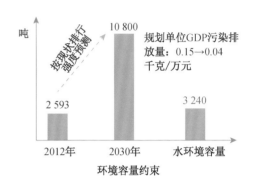

▲ 图7-2-3 园区发展面临的资源约束

2. 效率优先

按照园区发展能级提升的要求，规划通过促进关联产业联动发展，引导产业效率提升；通过强化公交优先发展，促进用地布局和综合交通的互动协调等途径，引导空间效率和交通效率的全面提升。

3. 协调发展

规划从主体功能、路网体系等角度加强了与周边区域发展对接，促进内外协调发展；从设施分布、服务水平等角度推进园区内部统筹，促进分区协调发展。

根据园区人口结构特点，按照基本公共服务均等化的发展要求，规划构建了特色化的住房保障体系和养老服务体系，实现了劳有所居、老有所养的发展目标。

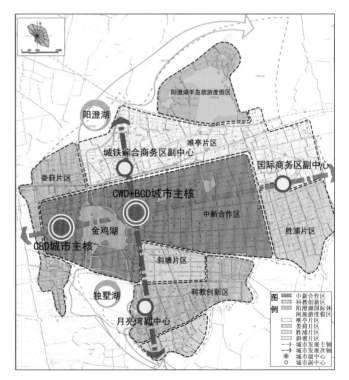

▲ 图7-2-4 园区分区协调图

（四）理念落实

1. 创新驱动

规划以自主创新为导向，以率先建成国家开放创新试验区为目标，通过鼓励创新产业、加强创新服务、吸引创新人才等途径，更好地集聚创新资源，提升创新产出。

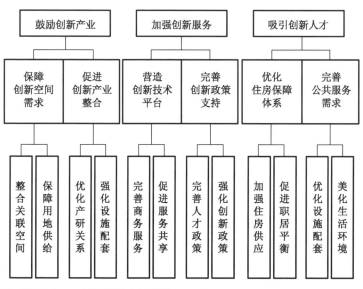

▲ 图 7-2-5　创新驱动主要思路

规划提出发挥中新合作示范作用，以高端产业基础和丰富科教资源为支撑，实现创新产业的集聚。规划从技术、金融、服务、政策等方面搭建创新公共平台，按照完善化和共享性的要求，塑造园区独特的创新服务。

规划加大对高层次人才的政策保障。其中，园区特色的住房保障制度为人才的落户扎根发挥了巨大作用。

▲ 图 7-2-6　园区创新空间分布图

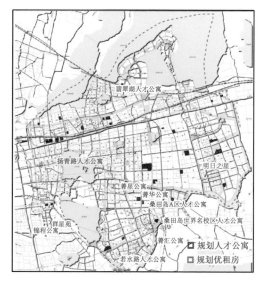

▲ 图 7-2-7　人才公寓和优租房空间分布图

2. 功能优化

规划通过区域性核心功能载体整合以及城市公共服务体系完善，有效提升了区域服务功能和基本公共服务功能。

通过引导产业协作、差别发展、打造中心和提升枢纽等途径促进区域功能整合；通过推动设施建设的均等化、便民化和特色化等途径综合引导园区基本公共服务功能的提升。

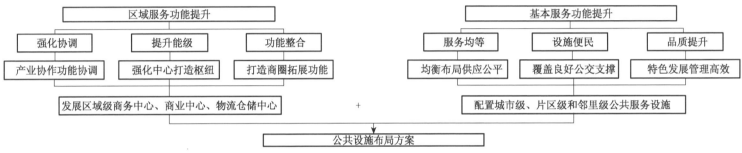

▲ 图 7-2-8　功能优化主要思路

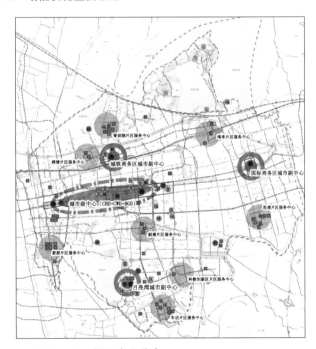

▲ 图 7-2-9　园区中心分布

▲ 图 7-2-10　公共服务设施分级配置

3. 存量挖潜

规划以工业用地的存量挖潜为主导，以工业用地引导的布局模式优化为主线，以情景模拟为途径，以工业用地与关联用地关系为校核，综合确定了规划空间布局方案。

在深度评估工业企业效益的基础上，综合确定需保留、升级和置换的用地，引导工业用地有序更新。

通过用地开发与城市轨道、公交站点建设相结合，采用TOD模式、业态竖向混合等方式提高土地利用效率。

规划坚持整体性、前瞻性、综合性和安全性的原则，加强地下空间的开发，合理扩大城市空间容量。

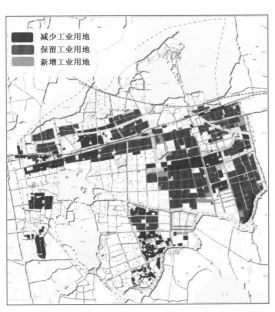

▲ 图7-2-11 规划确定工业用地与现状比较图

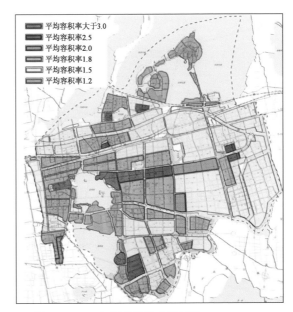

▲ 图7-2-12 规划开发强度引导图

4. 交通引导

规划以构建绿色交通体系为目标，通过公交体系、路网体系、慢行体系、停车设施等途径，实现了公交引导土地利用优化、绿色引领低碳集约发展；发挥轨道交通对高强度土地开发的支撑作用，优化了轨道交通廊道和枢纽周边的土地利用，并支撑各级城市中心的功能完善和布局优化；形成等级结构合理、土地利用协调、有利于公交网络布局的城市路网布局。差别化配置交通设施，调控交通出行结构，优化交通流空间分布；构建特色交通体系，引导居民慢行出行，完善慢行休闲网络与景观生态节点的结合，优化慢行网络与居民生活区的有效衔接；贯彻"区域差别化"的理念，将停车设施供给作为交通需求管理的重要手段，充分发挥停车设施的调控作用，实现停车设施与土地利用、交通组织、社会空间的协调发展。

▲ 图 7-2-13　综合交通规划图

5. 整合协调

规划从市域和园区两个层面进一步加强整合协调理念的落实。其中，市域层面重在理顺发展定位和交通关系，园区层面重在优化区镇关系和产居关系。

通过系统打造城市中心，强化园区苏州东部国际商务中心的地位，通过对三湖流域的特色塑造和文化要素植入，打造现代文化展示中心。

规划落实设施配置标准的统一、设施服务半径的统一以及设施空间品质的统一，以实现分区公共服务水平的均等化。

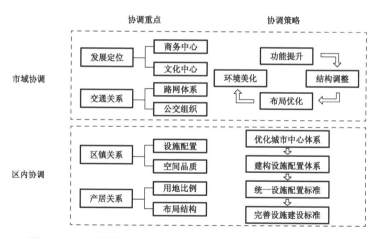

▲ 图 7-2-14　协调思路

（五）规划创新

1. 产业转型升级的政策措施创新

规划以园区产业转型升级为目标，以地均产出效益进行产业结构调整升级，以优质人居环境吸引产业高端人才，以良好公共服务支撑整体创新环境，并根据产业特点综合制定创新型人才、高端型人才和针对型人才政策。

2. 存量用地挖潜的政策措施创新

规划综合分析了园区经济效益、环境效益以及空间效益状况，系统分析了工业用地与关联空间的关系，修正了由纯空间数据库分析所带来的误差，强化了工业用地调整优化的支撑。综合确定需保留提升和置换改造的产业地块。结合不同用地特点，提出分类利用优化策略，以支撑本次规划的空间布局方案。

经济效益综合评估

资源环境综合评估

空间效益综合评估

▲ 图 7-2-15 产业用地效益评价

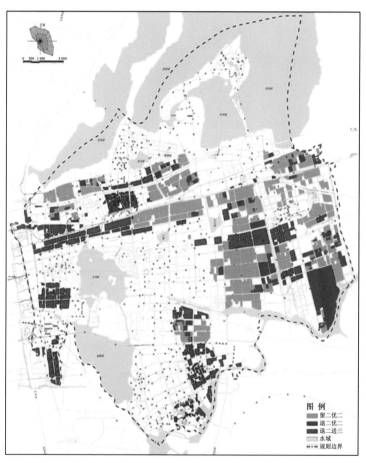

▲ 图 7-2-16 产业用地更新策略

3. 产居关系优化的技术路径创新

规划基于现状人口空间分布特征，对未来人口结构的空间演化进行预测，为居住空间、就业空间以及公共设施布局优化提供支撑。

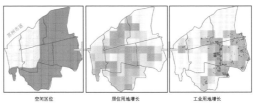
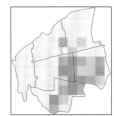

2012年居住与工业用地面积比较　　2030年居住与工业用地面积比较　　2030年居住人口与就业岗位分布

居住与就业岗位演化空间分布趋势分析　　　　产居均衡建议下布局调整建议　　　以空间演化及人口演化趋势下保障性住房需求分析　　保障性住房适建位置分析

▲ 图 7-2-17　产居空间演化分析

▲ 图 7-2-18　不同年龄段人口未来空间分布演化分析

▲ 图 7-2-19　不同收入人口未来空间分布演化分析

236

4. 公交主导模式下的交通数据库支撑

规划明确提出公交优先理念下的交通引导发展策略，并通过对高峰小时机动车饱和度的交通流模型测试，以检验不同发展模式下公交优先的实践效果。以理想公交模式下的交通模型进一步校核公交走廊枢纽和人口就业的契合关系，以保障规划确定交通发展模式的实施成效。

机动车宽松发展模式模型测试

公交优先发展模式模型测试

人口分布校核

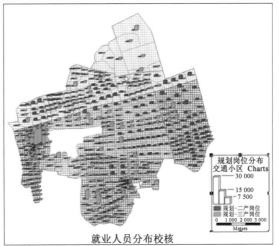

就业人员分布校核

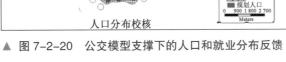

▲ 图 7-2-20　公交模型支撑下的人口和就业分布反馈

237

三、霍尔果斯经济开发区总体规划（2012—2030）

霍尔果斯位于欧亚大陆桥中国段最西端，紧邻中亚，连通欧洲，具有优越的战略性区位优势。2010 年，为推进新疆跨越式发展和长治久安，党中央、国务院决定设立霍尔果斯经济开发区，实施特殊经济政策，将其建设成为我国向西开放的重要窗口，推动新疆跨越式发展新的经济增长点。开发区规划总面积 73 平方千米（含新疆生产建设兵团分区 10.8 平方千米），其中，霍尔果斯园区 30 平方千米，伊宁园区 35 平方千米，清水河配套产业园区 8 平方千米。

（一）规划背景

早在隋唐，霍尔果斯就是古代丝绸之路上的重要驿站。如今，贯穿亚欧大陆的交通主动脉从这里经过，霍尔果斯成为亚欧大陆桥的中国西部桥头堡、中国通往中亚最重要的口岸和丝绸之路经济带的重要节点。

近年来，中国与中亚五国的国际经贸联系日益密切。霍尔果斯作为联系双方的重要枢纽，直面国际市场的双向需求以及国内市场的优势互补，经济区位优越。同时，霍尔果斯所在的伊犁河谷地区矿产、农产品以及旅游资源丰富，毗邻被誉为"21 世纪能源基地"的中亚地区，霍尔果斯具备了良好的资源基础。

2010 年，国家颁布了一系列支持新疆发展的重要文件，设立霍尔果斯经济开发区，积极推进与哈萨克斯坦的跨国合作，将开发区建设提升到国家战略的高度，并提出"创新发展的增长极核，和谐发展的稳定基石"这一发展愿景，霍尔果斯迎来了前所未有的发展机遇。

（二）总体思路

规划采用目标导向，确定了"沿边开放先导区，创新发展先行区，国际合作示范区和西部发展引领区"的总体目标，提出"政策引导，产业先导，市场主导，设施优先，生态优先和民生优先"的发展策略。

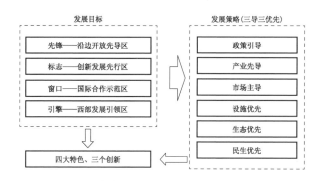

▲ 图 7-3-1　技术思路

（三）规划特色

1. 口岸引领，构建以开发区为核心的区域发展格局

针对口岸型开发区的特点，规划从区域空间、产业、设施和资源 4 个方面进行统筹。首先，规划提出霍伊城镇发展轴的概念，引导区域空间集聚，并建议择机设立霍尔果斯市，形成两市三县协调发展的格局。

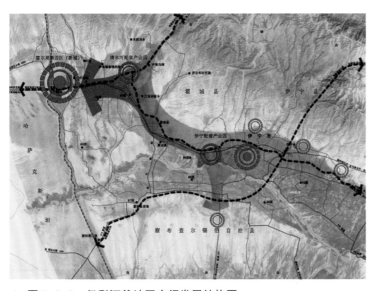

▲ 图 7-3-2　伊犁河谷地区空间发展结构图

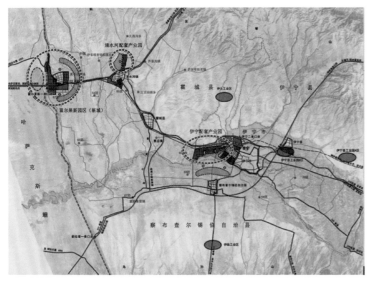

▲ 图 7-3-3　伊犁河谷地区空间发展引导图

其次，规划对区域优势产业的原材料及其来源地、产品流向等进行研究，结合资源分布，统筹区域产业，提出了以"两个市场"为目标、以开发区为核心的制造业产业布局及旅游发展结构。

在设施方面，规划统筹区域铁路、公路以及航空资源，布局综合枢纽，整合区域市政设施，保障水源、能源等的供给安全，为开发区的发展提供设施支撑。

由于开发区地处水资源相对贫乏、生态脆弱的边疆地区，规划遵循生态优先的理念，加强对水资源的统筹安排，重点研究了区域、流域的地表、地下水资源情况以及供给能力，提出水资源开发途径及潜在承载力，为确定开发区建设规模以及产业发展提供了依据。

2. 市场主导、构建面向国内外的产业结构体系

开发区面临复杂的市场环境和发展背景，规划加强了对中亚五国以及哈萨克斯坦等特定国家市场需求、产业结构以及进出口商品结构的分析，并采用交通模拟和 GIS 技术对开发区在全国不同时空距离的交通可达性以及优势产业腹地进行了综合研究，结合对江苏省、苏州工业园区等援建地区的产业分析，梳理开发区与"两个市场"的产业关系，提出了适应开发区发展优势的产业门类结构和产业空间结构，引导开发区高效发展。

3. 产业先导,探索多情景产城融合空间布局模式

针对开发区"一区三园"的特点,规划重视产城融合发展,构建了团块集聚、廊道分隔和带状延伸等不同情形下的产城融合布局模式,为促进开发区产业的优先发展提供了保障。

4. 加强协同,实现多主体背景下的一体化规划

开发区规划面临口岸、兵团、地方以及企业等复杂的多主体背景。规划在用地范围、功能布局、产业发展等方面进行了十余轮的双边、多边交流,平衡兼顾各方诉求,力求总体布局整体合理,为开发区的快速、协调发展奠定了基础。

(四)规划创新

1. 布局方法——对外交通主导功能布局构建

根据口岸园区的特点,规划对边境贸易、出口加工、综合物流等各类功能的对外交通需求以及境内、境外、货运枢纽等的交通可达性进行了深入分析。

研究形成口岸型园区各功能组团与交通廊道的布局模式,

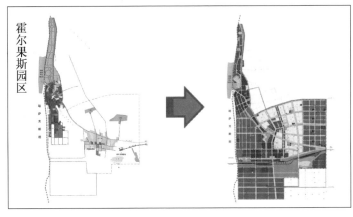

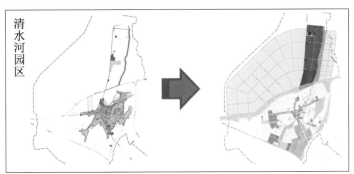

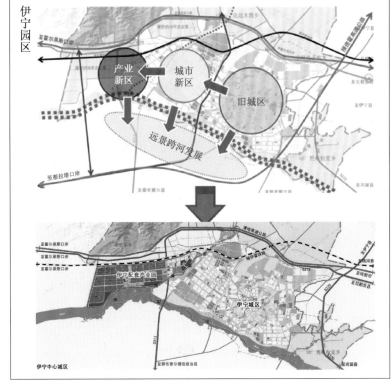

▲ 图 7-3-4 "一区三园"产城融合布局模式

并结合实际，提出了园区功能与交通协调发展的布局方案，突出了交通对口岸城市发展的支撑作用。

2. 交通规划方法——流线特征支撑交通分区构建

为了适应口岸出入交通量大、流向复杂的特点，规划对园区主要人群以及货运的交通生成场所、流线、通道进行了系统研究。

依据叠加分析的研究结果，结合园区用地布局，构建了适应园区特点的交通分区，为有序组织园区交通提供了指导。

针对园区存在多个较大规模海关特殊监管区的特点，规划

构建了区内外一体化公交线网，并以慢行尺度为标准，优化公交线网方案，提升公交线网慢行可达性，从布局上提高公共交通的服务水平，同时促进交通减量；规划通过交通模型预测流量需求，测算不同位置的通道数量，并进行系统校核，确保必要的交通供给，充分体现了规划的前瞻性和合理性。

同时，规划深入研究出入境、出入园区的公路客、货运需求，对节点地区的交通组织及道路断面进行优化设计，保障了园区交通的高效运行。

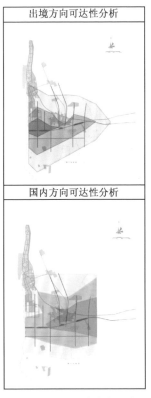
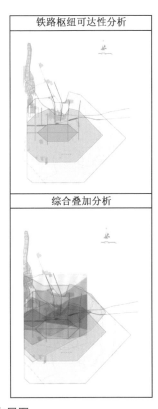

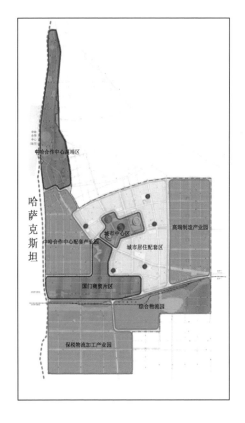

▲ **图 7-3-5　对外交通主导功能布局图**

3. 景观规划方法——行为特征引导构建"大国门"景观体系

规划提出了将整个城市作为国门打造的"大国门"景观概念。为加强可识别性，规划对各类从业人员、游客的活动特征、交通特点等进行了深入分析；并采用 GIS 技术，对观景人在快行、慢行、驻停等多状态、多路径下的观景视线进行了研究和叠加分析，构建了符合人活动特征和观景可视性要求的特色廊道、特色地段以及广场体系，为彰显开发区地域文化和空间特色提供了系统的指引。

驻停状态视觉观察范围分析	慢行状态视觉观察范围分析	快行状态视觉观察范围分析	"三态"状态视觉观察叠加分析
关注点：建筑细节、建筑组群形态、城市轮廓形态	关注点：建筑细节、建筑组群形态、城市轮廓形态	关注点：建筑组群形态、城市轮廓形态、建筑细节	
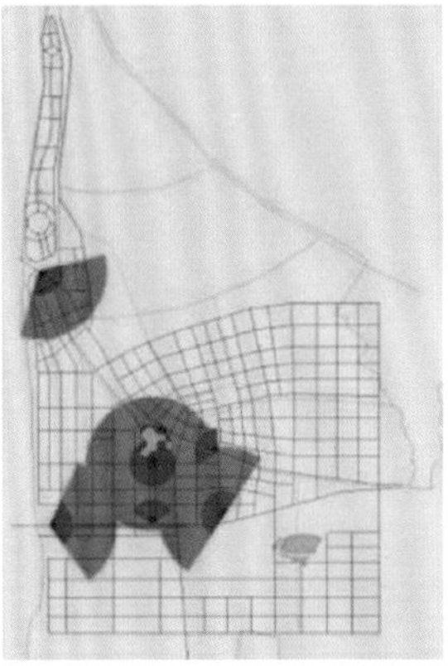	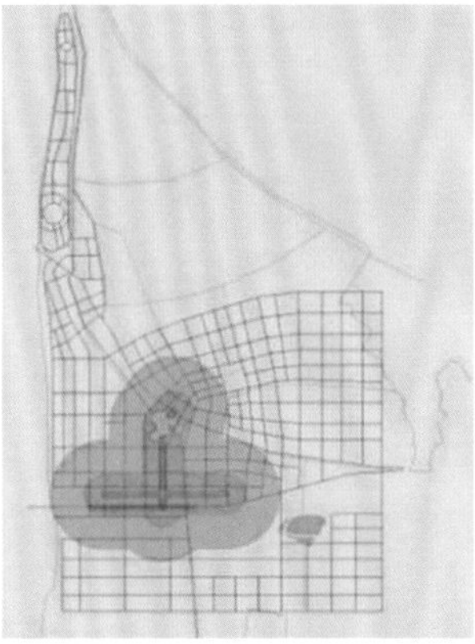	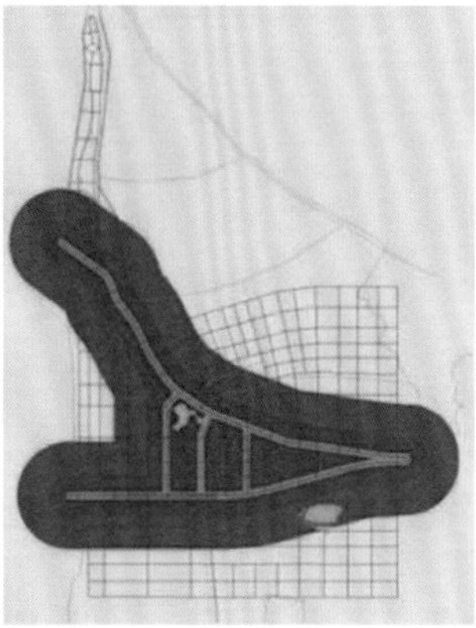	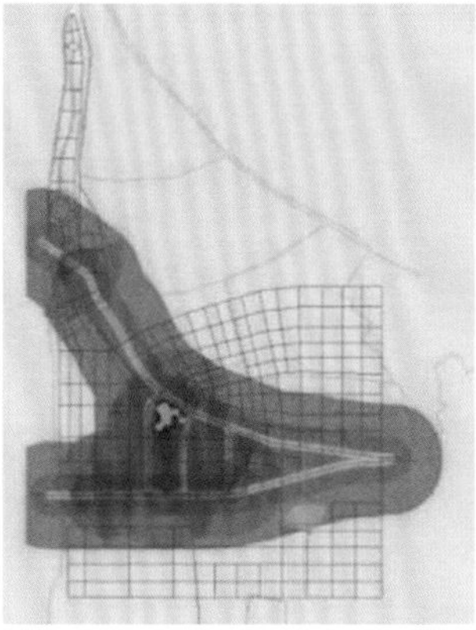

▲ 图 7-3-6　主要人群"三态"视线分析

第八章

8 城市总体规划改革的方向思考

一、当前城市总体规划面临的不适应性

回顾中国城市规划体系构建的历史，从总体规划到控制性详细规划的体系源自前苏联的规划管理模式。通过城市总体规划的编制，对涉及城市发展的各类要素进行统筹安排与部署，通过城市总体规划的编制与实施，极大地提升了我国城市发展的要素组织能力和资源统筹调配能力。

随着中国改革开放的日益深入，控制性详细规划逐步吸收了美国的区划和香港地区法定图则的诸多管控要求，加之"一书两证"的配套管理，已经成为城市建设中不可或缺的一个重要环节。城市总体规划基本保持了原有的职能定位和功能，但总体规划实施的环境却发生了重大变化：一是市场经济改革逐步深入，参与市场经济的主体类型更为多元，对城市建设的影响方式与渠道更加复杂；二是政府的行政管理方式逐渐向服务型政府过渡，政府作为主体调配一切城市发展资源的实施机制已经不存在。更为重要的是，经过了快速的城镇化与工业化过程，一大批国内城市开始进入存量更新时代，优化城市空间、提升城市品质、活化城市功能、建设宜居环境的需求逐渐旺盛，城市总体规划所面临的时代任务正在悄然发生变化。当下阶段的城市总体规划正处于转型探索阶段，这是一种由内而外生长出来的变革需求。从适应改革需求的角度来看，当前的城市总体规划编制主要存在如下几个方面的不适应性。

（一）"静态蓝图"难以适应动态需求

城市总体规划着眼于城市的长远发展需求以及对城市发展规律与合理性的认知，在城市空间布局、设施配置、用地构成上属于"静态蓝图"导向。但是总图一旦定稿，则需要在十多

年的时间中，面对各种市场化的现实需求。市场的主体是多样的，也是变化的，这就导致总体规划在应对现实需求时难以灵活适应。加之在规划执行中逐渐地要求体现法律刚性，在规划修改和调整上，程序越来越严格和复杂，这种不适应性也日趋强烈。

面对更为动态、复杂的城市需求，城市总体规划静态蓝图式的指导方式存在不适应性是必然的，解决形式不适应的关键还在于城市总体规划自身的转型，如何在刚性管控与弹性引导中找到平衡点，在实施过程中形成自我调整优化的机制，这也将成为今后城市总体规划编制改革的重要议题之一。

（二）"全面内容"难以实现全面实施

现有的城市总体规划编制内容几乎涵盖经济社会发展的各个方面，内容十分全面，总规试图解决城市发展中遇到的所有问题，反而造成规划的目的性不明确，重点不突出。

虽然内容涉及的方面较为全面，但实际操作中，规划的执行主要由规划局这一单一部门来主导，其他部门则各有自身完整的事权和相应的规划及技术规则，因此，实际中城市总体规划的许多内容无法得到有效的落实。

而规划部门重点关注的空间内容，往往也受其他方面的牵制，得不到源自总体规划的刚性保障。总体规划编制在内容方法上与政府实施的政策间存在脱节问题，更深层次是总体规划编制与政府事权管理体制衔接不力，难以满足作为政策实施者的政府的实际需要。

现行法律法规赋予了城市总体规划的法律地位，但是总体规划的法律权威地位并未真正确立。法律条文的基本要求是假设、处理、制裁三者缺一不可，可目前规划文本基本达不到这

一要求。多年来，由于受城市规划人员专业背景和城市规划法制不完善等多方面因素的影响，城市总体规划文本的写法和内容深度基本上还是技术文件，缺乏法律文件的规范性表达。这严重影响了法律赋予城市总体规划的权威，降低了城市总体规划的效力和社会约束力。

（三）"外延扩张导向"难以适应精明增长形势

大多数地方政府还没有跳出通过总体规划拔高城市定位、做大城市规模的认知惯性，城市总体规划变成地方政府争取建设用地指标、做大经济规模的重要工具。这也使得城市总体规划从编制阶段到实施阶段的工作重心往往偏向如何拓展城市发展空间、提高城市规模，而对于城市总体规划在引导城市功能提升、完善设施供给、改善宜居品质，以及引导城市转型发展等方面的职能没有得到重视。

随着城市增长进入新的阶段，规模扩展式的传统增长主义已经无法适应新时期城市发展的需求，内涵式的精明增长对今后城市发展的影响将逐渐占据主导位置，甚至部分城市会出现精明收缩的态势。这是此前城市总体规划编制与实施所未曾面对的新形势，应当引起规划编制者、规划管理者的重视。

（四）"编审周期长"难以适应现实需求

城市总体规划涉及城市经济、社会、环境等多方面的内容，需要一定的编制和审批时间，编制周期长、审批环节多、审批周期长已经成为城市总体规划编制审批过程中的普遍现象，与其他类型规划相比，城市总体规划较长的编审周期使得总规在指导城市发展的实时实效方面显得较为滞后。造成城市总体规划批准实施的时候，新一轮的城市总体规划修编需求已

经产生，一定程度上也影响了城市总体规划作为法定规划的严肃性。

造成编审周期长的原因，一方面是城市总体规划本身的复杂性、内容全面性所造成，从技术角度来看，确有必要对城市总体规划所应该包含的内容进行评估和反思，突出重点领域和减负内容体系，避免城市总体规划在编制环节层层加码，不堪其重；另一方面也确有必要推进城市总体规划的审批机制改革，核心在于加强部门协调，完善"多规协调"机制，划定各级部门的行政事权边界，并相应进行审批内容事项的调整，为审批环节减负。

（五）"技术理性"难以适应公众需求

我国城市规划长期以来采用精英式规划模式，较为注重规划技术的科学性，总体规划图纸和文本以技术文件的形式出现，很难让非规划专业的人所充分理解，特别是广大市民，更是很少有人知晓所在城市的总体规划的核心内容，由此导致总体规划缺乏社会监督。在"创新驱动"的社会转型背景下，城市总体规划亟待加强社会层面的宣传，扩大公众参与度，保障和维护规划实施。

自 2000 年以来，城市总体规划在编制环节开始率先进行公众参与探索，但从实施效果来看并不十分理想，这与城市总体规划仍然没有摆脱外延增长框架的影响有关，大量的编制精力并未投入到公众需求的收集与应对上，而仍是聚焦于空间扩张。自 2014 年以来，城市空间外延扩张的动能在趋弱，内在优化提升、存量挖潜、更新改造的动能日益强化，城市总体规划所需要解决的问题与公众的生活、生产需求形成了较为直接的关联，公众参与具有了较好的群众基础。这就需要长期习惯

了技术理性和增长惯性的城市总体规划加快编制方式、成果表达方式的创新探索，以适应公众的需求。

二、新时期城市总体规划面临的 5 个变化

实际上，不仅仅是城市总体规划，整个城乡规划事业已经进入变革阶段，这种变革需求不仅来自内部，也来自外部，主要体现在以下 5 个方面：

（一）环境之变

1. 经济环境

经过改革开放近 40 年，我国已确立了社会主义市场经济体制。党的十八届三中全会明确指出，要让市场在经济中发挥决定性作用。因此，市场化环境将成为城市发展最根本的经济环境，是城市规划必须面对的客观现实。

同时，经过近 40 年的高增长，我国经济在近年来开始进入新常态。逐步告别高增长，进入中高速发展，呈现新常态。经济环境的这一转变，意味着城市的发展模式也需要相应转变，从追求和适应快速增长，到满足增长之外的更加多样的问题，将给城市规划带来不同的导向。

经济环境的另一个重要特征，就是中国作为一个经济体，已经更加深入地开放融入了国际市场，将使全球经济格局面临重塑。由城市、城市群为代表的区域经济，正在深刻改变世界经济的空间格局。许多城市，尤其是大城市、对外开放早的城市，将不仅是本地经济社会发展的载体，也是全球经济分工中的一环。在这种深入的开放格局中指导城市进一步发展，也是城市规划需要面对的新课题。

2. 社会环境

就社会环境而言，当前也进入了一个根本变化的时期。党的十八届四中全会提出了依法治国的纲领，对整个社会发展指明了方向。在此背景下，首先是政府职能在加快转型，"法治"与"服务"成为关键词。同时，国家新型城镇化规划提出了"以人为本"的原则，将进一步得到强化，社会发展将更加聚焦民生问题。除了政策方面的变化，当前还有一个变化就是科技创新正在高速进步，移动互联、信息化、大数据等，正在深刻改变人们的生产生活方式，将推动社会格局改变和时代进步。同时，人口老龄化也悄然来袭，并将在中长期内，深刻影响经济社会发展的趋势和格局。

3. 生态环境

就生态环境而言，经过多年粗放式发展，我国的生态环境出现了加速恶化的趋势。我国一些城市不断受到严重雾霾的袭击，空气污染成为呼吸道等疾病的诱因，人们深切体会到生存环境恶化对日常生活的危害。生态环境危机已经从舆论现象转变为人们真真切切的生活感受。在这样的情况下，生态环境将倒逼城市发展转型，低碳与可持续发展将变成引领城市发展的新理念。

（二）对象之变

经过长期快速发展的过程，我国的城市空间扩张已经开始逐步放缓。城市中心体系逐步成型稳定，城市规模结构也逐渐定型。因此，城市规划的对象将逐渐从增量为主，陆续转向存量为主，规划对象出现根本性的变化。

在城市生长壮大的同时，区域一体化也逐步显形，城市群

开始作为一个独立的研究对象进入了规划者的视野。城市群越来越被规划所关注，成为影响城市规划体系的重要因素。

从宏观来说，城镇化是城与乡之间对等的变化的过程。在城市快速发展的同时，广大农村地区也发生着相应的改变。大量农民进入城市生活，农村空巢、农业凋敝、农民贫困等"三农"问题已逐渐凸显。而那些处在城市周边的乡村则面临了更多、更为复杂的问题。因此，城市规划逐渐关注到了乡村，"三农"，正在进入规划者的视野，成为更加包容的城市规划对象的组成部分。

（三）主体之变

在我国，城市人民政府是法律规定的规划编制和实施的主体，也是长期以来实际的规划编制的组织方和执行方。但随着我国经济和社会发展的变化，市场化、以人为本等理念的逐步推行，城市的发展越来越表现为政府、公众、企业等主体的博弈。特别是在经济发展领域，企业对城市发展的影响日益扩大，市场化的灵活性、多样性和多边性等特征，已经对传统的规划执行产生了巨大影响。而随着市民社会的崛起，公众参与城市规划建设的热情在不断升温。因此，城市规划的主体正在面临一个根本的转变，从单一的城市政府向事实上的多元化主体转变。公众参与等组织方式，也正在城市发展的方方面面中逐渐体现。

（四）价值之变

自十八大以来，我国迈进全面深化改革元年。国家在2014年发布了新型城镇化规划，体现高层领导在城镇化发展上指导思想的转变。这种顶层指导思想的变化，实际上体现了社

会整体在城镇化上的价值观正在出现的变化。

在经历了长期的粗放式快速发展的过程后，以增长主义为导向的经济发展方式带来的负面影响和矛盾逐渐累积，已经接近矛盾爆发的临界点。全社会上下都已经意识到这种增长主义的负面影响，因此，增长主义将面临终结。社会价值观日益多元化，在城市发展上，生态文明和社会公平以其在人与自然、人与人关系处理上的先进性，得到社会的广泛认同，必将取代增长主义，成为未来城市规划的两大价值支柱。

（五）方法之变

面对环境、对象、价值、主体四方面的根本变化，城市规划的方法也将面临重构。我国现有的规划技术体系，是基于"增长"的价值体系、生发于工程技术基础的规划技术体系，更多着眼于城市增量，服务于建设，有其历史的必然性，也有历史的局限性。在新时代，这一城市规划技术方法体系必须进行重构。同时，从规划实施和管理的角度，规划的管理体制也将面临重构，以更加适应市场化、市民化的需求。在大数据、信息化、多规融合、低冲击开发等新理念和新需求之下，新的技术方法正在逐步涌现，也将对城市规划的技术方法产生必然的冲击。

三、城市总体规划转型方向的思考

在新时期城市规划遭遇众多不适应性和面临环境、对象、主体、价值、方法5个方面变化的背景下，进行转型变得迫在眉睫。从重新适应新的发展条件的角度出发，城市规划的转型应包含如下几个方面：

（一）以"生态文明"和"社会公平"奠定规划价值导向

首先应当确定的是城市规划的价值导向。现代城市规划的两大源头是霍华德的"田园城市"和柯布西埃的"光明城市"，从规划的对象来说虽然都是增量城市，但这两大源头却分别提出了各自不同的价值取向。前者实际上更体现了生态文明、社会公平等价值取向，后者则更强调效率、强调适应增长的需要。我国过去30年的规划，更多的是促进经济发展的工具，与"光明城市"的内涵更为接近。

面对新时期的发展，城市规划必将终结狭隘的增长主义价值观，以"生态文明"协调人与自然的关系，以"社会公平"处理人与人的关系，向"田园城市"溯源，重新奠定城市规划发展的价值基础。

在此"生态文明"的价值基础上，低碳生态的技术方法将在规划中得到更加广泛的应用，促进城市规划技术方法上的不断突破和创新。在"社会公平"的价值基础上，规划制定和实施的全过程将会有更为广泛和深入的公众参与，并可能逐渐诞生全民参与规划、全民参与市建设、全民参与管理的城市发展的全新局面。

（二）以分类指导重构规划技术体系

城市千差万别，城市规划迫切需要改变一套体系管全国的局面，加强对不同城市类型的分类指导，切实解决城市面临的问题，从实践的需要出发，制定适合于各类不同城市的技术体系，有效指导和约束城市规划的编制和执行，更大程度地发挥规划的效能。

按照我国城市体系的特征，大致可以从行政等级、规模和城镇特色等主要方面进行城市的分类，从而制定分类指导的原则和技术体系。

1. 按行政等级分类指导：直辖市、设区市、县级市

（1）直辖市：涵盖了省域城镇体系规划的职能

直辖市城市总体规划没有省域城镇体系作为上位规划指导，因此直辖市城市总体规划实际上具有省域城镇体系规划的职能，同时直辖市城市总体规划还需关注世界城市体系中的定位研究。

（2）设区市：以市区为重点，市域侧重结构与功能引导

设区市城市总体规划中除市区外，还包括代管县市，因此设区市重点在市区本身，市区一般应作为规划区范围。市域城镇体系主要侧重结构及功能引导，并对市域生产力布局、资源统筹利用、生态环境保护等做出要求。

（3）县级市：加强全域范围统筹

县级市行政范围内主要为中心城市及管辖乡镇，城市总体规划需着重加强全域范围内的统筹工作。从规划区与行政辖区结合关系看，面积较小的县级市规划区可以行政辖区即县市域为规划范围，对整个市域进行总体规划布局；面积较大或地理复杂、经济与管理条件一般的县级市，则重点强化城乡统筹研究，深化镇村发展引导等内容。

2. 按发展规模分类指导：特大城市、大城市和中小城市

（1）特大城市、大城市：形成总体规划层次编制体系

特大城市与大城市情况复杂，其总体规划在编制深度方面多侧重发展战略与发展结构，以总体规划成果直接指导控制性详细规划较难，建议增加中间层次规划编制，即一般意义所称的分区规划。所以，特大城市或大城市总体规划在其总体规划层面上存在一个体系，即总体规划和分区规划。总体规划主要

解决城市大的发展问题、确定主要发展方向与战略指引、构架主要布局结构与框架等，其成果更偏重概念与结构；分区规划主要解决城市分区内部主要的布局规划、设施配套、各类建设指引等，其成果更偏重布局与建设。特大城市与大城市在总体规划编制上可形成由上级主管部门审批的总体规划成果，在总体规划指导下组织编制分区规划成果，分区规划成果由地方政府审批并用以指导控制性详细规划。

特大城市与大城市总体规划由于本身的复杂性，其研究问题与内容也较多，这是与中小城市总体规划在技术上的很大不同。如特大城市与大城市在综合交通组织中，需要对城市轨道交通进行研究，而一般中小城市并不需要此类研究。

（2）中小城市：总体规划直接指导控制性详细规划

中小城市总体规划不存在体系，其总体规划内容既有战略指引，也有较为细致的布局规划，可以直接指导控制性详细规划编制。

3. 按城市特征指导

（1）按自然地貌分类：高原山地地区城市、平原水网地区城市

由于我国地理条件复杂，导致许多城市具有特殊的自然地理地貌，其规划编制除符合一般城市总体规划编制的内容体系要求外，还需对于其特殊地理地貌带来的特殊要素与问题进行重点研究。如高原山地地区城市要强化高原山地自然地貌地形分析研究，强化山地地形保护及地震、山洪、泥石流等自然灾害防治，研究山地地区城乡空间布局、交通组织与生态保育等；平原水网地区城市需强化对水网形态及洪涝灾害、城市特色等研究，强化水资源保护与利用等。

（2）按生态特征划分：生态敏感地区城市、生态非敏感地区城市

除山水地貌城市外，还有很多城市具有较强生态敏感性，如周边有大型水源水库、自然保护区或自然遗产等，需加强生态分析与生态技术应用，通过生态约束进行生态系统保育、生态容量评估、生态结构布局等，城市发展需与生态空间有良好的契合关系。对于生态非敏感性地区城市，主要按照一般城市总体规划要求，突出本身特点与需求研究。

（3）按功能特色划分：历史文化名城、一般特色城市

我国还有大量的历史文化名城，其总体规划编制应重点突出历史文化保护内容，对历史文化名城保护应专题研究，并按照历史文化名城保护的相关条例规范进行编制；一般特色城市则根据本城市要求，突出自身特点，重点研究。

（三）以精明增长引领存量规划提升

当城市规划的对象转变为以存量为主，必然要求规划要适应存量城市发展的特征。与规划增量相比，存量城市的最大特征就是其有一个与物质结构对应的社会形态存在。存量城市的规划，不仅是要注重物质形态的逻辑和条理，更需要谨慎面对城市物质空间内业已存在的那个"社会空间"，尊重和了解这个社会空间的特点和需求。这需要规划秉持精明增长的理念，以稳妥的态度应对存量空间的发展需要，以调结构促增长，重质量而轻速度，逐步引导城市的更新发展，促进社会空间和物质空间的有序协调提升。

同时，对于城市外延扩张的冲动，规划要未雨绸缪进行科学引导。通过划定城市开发边界，防止短期经济利益驱动下低效粗放式扩张的延续和再现，从源头上把握城市的合理轮廓，通过控增量促进存量空间利用的提升。

（四）以事权明晰聚焦总体规划内容体系

改革城市规划管理体制，需要建立现代国家社会治理体制并不断完善。应制定各级政府规划权力清单，通过简政放权，形成有收有放、权责等等明晰的管理体制。上级政府更加关注规划的强制性内容的制定、批准、评估和监督，本级政府则主要负责城市经济社会的发展。这就需要城市规划的制定从目前的"轻政策、重方案"向"轻方案、重政策，轻蓝图、重程序"转变，并在明确各级政府权责清单的基础上，简化总体规划的内容体系，在事权明晰的问题上形成聚焦，重点突出，责任明晰，利于实施。

在规划管理上，各地已经开始了"以多规融合促进规划管理机制改革"的探索，逐渐形成了"底线划定，刚性控制""部门合作，信息化平台""一张表审批、一套机制，再造审批流程""轻审批，重维护"等创新理念和做法，是城市规划转型的重要方向之一。

（五）以新技术引领规划方法变革

信息化大时代到来，给城市规划带来了许多新技术和新应用。低碳生态理念与技术的深化落实（低冲击、低影响、海绵城市等），将逐渐引领生态文明城市理念的落实和发展；城乡规划技术内容信息化与标准化，将逐渐改变目前的规划编制和管理体系；大数据的出现和爆发式发展，将改变传统的城市研究的方法和模式……总之，层出不穷的新技术，正在快速改变城市规划的整体面貌，未来的城市规划转型，必将在新技术的引领下展现出超越想象的新面貌。

参考文献

Reference

1. 沈德熙.城市总体规划的空间范围应扩大.城市规划汇刊，1997（5）:10.

2. 张伟，徐海贤.县（市）域城乡统筹规划的实施方案探讨.城市规划面对面——2005城市规划年会论文集（上），2005:806-813.

3. 吴新纪，张伟，胡海波，陈小卉.快速城镇化地区县级城市总体规划方法研究.城市规划，2005（12）:58-63.

4. 唐历敏，吴新纪.对城市总体规划编制技术创新的探索——以新一轮宜兴市城市总体规划（2004-2020）为例.江苏城市规划，2006（1）:7-11.

5. 申翔，沈政，张超.基于人本需求的园区规划思考——以南京高新区总体规划为例.现代城市研究，2008（6）:43-51.

6. 邹军，郑文含，姚秀利.关于住房问题的规划应对思考.城市规划，2008（9）:17-20.

7. 袁锦富，徐海贤，卢雨田，汤春峰.城市总体规划中"四区"划定的思考.城市规划，2008（10）:71-74.

8. 王树盛，曹国华.交通引导发展及其在城市总体规划中的思考.城市规划和科学发展——2009中国城市规划年会论文集，2009:378-387.

9. 王军，王媛.先发地区镇总体规划的回顾与展望——以苏南为例.城市规划和科学发展——2009中国城市规划年会论文集，2009:772-780.

10. 张泉，袁锦富，胡海波.拉萨市城市总体规划理念探析.城市规划，2009（11）:22-25.

11. 袁锦富，赵毅.灾后重建背景下城市总体规划的编制与思考——以四川省绵竹市为例.规划师，2009（11）:5-10.

12. 汤春峰，胡海波.非均衡协调发展战略的昆山实践.城市规划，2010（s1）:125-129.

13. 陈燕飞，胡海波.城市总体规划中的碳氧平衡分析.城市规划，2010（s1）:136-140.

14. 王磊，毕波.面向现代化的城市基础设施规划.城市规划，2010（s1）:141-144.

15. 张泉，赵毅.昆山市城市总体规划总体思路和创新理念解析.城市规划，2010（s1）:118-124.

16. 曹国华，郑文含，李铭，申翔，王树盛.城市总体规划与综合交通体系规划同步编制研究.规划创新:2010中国城市规划年会论文集，2010:5952-5962.

17. 赵彬.关于城乡统筹规划的探讨——以《昆山市城市总体规划（2009-2030）》为例.城乡规划，2011（1）:102-110.

18. 袁锦富，申翔，卢雨田.转型背景下的城市总体规划编制探索——以《泰州市城市总体规划（2010-2020）》为例.江苏城市规划，2012（8）:4-9.

19. 朱杰.城市总体规划空间引导效能分析——以常熟市为例.城市规划，2012（8）:32-39.

20. 韦胜，徐海贤.土地利用调查数据在城市总体规划编制中的应用研究.规划师，2012（9）:80-83.

21. 赵毅.震后绵竹市城市总体规划编制的思考.四川建筑，2013（3）:4-6.

22. 许景，袁锦富，赵毅.江阴市工业布局调整研究.规划师，2013（4）:53-57.

23. 戴忱.ArcGIS缓冲区分析支持下的城市规划用地布局环境适宜性分析.现代城市研究，2013（10）:22-28.

24. 黄富民.交通与用地协同规划——交通规划与城市规划互

馈编制.城市规划，2014（3）:39–43.

25. 刘志超.快速城镇化地区城市总体规划定量目标的引入与应用——以常熟市城市总体规划为例.华中建筑，2014（9）:116–119.

26. 袁锦富.高铁效应下我国城市总体规划的应对.城市规划，2015（7）:19–24.

27. 宋家泰.城市总体规划.北京：商务印书馆，1985.

28. 肖秋生.城市总体规划原理.北京：人民交通出版社，1995.

29. 李王鸣.城市总体规划实施评价研究.杭州：浙江大学出版社，2007.

30. 王勇.城市总体规划设计课程指导.南京：东南大学出版社，2011.

31. 邹艳丽，田莉.城市总体规划原理.北京：中国人民大学出版社，2013.

32. 董光器.城市总体规划.5版.南京：东南大学出版社，2014.

33. 曹传新，张忠国.城市总体规划制度机制困惑与改革探索：法律视角下的技术、政策和事权一体化.北京：中国建筑工业出版社，2014.

34. 欧阳丽.城市总体规划环境评价模式：从"分离"走向"互动".上海：同济大学出版社，2014.

35. 石晓枫，郑冠凌，兰芬.城市总体规划环境影响评价技术方法及应用研究.北京：中国环境出版社，2015.

36. 杨振华，曹型荣，任朝钧.城市总体规划.北京：机械工业出版社，2016.

37. 闫学东.城市总体规划.北京：北京交通大学出版社，2016.

38. 叶祖达，龙惟定.低碳生态城市规划编制（总体规划与控制性详细规划）.1版.北京：中国建筑工业出版社，2016.

39. 张泉，黄富民，王树盛等.低碳生态的城市交通规划应用方法与技术.1版.北京：中国建筑工业出版社，2016.

40. 张泉等.低碳生态城乡规划技术方法进展与实践.北京：中国建筑工业出版社，2017.

41. 江苏省城市规划设计研究院.城市总体规划中的生态环境规划研究，2011.

42. 江苏省城市规划设计研究院.低碳生态城乡规划的编制与管理研究，2011.

43. 江苏省城市规划设计研究院.低碳生态的城市综合交通规划关键方法和技术研究，2014.

44. 江苏省城市规划设计研究院."多规合一"技术要点研究，2016.

45. 江苏省城市规划设计研究院.江阴市城市总体规划（1994–2010）.江阴市人民政府.

46. 江苏省城市规划设计研究院.仪征市城市总体规划（1996–2010）.仪征市人民政府.

47. 江苏省城市规划设计研究院.张家港市城市总体规划（1996–2010）.张家港市人民政府.

48. 江苏省城市规划设计研究院.泰州市城市总体规划（2000–2020）.泰州市人民政府.

49. 江苏省城市规划设计研究院.江苏省城镇体系规划（2001–2020）.江苏省人民政府.

50. 江苏省城市规划设计研究院.苏锡常都市圈规划（2001–2020）.江苏省人民政府.

51. 江苏省城市规划设计研究院.无锡市城市总体规划（2001–2020）.无锡市人民政府.

52. 江苏省城市规划设计研究院.常熟市城市总体规划（2001–2020）.常熟市人民政府.

53. 江苏省城市规划设计研究院.镇江市城市总体规划（2002–2020）.镇江市人民政府.

54. 江苏省城市规划设计研究院.江阴市城市总体规划（2002–2020）.江阴市人民政府.

55. 江苏省城市规划设计研究院.宜兴市城市总体规划（2003–2020）.宜兴市人民政府.

56. 江苏省城市规划设计研究院.溧阳市城市总体规划（2005–2020）.溧阳市人民政府.

57. 江苏省城市规划设计研究院.句容市城市总体规划（2005–2020）.句容市人民政府.

58. 江苏省城市规划设计研究院.通州市城市总体规划（2006–2020）.通州市人民政府.

59. 江苏省城市规划设计研究院.吴江市城市总体规划（2006–2020）.吴江市人民政府.

60. 江苏省城市规划设计研究院.江苏省沿江城市带规划（2006–2020）.江苏省人民政府.

61. 江苏省城市规划设计研究院.常州市城市总体规划（2008–2020）.常州市人民政府.

62. 江苏省城市规划设计研究院.绵竹市城市总体规划（2008–2020）.绵竹市人民政府.

63. 江苏省城市规划设计研究院.拉萨市城市总体规划（2009–2020）.拉萨市人民政府.

64. 江苏省城市规划设计研究院.昆山市城市总体规划（2009–2030）.昆山市人民政府.

65. 江苏省城市规划设计研究院.太仓市城市总体规划（2010–2030）.太仓市人民政府.

66. 江苏省城市规划设计研究院.常熟市城市总体规划（2010–2030）.常熟市人民政府.

67. 江苏省城市规划设计研究院.江阴市城市总体规划（2011–2030）.江阴市人民政府.

68. 江苏省城市规划设计研究院.江阴临港新城总体规划（2011–2030）.江阴市人民政府.

69. 江苏省城市规划设计研究院.南通市城市总体规划（2011–2020）.南通市人民政府.

70. 江苏省城市规划设计研究院.苏州工业园区总体规划（2012–2030）.苏州市人民政府.

71. 江苏省城市规划设计研究院.霍尔果斯经济开发区总体规划（2012–2030）.霍尔果斯市人民政府.

72. 江苏省城市规划设计研究院.蒙城县城市总体规划（2012—2030）.蒙城县人民政府.

73. 江苏省城市规划设计研究院.昆山经济开发区总体规划（2013–2030）.昆山市人民政府.

74. 江苏省城市规划设计研究院.金坛市城市总体规划（2013–2030）.金坛市人民政府.

75. 江苏省城市规划设计研究院.连云港市城市总体规划（2017–2030）.连云港市人民政府.